晶三角

矽時代地緣政治下，美台中全球半導體安全

戴雅門
Larry Diamond

詹姆斯·埃利斯
James O. Ellis Jr.

夏偉
Orville Schell

主編

SILICON TRIANGLE

THE UNITED STATES, TAIWAN, CHINA, AND GLOBAL SEMICONDUCTOR SECURITY

謝樹寬——譯

推薦序　半導體牽動的地緣政治

余文琦
美國哈佛大學甘迺迪學院訪問學者
TVBS國際新聞評論員

台灣的半導體產業對台灣人來說並不陌生，耳熟能詳的新竹科學園區和台積電向來是台灣人引以為傲的產業。但半導體和台積電的重要性，似乎隨著中美在科技領域的競爭和地緣政治而更具神話性。台灣在先進半導體的全球龍頭地位，也因為台海危機可能性的增加而更受矚目。

由胡佛研究所著名的民主問題研究專家戴雅門、美國海軍退役上將詹姆斯・埃利斯，以及亞洲協會的中國通夏偉共同編輯的《晶三角》一書，由多位專研亞洲、中國和台灣的學者和專家共同著作，雖然由不同角度來檢視台灣、美國和中國之間的複雜關係，但以這三角關係來討論全球半導體供應鏈的安全性，有別過去傳統軍事和地緣政治角度，也讓更多經濟科技領域的人士了解台灣在全球的科技關鍵性。

我們從這本書可以領悟到的是：美國決策者和專家學者如何用經濟安全戰略的眼光看待台灣；如何因為中國在科技領域的先進和強大競爭力造成對美國的安全威脅，而有大規模的經濟政策和大筆的預算來支持美國半導體發展。從二〇二二年通過的《晶片法案》到一連串的晶片出口禁令，美國正引領前所未有的政策改變，不但一改過去自由貿易的原則，也重啟保護產業的政策，一切以國家和經濟安全至上。川普時期主導亞洲和對中政策的博明（Matt Pottinger）更明說是「constrainment」，目的就是要束縛中國的科技發展；本人更在科技安全會議中聽諸多投資者說，如果這些措施能減緩中國科技發展的速度，也是值得的，雖然長遠看來，中國科技還是很可能會跟上甚至超越美國。

台積電在美國亞利桑那州的建廠引來許多批評和疑問，不但台灣有被「挖空」半導體產業的擔憂，擔心有損號稱「護國神山」的台積電，美國也質疑台積電在台灣成功的模式，礙於工作文化的不同，是否適用於美國。台積電創始人張忠謀在美國總統拜登在亞利桑那州參加的開土儀式上所說的「全球化已死」，一語道出了地緣政治正在快速改變全球半導體分工。

要更準確地了解當今美國政策緣由，如何思考與中國的科技競爭，如何思考分散過度集中生產的風險，以及台灣如何被視為重要一環，本書提供精彩的解析。

推薦序　美台中半導體角力戰

林芳穎
TVBS《T閱讀》主持人

每當台灣與南韓在國際體育賽事碰頭時，台灣人都會高喊「好想贏韓國！」但在半導體產業競爭上，則是換成南韓科技業大呼「好想贏台灣！」

半導體產業是南韓的經濟命脈，南韓總統尹錫悅在二〇二四年四月宣示，「半導體競爭是產業戰爭，也是國家整體戰略競爭」，政府將拿出作戰精神，傾全力大舉投資半導體產業，目標二〇三〇的全球半導體市占率，由目前的百分之三提高到百分之十以上，成為全球前三大AI強國。

南韓政府推出高達一百九十億美元、折合約六千一百二十二億台幣的半導體產業激勵措施，減少企業在建設廠房、產線及設備時可能遭遇的資金困難。另外，南韓政府也將提供電力、用水等支援，延長實施稅賦減免優惠，半導體業者用於研發及設備投資的成本，可部分抵免所得稅。值得一提的是，這項半導體補助計畫不只獨厚大企業，有七成以上將用在晶圓設計、材料、零件相關領域的中小型企業。

南韓政府不僅金援半導體產業，更複製台灣新竹科學園區模式，在首爾近郊的京畿道龍仁市，打造一座總面積達兩千一百萬平方公尺的巨型半導體園區，號稱落成後將成為全球最大的半導體聚落，預計新增十三家晶圓廠及三家研發機構，到二〇三〇年的產能，將可達每個月七百七十萬片晶圓。尹錫悅高喊，「南韓不惜一切贏得半導體戰爭」，發展半導體的企圖心絕對是玩真的！

地緣政治升溫，半導體產業成為全球兵家必爭的策略性產業。台積電創辦人張忠謀曾公開地說，「別的公司會利用地緣政治趨勢來打敗台積電，台積電以後競爭環境絕對不會比過去幾年輕鬆。」Meta執行長祖克伯（Mark Zuckerberg）日前特地飛到南韓，與南韓總統尹錫悅會晤，就印證了張忠謀的話。祖克伯表明，由於擔憂中美交鋒與台海情勢，為了降低對台積電的依賴比重，願意擴大與三星合作，這也成為南韓超車台灣的機會之一。

《晶三角》一書當中，由大衛・提斯（David J. Teece）和葛雷格・林登（Greg Linden）撰寫的〈第六章　美國的同盟、合作夥伴和朋友〉，對於南韓半導體相關議題多有著墨。知己知彼、百戰百勝，想了解美、台、中的半導體角力戰，南韓的角色絕對不可忽視！

推薦序　理解美國眼中的「晶三角」

翁履中
美國德州山姆休士頓州立大學政治系副教授

「晶片戰爭」這個名詞的出現，讓全球不得不關注晶片需求背後的國際政治角力，但是也突顯了冷戰之後，全球合作分工的和諧氣氛，讓世界忘記了國際政治的現實，誤以為經濟發展能讓全球長期維持共存共榮的美好。其實，國際關係現實主義早已闡明，只要國家主權意識存在，各國追求國家利益優先的根本原則就不會改變，國家利益的競爭就算短期會因為合作而降低衝突，但隨著發展進程出現變化，各國的追求目標也會改變，激烈的競爭自然難以避免。從二〇一二年歐巴馬政府提出的「重返亞洲」之後，其實就已經預告中美之間的競爭。隨著世界逐漸認識到半導體產業是技術創新的驅動力，對國家經濟繁榮和國家安全發揮至關重要的作用，台灣在半導體製造領域的技術優勢，某種程度上打破了晶片競爭中各國互賴的平衡，也因此正式將全球化分工合作背後，國家利益隨著各國發展而必須重新分配的現實推上了檯面。

中國在改革開放之後的成長，讓北京從必須全然依靠西方科技和市場，轉而努力爭取在半導體產業取得重要立足點，而美國半導體雖然在創新研發領域領先，但是在製造方面，卻在過去數十年因為成本考量而大量依賴中國、台灣、韓國和日本，導致美國的晶片產量僅占全球的百分之十到十二，遠低於一九九〇年代近百分之四十的比例，這讓華府決策圈對美國的領導地位和國家安全感到擔憂。因此，二〇二二年八月，拜登政府頒布《晶片法案》（CHIPS），以促進國內半導體生產和國際競爭，旨在減少對進口的依賴和供應中斷的風險，並保護半導體技術不受侵害。兩個月後，白宮又宣布了一系列制裁，以捍衛美國智慧財產權和國家安全，並使北京更難獲得先進晶片，其中還包括限制用於生產十四／十六奈米或以下小型化晶片的設備出口。美國的決策，反映了華府決策者的擔憂和對中美競爭的認識。基本上，美國認為中國雖然擁有部分生產先進晶片的技術知識，但目前仍缺乏擴大生產規模的商業能力，為了維持美國的領先地位，美國必須從現在起限制中國的發展速度，同時重振自己的競爭力。

由全球民主化研究大師戴雅門、退役海軍上將埃利斯，以及中國問題專家夏偉共同主編的這一本《晶三角——矽時代地緣政治下，美台中全球半導體安全》，提供了讀者從政治體制、國際關係，以及戰略安全等不同的面向，去理解美國如何面對晶片戰爭，以及美國在中美競爭中對台灣應該扮演何種角色的思考模式。透過本書，可以看出美國為何需要台灣的護國神山台積電赴美國亞利桑那州設廠，也可以了解《晶片法案》不是美方採用的唯一策略。本書中集結了各方專家的建議，歸納出美國重振晶片領導地位的策略。其中包括強調美國需要與可靠的夥伴國家密切合作，同時透過修改移民法規來爭取來自世界各國的人才。針對台灣的穩定，本書的專家學者們也提出對台灣的支持，同意目前華府主流友台意見，建議採用所謂「豪豬戰略」（porcupine strategy），一方面提供軍售以加強台灣國防，另一方面支持台灣與印太區域夥伴進行整合與訓練。學者們強調，嚇阻中國侵略台灣、維持台海穩定，不只符合台灣兩千四百萬人民的利益，也符合美國在整個印太地區的利益。

與美國不同，中國不僅試圖減少過度依賴和政治經濟脆弱性的去風險戰略，同時，北京也透過尋求「技術自給自足」，朝向與西方依賴脫鉤的方向前進。當美國去風險化的概念，與中國的地緣政治策略出現衝突，雙方將對方的戰略視為具有敵意的競爭就不令人意外。然而，因為中美在短期內都無法取代台灣的半導體供應，導致兩強都在經濟利益與國家安全政策的考慮下，爭取台灣向己方接近，而這也正是台灣半導體產業優勢為台灣帶來的安全籌碼。

在進入多極體系碎片化的全球政治體系之後，科技和國家安全將變得更加緊密地交織在一起。面對美中競爭，台灣在晶片產業上的優勢地位確實讓台灣成為中美戰略思考中不可忽視的元素，透過本書中對美國觀點的完整解析，理解美國如何看待「晶三角」中的台灣，絕對是當前台灣產官學界思考未來發展，和生存策略必要的基本功課。

推薦序　半導體與AI技術引領的未來教育

張嘉修
東海大學副校長

邁向全球化，科技創新已成為國際競爭的核心，而其中，半導體產業的戰略地位尤其重要。戴雅門、詹姆斯·埃利斯和夏偉合著的《晶三角》一書，以深刻的洞察力分析了美國、台灣與中國在半導體領域的緊密互動及其對全球格局的深遠影響。這本書不僅掌握當前全球科技發展與各國競賽的清晰脈絡，更對全球的大學如何在AI、半導體、永續的教育發展中，提出最完整清晰的思路。

半導體的重要性與戰略意義

半導體技術不僅是現代信息技術的基礎，更是人工智慧、物聯網（IoT）、5G通信等新興技術的核心驅動力。半導體的生產和供應鏈，直接影響著各國的經濟發展、國家安全和科技競爭力。隨著地緣政治的變化，半導體已從純粹的經濟問題轉變為關乎國家安全的重要議題。美國作為全球科技的領導者，一直在尋求通過國際多邊合作和國內產業政策來鞏固其在半導體領域的領先地位。台灣作為全球最大的半導體製造基地，尤其是台積電的領先技術，已成為美國在半導體產業鏈中不可或缺的夥伴。同時，中國也在加大對半導體的投入，試圖減少對外依賴並實現技術自給。《晶三角》一書深入剖析了這三者之間的競爭與合作，並提出了美國如何通過強化與台灣及其他盟友的合作，來減少供應鏈風險並保持技術領先的策略建議。《晶三角》透過深入的分析和豐富的數據，展現了美國、台灣和中國之間如何被半導體技術緊密聯繫在一起，並探究這三方正如何影響全球秩序。

東海大學的科技教育與永續發展

東海大學近年在理學、工學的研究發展獲得肯定，尤其ＡＩ科技與永續發展方面表現卓越，更擠身世界百大，躍居二〇二四泰晤士高等教育影響力大學世界第一百名，在台灣的遠見大學排名也大幅躍進，位居大型私校第一名。東海深知，教育是未來發展的基石，而科技教育更是引領未來的關鍵。因此，東海大學會將積極投入於ＡＩ和半導體相關領域的研究和教育，致力於培養具備創新能力和全球視野的優秀人才。

在ＡＩ科技教育方面，東海大學不僅提供最完整的課程設計，更與業界領袖和國際頂尖學術機構合作，打造出一個多元、開放的學習環境。我們的學生有機會參與最前尖端的研究項目。東海大學的ＡＩ研究團隊更與台中榮總、漢翔航空等企業合作，共創卓越的科研成果。同時，東海大學致力於推動永續發展，在校園內打造亞洲最大的碳中和園區，推行一系列環保措施，如能源管理、綠建築設計和資源循環利用，並將這些理念融入到教育中。永續發展課程涵蓋了從理論到實踐的廣泛領域，培養學生的環保意識和行動能力，讓他們成為未來的綠色領袖。

半導體與AI技術的結合

ＡＩ技術的迅速發展，依賴於強大的計算能力，而這正是半導體技術發揮關鍵作用的地方。隨著晶片技術的不斷進步，ＡＩ應用的範圍和深度也在不斷擴展。東海大學將結合半導體與ＡＩ技術，推動創新研究和應用，未來將致力結合先進的半導體技術，打造半導體學院。

展望未來

《晶三角》一書提醒我們，在這個日益全球化和競爭激烈的世界中，科技創新與國際合作同等重要。美國、台灣與中國的半導體競賽，不僅關乎這三個國家的未來，也將影響全球的科技和經濟格局。東海大學作為教育和研究的教育中心，將繼續肩負起培育未來科技領袖的責任，將致力於推動ＡＩ技術的發展，並將永續發展作為我們前進的核心理念。未來，東海大學也將繼續加強與國際間的合作，與全球頂尖的學術機構和科技公司攜手共進，共同應對全球科技競賽的挑戰。我們相信，通過不懈的努力，我們能夠為全球科技的進步與人類社會的福祉作出更多貢獻。

《晶三角》一書提供了寶貴的洞見，幫助更好地理解半導體產業在全球科技競賽中的重要性。同時，這本書也激勵我們在科技教育和永續發展的道路上不斷前行。作為東海大學副校長，我衷心推薦這本書，並希望讀者們能從中獲得啟發，與我們一起為創造更美好的未來而努力。

推薦序　舉足輕重的台灣半導體供應鏈

曹世綸
SEMI國際半導體協會全球行銷長暨台灣區總裁

對多數人而言，「半導體」或許是存在於新聞上的關鍵字，可以不用知道Apple A17晶片採用何種先進製程技術，依舊買單最新款智慧型手機；不必特別去理解Tesla採用何種高效能運算解決方案，仍享受ＡＩ（人工智慧）所帶來的全新奔馳體驗。但當中美貿易被點燃的那刻起，這一切將不再單純，在半導體先進技術的背後，其實布滿著各種地緣政治的角力。如今的半導體已不再只是一小群人的事，而是每一位參與新興科技使用的人們，都可以有意識知曉當前的全球政經局勢變化所帶來的影響。

在《晶三角》一書中，三位共同編輯作者恰巧來自不同領域，包括胡佛研究所（Hoover Institution）著名的民主問題研究專家戴雅門、美國海軍退役上將詹姆斯・埃利斯，以及亞洲協會的中國通夏偉，將美、台與中之間複雜的三角習題，嘗試從不同構面剖析。相比於過去視角多聚焦在地緣政治，這回也將半導體供應鏈的安全性納入探討，有助於強化對三角習題角力戰的全面認識，掌握全球產業鏈板塊挪移的原因。

二〇二三年的九月，我接受了胡佛研究所的邀請，參加調研報告《Silicon Triangle》發表前的研討會議，也從此報告中，再次確認了台灣半導體的重要性。正因為台灣掌握了半導體不斷發展的關鍵製程技術，當台灣半導體供應鏈遠赴美國亞利桑那州設廠時，就揭開了全球產業供應鏈正在歷經一場質變，使得全球發展在地化與區域化供給的新樣貌。透過將半導體技術來與他國、其他區域合作，市場上始終有不同聲音，但面對多變的國際地緣政治，與他國、其他區域維持良好的合作並形成策略夥伴，將是另一種無形保護。特別是書中提及的軍備競賽、航太衛星等更前端應用的科技賽局中，技術供給與應用端需求所創造的舞台，讓台灣半導體找到了能發揮獨特價值的空間。

另一方面，擁有完整生態圈、分工縝密的台灣半導體產業，將成為全球科技業龍頭背後重要的無名英雄。台灣半導體供應鏈，將在全球的產業鏈中扮演舉足輕重的角色。此刻的台灣，是世界繞著我們而轉。當然，握有關鍵技術的台灣半導體，仍需由產業製程的推進更新，搭配得當的戰略政策，相輔相成創造雙贏局面，把半導體視作「戰略物資」來考量，相信這道難解的美、台、中三角習題將有不同曙光出現。

自台灣決心發展半導體歷經半世紀後的此刻，我們所建立的半導體產業已成為全球兵家必爭之地，這顆小小的晶片將帶領我們推向更多未知的未來。藉由本書的拆解剖析，能讓讀者透視當前科技角力戰背後，半導體將不再只是技術推動的源頭，而是牽引著美、中的關係消長、供應鏈板塊移動的國安考量，而身在台灣的我們，又該如何仰賴著矽與矽供應鏈在這場賽局中，打出漂亮的一仗？值得省思與持續關注。

推薦序　晶三角：台灣半導體產業在美中台區域地緣政治的未來藍圖

擷發科技董事長　楊健盟

近年來台灣在全球半導體產業中占有舉足輕重的地位，其實得來不易。早在一九八〇年代，靠著當時政府的遠見與規劃，讓台灣開始發展半導體相關產業，經過數十年的持續深耕與技術創新，台灣已成為全球半導體製造的領導者，而台積電也因此成為全球最大的晶圓代工廠，生產了全世界超過百分之六十的晶圓，並在最先進的製程技術上持續保持領先地位，進而帶動了台灣半導體的整體產業鏈，這些成就不僅體現了台灣在科技研發與生產製造上的卓越能力，也鞏固了台灣在全球科技供應鏈中的關鍵角色。

身為擷發科技的董事長，我深刻了解半導體產業對於全球科技進步和經濟發展的重要性。半導體產業不僅是現代科技的基石，更是國家安全與經濟繁榮的重要保障。隨著人工智慧、物聯網和通信網路技術的快速發展，對先進半導體的需求將持續增加。同時，全球半導體供應鏈也面臨著前所未有的挑戰，其中地緣政治緊張和供應鏈中斷的風險最為關鍵。台灣處於半導體產業的領先地位，是全球科技產業最不可或缺的關鍵部分，因此更需要進一步加強與國際夥伴的合作，以共同應對未來的種種挑戰。

隨著全球科技與地緣政治的交織日益緊密，由史丹佛大學胡佛研究所和亞洲協會美中關係中心所出版的《晶三角——矽時代地緣政治下，美台中全球半導體安全》，提供了一份極具價值的藍圖，揭示了半導體產業在國際關係中的關鍵角色。這份報告通過多角度的詳細研究，展示了美國、台灣和中國在地緣政治上複雜的三角關係與彼此之間在半導體領域的互動與挑戰，並提出了具有前瞻性的政策建議。

《晶三角》報告中的研究，也體現了美國與其全球盟友在確保半導體供應鏈安全和穩定方面的努力，並深入探討了美台在半導體領域的合作潛力。報告中指出，台灣在全球半導體供應鏈中占據重要的關鍵地位，持續深化美台之間的合作，有助於提升雙方的技術創新能力與市場競爭力，更具體建議以企業作為軸心，加強美台之間企業對企業的合作，以及企業與學術界的相互交流，這對於台灣企業在國際合作中的戰略部署，提供了寶貴的參考。

台灣在半導體領域的崛起，是一個持續四十年技術創新與深耕的成功典範。台灣的成功不僅歸功於技術和資本的投入，更是源於政府、企業和學術界的密切合作。《晶三角》報告通過全方位的分析和深入的研究，展示了台灣在全球半導體供應鏈中的核心地位，以及未來深化國際合作的廣闊前景。

我深信，《晶三角》報告將成為政府、企業、學術界與所有關心台灣未來的民眾的重要參考資料，幫助我們在全球半導體市場中掌握機會、應對挑戰以及持續創新，也同時希望透過ＴＶＢＳ發行的中文翻譯版本，讓這份報告能夠在全球華人地區引起更廣泛的關注與討論，共同推動全球半導體產業的良性競合與發展。

目次

導讀

烏凌翔
中華民國國際關係學會
科技與國關研究委員會召集人

台灣以及台灣的半導體產業，被COVID-19這隻不知從哪兒飛來的黑天鵝翅膀搧了一下，竟發展成為二十一世紀最大國際交響曲——美中競爭——中的一段華麗樂章，引發世人高度關注。

對台灣是福是禍？這段樂章還要演奏多久？最終如何結束？

如果您也因而感到好奇或焦慮，這本《晶三角——矽時代地緣政治下，美台中全球半導體安全》，很可能就是您追尋答案所需的重要依據。

誰、為什麼、又憑什麼能撰寫出這一本內容豐富、格局嚴謹的「政策建議」？

胡佛研究所（Hoover Institution）是美國一所非常知名的智庫，位於加州史丹佛大學，旗下的一群學者專家，向來關心台灣，曾多次組團來台訪問。二〇二二年十一月，胡佛研究所舉辦「全球環境變遷中的台灣經濟安全」研討會（Taiwan's Economic Security in a Changing Global Environment），我也因緣際會以一家科技媒體總編輯的身分去參加了，跟幾位作者與三位主編算是有一面之緣，因而讀此報告特別有感，他們分別是笑聲爽朗的知名民主理論學者戴雅門、專注中國研究總是輕聲細語的新聞工作者夏偉，還有退役的海軍上將詹姆斯・埃利斯。

埃利斯年輕時的職務就是電影《捍衛戰士》（*Top Gun*）中湯姆・克魯斯（Tom Cruise）擔任的海軍飛行員，不過他更像Ice Man而不像Maverick，不但一路高升至將軍，一九九六年「台海飛彈危機」時，美國派出兩個航母戰鬥群到台灣海峽，埃利斯當時就已是少將指揮官，負責執行緊急應變計畫，在台灣歷史中留下他的個人身影。

《晶三角》原文副書名*The United States, Taiwan, China, and Global Semiconductor Security*，其中有三個地緣政治的行為者，是刻意安排成：美、台、中的順序嗎？台灣置於中國之前，是顯示對台灣的重視，還是突顯台灣夾在美、中之間的現實？

如果讀者特別關切胡佛研究所對執全球晶片製造業牛耳的台灣有何建議，可以直接翻到第五章；如果想了解中國半導體產業的現況與如何以半導體為工具來嚇阻北京——這其中台灣當然扮演了重要角色——可以先閱讀第七、八、九章；第六章很特別，除了分析半導體產業全球六大玩家中大家較熟悉的歐、日、韓之外，還重點描述了六大玩家以外的新加坡、馬來西亞、越南、以色列，以及急於追趕的印度半導體產業最新發展，有興趣的讀者也可以先翻閱。

這是這本報告的特色之一，每一章分別由不同的專家執筆，各自獨立，可以不按順序閱讀，但是又因為作者群經過多次討論，所以整本報告也有一個共同的、對於美中競賽未來的四個「情境」假設，以四個象限呈現：美國、或中國領導一個仍然「扁平」、或劃分為兩個集團的世界。

我自己也沒有按照順序閱讀，對了解全書完全沒有影響，不過，如果想要深入了解全書內容，先閱讀導言與第一章是很有幫助的。如果一時忙碌又想立刻知道答案，那就直接閱讀摘要與結論，也可以捕捉到全書精華。

書中的「建議」，最終有機會成為白宮的政策嗎？很可能。一來是作者群中幾位年輕的學者專家或前朝官員，有可能在二〇二五年改朝換代後進入新政府任職，直接把自己的理想付諸實現；但最主要的原因是這些建議是仔細研究過國際現勢與全球半導體產業之後的思考結晶，具備相當的可行性，而且作者群念茲在茲的是繼續維持美國的國際領導地位，這可是美國兩黨上下一心的共同目標！在未來幾十年，不會因政府更迭而放棄。

最後要佩服出版方的巧思，為中文書名取了一個視覺感十足的主題：「晶三角」，因為兩大一小的三個行為者，鑲嵌在以晶片為標誌的全球半導體產業中，確實構成一個易於讓讀者想像的三角與三邊關係：戰略上跟中國陷入白熱化競爭、同時又無法立即跟中國經濟脫鉤的美國；安全上依賴美國、同時在貿易上又對中國享有長期大量順差的台灣；科技民族主義上高喊彎道超車、先進技術上又受美國壓制的中國。

全球半導體安全，就是美中兩強的經濟安全以及軍事安全之所繫，更是美中兩強爭奪國際秩序領導權的關鍵，所以，它既是崛起國、也是守成國當今的國家安全。

偏偏美國與中國的半導體產業都缺乏先進晶片製造能力這一盞聖杯，而它此刻正握在台灣手中，也就順理成章成為了台灣國家安全的最重要支柱，但不禁讓我們忍不住再問一遍：

對台灣是福是禍？

摘要

美國、台灣、和中國被綁在一個「晶（矽）三角」裡頭。半導體連結到了我們的地緣政治、我們持續的經濟繁榮，以及我們的科技競爭力。為了對這個戰略三角有更進一步的理解，本工作小組二十多名成員共同工作了十八個月。我們思考的包括下列幾個問題：

- 美國如何降低半導體供應鏈斷裂的風險，在這個基礎關鍵技術更有競爭力？
- 如何在維護台灣民主自治、鞏固台灣的繁榮和美台夥伴關係、增進台海穩定的情況下，達成這個目標？
- 我們如何與全球夥伴合作，應對中國由政府主導的全球半導體雄心所造成的新弱點？

儘管目前為止在政策上已有重大努力，我們認為有許多方面仍待加強。正如其他經濟和國安利益日益緊密交織在一起的關鍵技術一樣，要保障半導體安全的持續性，政策需要隨著美中關係變化作持續的調整。

一、短期的國內韌性

我們似乎正走向強化志同道合國家貿易、大幅減少對於敵對國家關鍵供應鏈和技術依賴的世界。因此美國應該更努力吸引友好國家參與這個新興起的貿易網絡。

美國應該確保它進口的半導體成品和供應鏈的關鍵輸入品，是來自可靠且意識形態普遍兼容的貿易夥伴，例如當前的外國產業領導者台灣、南韓和日本。

美國應該透過在這個網絡中貿易和市場進入（market access）的增加來追求效率和成長，同時要大力投資於重振美國國內從設計到製造的半導體生產。即使在這方面的努力取得成果，美國的半導體供應鏈仍非常仰賴國際上的夥伴——但這個做法可減輕美國受制於不可靠供應者的壓力。

為了解決供應鏈遭中斷或受要脅的弱點，同時也為了強化美國半導體的產業基礎，我們建議美國政府採取包含以下幾項重點的短期「保險政策」：

- 以諸如《二〇二二年晶片與科學法案》等政策倡議為誘因，達成一定程度的半導體供應鏈在岸生產（onshoring，或譯境內外包、在地轉包）。在岸生產程序應該開放給夥伴國家的外商公司，同時不該增添額外的法規要求。
- 類似能源部能源資訊管理局的做法，提升半導體供應鏈資訊分享、數據分析以及經濟建模。

- 國防部以多年期大宗採購，為關鍵武器載台儲備半導體，並以新的稅賦減免來鼓勵民營企業打造正常商業需求之外的晶片庫存。
- 透過貿易協議提供具共同價值觀的美國盟友更多的市場進入機會。

二、商業環境

美國正在尋求半導體供應鏈中的新能力，特別是相對其他全球貿易夥伴，不具成本競爭力的領域。為了吸引在半導體供應鏈有強大實力和專業的夥伴投資，美國必須打造並維持友好的商業環境。聯邦政府在《晶片法案》（CHIPS Act）提供的補貼對此將有所助益，不過對有利投資的誘因應該延續到這項法案的五年期限之外。為夥伴國家科技公司提供公平商業機會和美國市場准入權，不僅僅可提振美國本土的半導體產業，同時也進一步鼓勵夥伴國的政府，配合進行對中國的商業管制行動，而這類行動原本可能成本高昂。

為達成這個目的，美國聯邦和州政府應當透過包括以下幾個措施，減少半導體和其他關鍵技術領域在國內商業經營的成本：

- 提升聯邦稅務效率，鼓勵私人資本用遠大於公共補貼的規模投資半導體產業。
- 簡化可能大幅拖延國內半導體計畫並增加其成本的聯邦環保法規，例如《國家環境政策法》（National Environmental Policy Act）。
- 提升全國和各州的商業環境，鼓勵採用類似台灣的地區產業群聚做法來提升成本效益。

三、長期的技術競爭力

美國在長期的關鍵技術全球競爭力議題上，應該推行全面的、以市場為導向的產業政策措施。為了藉由技術和經濟的領先地位達成戰略自主性，這些政策應該投資在美國的研究能力（傳統的美國強項）以及應用工程和製造活動（美國日益處於劣勢的地方）。同時，這些政策應該強化全球智慧財產權（ＩＰ）的體制——透過國內的改革以及與盟國和夥伴的諮商——以對抗中國系統性地從開放社會竊取智慧財產權和技術。我們建議如下的措施：

- 藉由發放H-1B簽證給所有就讀美國大學ＳＴＥＭ學科（科學、技術、工程、數學）的外國畢業生，留住更多在美國受教育的技術移民。
- 推動為從事半導體產業美國公民提高實質薪資的政策。
- 全面投資K-12（幼兒園到十二年級）教育體系，培育維持美國全球關鍵技術領導地位所需要的工程師。
- 提供更多聯邦經費於應用研發領域，而非只用於基礎科學。
- 認知企業在科技領域的活動可提升國家安全的優先事項，將國家安全的可能影響納入美國聯邦法規機關的決策考量中。

- 對於關鍵技術的外來投資和對外投資審核篩選中，優先考慮夥伴國家而非不可靠的競爭國家。
- 採取法律和技術措施強化美國智慧財產權制度，保護內隱知識（tacit knowledge），鼓勵私人部門的美國創新。

四、台灣的穩定

台灣是亞洲最繁榮也最成功的自由民主政體、領先全球的半導體創新者和製造者，也是關鍵供應鏈中受信賴的夥伴。台灣雖然在全球半導體經濟中占據核心，它缺乏外交承認和正式結盟的地位，成了它生存上的軟肋，有遭中華人民共和國（PRC）入侵或非自願併吞的危險。

我們相信，嚇阻中國侵略這座島嶼不只符合台灣兩千四百萬人民的利益，也符合美國和整個印太地區的利益。我們強力支持美國朝這個方向努力，包括採用所謂「豪豬戰略」（porcupine strategy）適當提供軍售以加強台灣國防，以及提升印太地區有意願參與的防衛力量之整合與訓練。

我們也支持採取包括以下的一系列步驟，以創造環境，促成半導體領域上美國和台灣在企業對企業、研究、學術、個人，以及民間更深度的聯繫：

- 台灣的半導體公司和研究機構與美國同行在研發上的合作。
- 增加台灣和美國之間從業人士與人員在教育方面的交流。
- 聯合評估雙方半導體供應鏈的脆弱環節。
- 加強台灣和美國能源部與國家實驗室在能源安全和基礎設施韌性的統計以及技術合作。
- 透過稅則條約避免海外工作者雙重課稅，並完成美台自由貿易協議，以廣泛降低美台經濟摩擦。
- 建立一個由美國主持的產業和政府工作小組，以克服美台國防產業在台灣共同生產和共同發展的障礙。

五、與中國打交道

美國由於在全球半導體供應鏈上對中國關鍵零件和產品的依賴，承受了相當大的戰略和經濟的風險。減緩這個風險必然是美國政策上迫切的優先要務。中國有其自身的半導體規劃：它要減少對進口的依賴、提升它製造各類晶片的能力，並在全球與半導體領先的製造商競爭，以增加其他國家對中國半導體的依賴。中國政府補貼中國的半導體公司，增加了這些企業壓低美國和其貿易夥伴知名半導體公司定價的機會，以不公平的方式傷害了美國或其夥伴製造商，同時隨著時間進展，加深美國或其夥伴對中國供應鏈新的依賴。

美國和其盟國也應該考慮如何運用它們在半導體供應鏈的優勢——以及中國目前對它們的依賴——作為經濟的嚇阻力量，以對抗中國為達成地緣政治目標所做的侵略和恫嚇。美國和盟國設法阻止中國取得技術優越地位的政策立場應保持彈性，根據互惠原則並遵循以規則為基礎的國際秩序，同時保留升高局勢或降溫的選項。應該採行的步驟包括下列幾點：

- 建立靈活的多邊出口管制制度。這個機制應該包括專門針對半導體的，還有適合較廣泛關鍵技術的框架——讓美國的科技出口管制能用較低的國內成本來發揮更大的影響。
- 避免未來美國政府或關鍵基礎設施依賴中國國營企業提供的晶片、軟體或是服務。
- 撥出更多資金和技術人員讓美國商務部工業和安全局可以有效執行其擴展後的規定。
- 擴大出口管制黑名單，將中國半導體設備生產公司和其子企業納入。
- 考量有創意且更具主動性的貿易規則，包括進口限制和反傾銷的措施，以預防中國低於成本的成熟晶片過度供應的可能性。
- 有鑑於中國對半導體補貼的焦點可能在成熟節點（mature nodes），美國應該考慮提高美國和夥伴的半導體設備出口限制到二十八奈米的範圍，以限制中國在全球供應鏈的這個重要環節取得市場操縱力和脅迫性的影響力。

總結來說，美國如果要維持並強化它在半導體的全球領導地位，或甚至是保有它在這個產業最重要的經濟和國安利益，它有必要重振自己在勞動市場和商業環境的競爭力。光是限制中國還不足夠。甚至在設計上創新也不足夠。美國需要跑得更快、更用力，且眼光要放得更長遠。

而且在這個日益全球化的世界裡，不可能光憑一人獨跑。美國要重振領導地位需要與可靠的夥伴國家密切合作。同時也需要來自世界各國人才庫的科學家和工程師，以移民法規來迎接並且留住這些人才。

要贏得這場競賽，我們會需要警覺性和靈活性。我們將需要專注和升級的資訊系統來偵測重要的新趨勢，也要發揮靈活性，儘快回應這些不斷變化的力量。我們也需要彈性和謙卑的態度，理解我們的夥伴有時候會有與我們不同觀點，同時他們政策的演進有時候跟我們有步調上的差異。美國的關鍵重點將是去深化和培養這些合作關係，同時透過多邊的合作促使創新蓬勃發展。如此一來，我們可以確保我們的半導體和其他關鍵技術的供應鏈安全、有韌性，不受對手的行動所左右，讓開放社會在對抗獨裁政權的科技競賽中獲勝。

導言　華盛頓、台北和北京——「晶三角」

夏偉（Orville Schell）
戴雅門（Larry Diamond）
詹姆斯・埃利斯（James O. Ellis Jr.）

這份報告是針對美中台三角關係，從快速演進且戰略性日益提升的全球半導體貿易的視角，進行十八個月的研究所得的成果。我們的「半導體與美台安全工作小組」是由胡佛研究所和亞洲協會美中關係中心召集，並由胡佛研究員戴雅門和埃利斯（退役海軍上將），及亞洲協會的夏偉共同領導，匯集經濟學家、軍事戰略家、產業界人士和區域政策專家來評估如何最有效提升美國和台灣的經濟及軍事安全，同時盡可能降低供應鏈中斷的情況。

這個跨領域的工作小組進行了多次的圓桌會議、對話，以及情境規劃的演練，來追蹤和分析這些衝突利益的交匯點。工作小組在美國和夥伴的半導體政策如何能增進半導體供應鏈的韌性並有助於遏阻台海衝突的發生方面，試圖尋找出一個平衡的觀點。

在研究的過程中，議題重要性持續擴大。美國產業界和政府都在努力強化美國半導體的製造能力，並試圖與夥伴合作以改造全球晶片貿易的樣貌。在此同時，中國同樣也著重提升自己在整個半導體供應鏈各方面的國內能力，一方面要緩和它對美國和其他國家進口的依賴，另一方面要強化和擴展它作為重要半導體全球供應商的角色，包括較早期的成熟晶片（legacy chips）。

台灣在尖端半導體製造的領先地位尤其突出。光是台灣積體電路製造有限公司（台積電，英文字頭縮寫簡稱TSMC）一家公司就生產超過全球百分之九十的此類晶片，如今正在亞利桑那開設一座晶圓廠。在二〇二二年十二月的上機典禮，台積電創辦人和董事長張忠謀形容那一瞬間是「開始的結束」（the end of the beginning）。他指的不只是台積電在美國興建第一座半導體製造廠的大膽舉措，也是指全球半導體供應鏈地緣政治格局的快速變化。

我們同時也該留意到，張忠謀對一座商用建築計畫的致詞，引用的是戰爭期間邱吉爾評論一九四二年英軍在北非戰場勝利的措辭。商業和國家安全的交集令人感到不安，但是這交集所提出的政策問題，正逐漸成為華府議程的核心，而且它們不會在短時間內自動解決。其中一個問題是美國如何與信賴的夥伴合作，令全球晶片供應鏈及其支撐的經濟更加強健、有韌性，同時採取行動保護台灣——既是尖端半導體的一個關鍵來源，也是一個蓬勃發展的民主政體。

晶三角

二〇二二年夏天，當美國眾議院議長裴洛西（Nancy Pelosi）訪問台灣，北京前所未見地在台灣附近水域進行了六次實彈演習和海空軍部署作為報復。中國宣稱裴洛西的訪問是無端挑釁，而她將中國的說法斥為無稽之談。她反倒堅持自己單純是為了傳達「明確的聲明，在台灣捍衛自身及其自由的時刻，美國與我們的民主夥伴台灣站在一起。」[1]同時她告訴台灣總統蔡英文，她的訪問是為了「明確地表明我們不會放棄台灣。」[2]

不過，裴洛西沒有明說的是，台灣的半導體產業如今對美國和其他國家變得多麼重要，供應了這項每年價值超過五千億美元的全球產業。[3]不管是在廚房、汽車、辦公室、交通運輸系統、通訊網絡，或是複雜的軍事能力，幾乎由電力發動的任何東西都越來越仰賴微晶片。美國半導體產業協會（The Semiconductor Industry Association，簡稱ＳＩＡ）報導，二〇二一年全球半導體銷售額為五千五百六十億美元，創歷史的新高紀錄，在中國的銷售額則是一千九百三十億美元，較前一年增加了百分之二十七。中國也因此成為全世界最大的半導體消費國，其中許多用於全球出口的產品。還有一些成為擴展迅速的中國軍方部署的武器系統中關鍵零組件。

和世界其他國家一樣，美國如今也深深依賴外國的生產流程來製造這些晶片。美國在微晶片的設計和製造曾經領先全球，在一九九九年生產占全球百分之三十七的供應量。然而，如今大部分尖端技術的邏輯晶片（logic chips），例如小於十六奈米的微影製程（lithography），雖然仍是在美國設計，但是實際在美國製造的晶片比例已經下滑至百分之十二。[4]

事實上，如今沒有一個國家有完整自主的晶片供應鏈。反倒是每個國家的生產週期如今都牽涉極端複雜的跨國合作。軟體工具和設計大部分是在美國完成。極端精密的製造工具，例如微影機（lithography machine），主要在美國、荷蘭和日本生產。製造和封裝集中在台灣和韓國。測試大部分是在中國和東南亞進行，完成後的裝置絕大部分是在中國組裝，還有一些在最近轉移到了越南和印度。一名業界高層主管告訴我們的工作小組，一個典型的晶片成品，其輸入品和零件可能涉及數百次的國境跨越。

美國的記憶體晶片製造如今僅占全球百分之四，因此它高度依賴其他國家，如三星（Samsung）和ＳＫ海力士（SK Hynix）所在的韓國。[5]在此同時，台灣極先進且運作完善的晶圓廠系統使它得以生產全球超過百分之九十的先進邏輯晶片和超過百分之二十的成熟晶片，[6]這些晶片估計每年為全球貢獻了近百分之四十的運算能力增加量。[7]

過去二十年來，中國領導人愈發追求包括半導體在內關鍵技術的自給自足。二〇〇五年的「自主創新」倡議最終推動了在二〇一五年公布，並在兩年後更新的《中國製造二〇二五重點領域技術創新綠皮書：技術路線圖》。這份文件強調了支持「國家冠軍級」企業（"national champion" firms）的迫切性，以協助中國確保取得國內所需的技術，並對外進行更有力的競爭。[8]

在那之前一年（二〇一四年），中國官方推出的《國家集成電路產業發展推進綱要》呼籲中國國內半導體企業擴大產能，以達成二〇二五年之前達成國內半導體百分之七十的自給率，並在二〇三〇年達成晶片設計和生產與國外公司並駕齊驅的先進水平。[9]美國貿易代表（US Trade Representative，簡稱ＵＳＴＲ）發布的一份報告形容這個策略是要「創造一個製造半導體生態系的封閉迴路，在生產過程的每個階段都達到自給自足——從積體電路（ＩＣ）的設計和製造到封裝和測試，及相關材料和設備的生產。」[10]

自此之後，中國國家主席兼中國共產黨總書記習近平鼓勵中國的研究人員、國營企業、民間的創業者致力於更大的晶片自主性，作為「民族偉大復興」目標的一部分。[11]他在二〇二二年六月參觀武漢半導體工廠時宣示，「把科技的命脈牢牢掌握在自己手中」。[12]

為達成此一目標，習近平的政府提供給了中芯國際（SMIC）、長江存儲（YMTC），和華為旗下的華為海思（HiSilicon）等中華人民共和國的公司據估達一千八百億美元。[13]五百億美元是透過中國的「國家集成電路產業投資基金」，[14]它二〇一四年成立後被稱為「大基金」（Big Fund）。[15]它的成敗表現不一。數百億美元流向了命運多舛的紫光集團（Tsinghua Unigroup），公司負債累累面臨破產；[16]其他得到基金支持，受到注目的新創公司則有高層主管因貪汙入監。[17]然而，中國國內也有數以萬計的半導體公司因此創立，涵括供應鏈的各個階段。雖然有這些努力，但產業分析師預測中國至少到二〇二六年之前，仍有超過半數的半導體供應需要仰賴外國公司。事實上，中國每年必須進口價值數千億美元的晶片，在二〇二〇年它對半導體的支出兩倍於對原油進口的支出。[18]

在此同時，台灣的台積電和聯電（UMC），以及南韓的三星，持續主宰著晶圓代工領域，其中台積電是最早在最先進晶片領域突出的全球領先者。[19]以二〇二二年而言，光是台積電就占據了全球晶圓合約代工——也就是製造符合客戶設計需求的晶片——百分之五十四的市場，[20]營收達到創紀錄的七百六十億美元，較前一年增長了百分之四十二點六。[21]

帶有諷刺意味的是，美國和中國都長期依賴台灣半導體的製造能力。儘管在美中關係緊張升溫的時刻，雙方除了是彼此最大的競爭者和威脅以外，也仍是彼此最大的客戶。[22]

許多美國標誌性的品牌依舊深深仰賴中國的國內市場和企業供應的零件和勞動力。例如，由於中國優越的供應線和低廉成本，蘋果公司持續在中國進行複雜的生產和組裝，它的iPhone和iPad主要仍在中國大陸的大型工廠進行組裝——雖然是台資公司如富士康（Foxconn）和和碩（Pegatron）的工廠生產，並使用來自台灣的台積電晶片。大約百分之九十的iPhone、iPad、和Mac是在中國製造，中國零組件供應商的數量已經超過了台灣的供應商。[23]

雖然蘋果公司已經開始多元分散，在印度和越南開設工廠，不過真的想完全脫離中國高效能的供應鏈，還要花很久的時間。

一個開始的結束

隨著中國在宣稱擁有主權的爭議海域升高軍事行動，從歐巴馬、川普到拜登政府的官員始終關注如何維持印太地區的穩定。他們也在思考美國在經濟上如何開始和中國脫鉤，以降低中國於潛在的衝突情境中，對美國施加地緣政治的影響力，同時衝突萬一發生，得以減少經濟的損害。

在二〇二二年八月，拜登總統簽署了兩黨共同合作、具有翻轉局勢影響力的《二〇二二年晶片與科學法案》，挹注五百二十七億美元給美國半導體產業以鼓勵興建新的晶圓廠，並支持在美國本土的研發工作。[24]在當時，英特爾執行長季辛格（Patrick Gelsinger）宣稱這項立法是「二次大戰以來最重大的產業政策法案」，[25]他的公司將從這個法案的補貼大舉獲利。

順勢抓住這個機會，台積電在二〇二二年十二月宣布，除了已經在亞利桑那州興建的「晶圓二十一廠」（Fab 21）預計在二〇二四年開始生產四至五奈米晶片之外，它也要開始興建第二座晶圓廠，預計在二〇二六年開始生產最先進的三奈米晶片。台積電表示，其在這兩座晶圓廠總計投資約四百億美元，是美國史上最大的外國直接投資之一。為了標示這項投資的重要性，拜登總統飛到鳳凰城出席了晶圓廠的上機典禮。[26]

為建立美國本土的半導體能力，三十五家民間公司宣布另外投資兩千億美元到美國晶片研究和製造機構的計畫。[27]另外還有超過二十家公司[28]也作出承諾，在美國十六個州興建新的晶片設施。[29]

在此同時，拜登政府也採取措施限制銷售關鍵的美國晶片技術到中國，特別是可用於軍事目的的晶片。這些出口管制一方面限制了中國晶片製造商使用美國最先進晶圓廠的晶片來製造設備，也讓中國的無廠晶片設計者（fabless chip designers）難以透過台灣的台積電製作他們最先進的產品。[30]（「無廠」半導體公司是指自行設計微晶片，但沒有自家工廠，而將生產外包的公司。）

隨後，在二〇二二年十二月，美國商務部又把三十六家中國的半導體公司列入它的「實體清單」（Entity List）。這些列入清單的公司必須申請特別許可才能購買美國製造的技術。商務部也對其他二十一家中國的實體實施更為嚴格的「外國直接產品規定」（foreign direct product rule），它甚至禁止第三方，如其他國家的公司，向中國出口美國的實體或智慧財產權。在這樣的背景下，蘋果公司悄悄擱置了向長江存儲科技公司購買記憶體晶片的計畫，[31]

引來北京方面抗議，指稱美國試圖對中國實施「技術封鎖」。[32]

全球化的雙贏承諾如今已經結束——它鼓勵政府接納提供優質、低價、交付快速的跨國供應鏈，而未完整考慮可能的地緣政治風險。同時結束的，是美國的「交往」（engagement）政策，它的假定是，如果中國和美國透過更多的貿易、民間社會互動、以及科學和文化交流而彼此接納，中國最終將更加開放，從而可減少政治分歧所帶來的困擾。交往政策和全球化是雙贏的願景，不僅為美國和中國，也為台灣和全世界提供了和平發展的道路。然而，隨著中國「習近平新時代中國特色社會主義思想」出現，[33]開啟了一個與美國及其盟邦更加對立的關係，這些道路已不復存在。

在習近平的演說和著作中，他經常描述一個和平而和諧的世界願景。然而，這個願景是以中國居中心位置，透過貿易、投資和外交來創造政治影響力的戰略定位。它包含具有濃厚習近平個人色彩的全球「一帶一路」倡議，這項倡議已提供近一兆美元貸款用於興建基礎設施，同時宣傳推廣中國的技術、工程、過剩商品，以及中國所偏好的法規和標準。

這一切是習近平主席實現宏大「中國夢」的一部分，他不只要中國在國內繁榮昌盛、在世界各地影響力更提升，同時要迫使台灣成為中華人民共和國合法的、國際上所承認的一部分，由中國共產黨直接控制。為了讓台灣人民更易於接受這種強迫性的結合，中國領導人過去多年來曾提出台灣可享有「一國兩制」的協議，就如香港在一九九七年從英國移交中國控制所獲得的待遇一樣。然而，在中國近來鎮壓香港的言論和集會自由後，如今沒有多少台灣人對此方案抱有信心。

隨著中國如今面臨經濟放緩，勞動力和人口萎縮，習近平可能會認為在二〇四九年中共建政一百週年之前，要達成讓台灣「重回祖國懷抱」的目標，時機稍縱即逝。

關於習近平是否可能，以及在何種情況下，會下令中國軍方執行中國對台灣主權的主張，如今出現越來越多的揣測。全世界將出現激烈的反彈。但是習近平說過，「任何人都不要低估中國人民捍衛國家主權和領土完整的堅強決心、堅定意志、強大能力」，因為「祖國完全統一的歷史任務一定要實現，也一定能夠實現。」[34]

台灣人民很難接受這樣的未來。絕大多數人都傾向維持現狀，讓台灣繼續保有自治、有活力的民主制度，熱切擁抱言論和集會自由。如果中共的人民解放軍試圖對台灣動武，不只軍事行動會面臨巨大挑戰，要贏得台灣人民的民心和效忠更是難上加難。

美中關係已來到關鍵轉折點，過去政策奉為圭臬的原則——諸如「接觸交往」（engagement）、「雙贏」（win-win）、和「和平演進」（peaceful evolution）——如今不再令人滿意。正如張忠謀在台積電亞利桑那州新廠的上機典禮中直言不諱地指出，「全球化**幾乎**已死，自由貿易也**幾乎**已死。」[35]問題在於，取而代之的會是什麼？

教人不安的問題

在全球供應鏈和充滿活力的民主制度岌岌可危、軍事衝突越來越可能發生的情況下，美國和它的全球夥伴應如何處理好日益緊張而且影響重大的美中台三角關係？

我們的工作小組對這個問題進行了評估，我們展開為期數月的戰略情境規劃演練，測試各種假設，並對各種未來可能情境的影響進行熱烈的討論，預想每個未來情境在十年的期間內如何開展。為了建構四個明顯不同的未來情境，我們考慮了兩個變數的不同組合：到底全球貿易會維持開放，或是「巴爾幹化」四分五裂各自為政？以及，究竟關鍵技術的全球領導地位是由中國拿下，還是會在美國及其盟友手上？

情境的規劃有助參與者了解這幾種不同未來各自會帶來的風險、機遇和其他影響，也讓他們認知到實際事件的開展，可能讓某個情境移往另一個情境，或同時帶出多個情境的元素。這樣做的目的是為了在演變過程中儘早積極思考如何採取策略，來提高保護自身利益、達成自身目標的機會。在本次的案例中，我們工作小組所考量的是在美國—台灣—中國「晶三角」關係中的美國利益。

目前為止，我們所看到的世界裡，商品、技術、智慧財產權、服務、人員以及資金，越來越傾向在志同道合的國家自願形成的網絡**之內**流動——而較少**跨越**在逐漸聚攏的美中兩大陣營**之間**。我們考量的一個重要問題是：從一九九〇年代「扁平的」（flat）、快速全球化的世界，到如今經濟關係越來越受戰略利益所左右的世界，美國和其志同道合的夥伴如何利用這樣的轉變來取得優勢？

我們情境模擬的研究說明，兩個陣營的相對吸引力——以及應運而生的整體經濟表現、成長和繁榮——將取決於它體制和技術的強度與精密度，特別是如半導體這類新興起的關鍵技術。商業和安全考量之間的區隔將越來越模糊難辨。

不過很多問題仍舊存在。舉例來說，台灣的晶圓廠是否真能提供一個「矽盾」，降低中國攻擊台灣的可能？或者中國會更有可能行動？因為他們可能會相信，如果能控制這些晶圓廠，中國不只能從台灣的技術優越性獲利，同時還能阻止西方國家獲取這些資源。我們工作小組的成員並未普遍接受台灣的晶片產業可為台灣提供一個有意義的「矽盾」的假設。我們反倒是認為，在評估入侵的風險和可能代價時，中國的領導者會根據其目標和領導需求，來作出他們自己的盤算，而這些盤算將遠超過對半導體的考量。

隨著美中貿易的持續進行，美國財政部長葉倫（Janet Yellen）在二〇二三年四月表明，美國尋求「對華發展建設性的、公平的經濟關係」，同時中國的經濟成長「與美國在經濟的領導地位並不是必然矛盾的」。不過，正如美國國家安全顧問蘇利文（Jake Sullivan）在二〇二二年九月白宮簡報事前準備好的講稿所說的，拜登政府同時也推動政策和倡議「要確保新興的技術對我們的民主制度和安全帶來正面作用，而非相反」。[36]

美國政府基於安全的理由，已經限制美國或合作夥伴的公司提供技術給中國的華為和中興通訊（ZTE），因為他們正利用這些技術建立全球的5G電信系統。因此，我們工作小組的一個問題是：美國政府是否應該基於安全理由，禁止出售美國設計和製造的科技，以防止中國半導體公司將產品供應給軍方，或是建立重大的全球市場占有率進而取代西方的公司？

針對這個問題存在不同的意見。許多美國、台灣，以及日本、韓國、歐洲的業界高階主管主張，持續出售舊型成熟晶片（較高奈米範圍）的技術和製造設備，只封鎖最先進晶片

（較低奈米範圍），是合情合理的做法。其他有些人則堅持美國應當阻止中國整體的晶片產業，否則等於是為中國——這個可以想見可能與美國發生衝突的國家——培養了關鍵、有助強化實力的產業。

而且，美方已經有些朝向後者的一些做法。在二〇二二年十二月，日本軟銀（Softbank）旗下的英國晶片公司安謀（Arm），拒絕中國的阿里巴巴公司使用它的Neoverse V系列晶片，因為它的高效能是由美國所研發。[37]而且，當美國國家安全顧問蘇利文在二〇二二年底針對出口管制問題發表談話時，他說：「我們必須重新審視在特定關鍵技術維持與競爭對手『相對』優勢這個長期以來的前提。我們原本維持的是『滑動尺度』（sliding scale）的方法，說我們只需要保持幾個世代的領先。這並不符我們如今所處的戰略環境。有鑑於某些技術——例如先進的邏輯晶片和記憶體晶片——的基礎性質，我們必須盡可能保持最大幅度的領先。」[38]

《金融時報》（*Financial Times*）專欄作家愛德華・盧斯（Edward Luce）在二〇二二年十月的評論說，現在看來似乎「美國已經誓言，除了不打實際戰爭之外，要不惜一切阻止中國崛起。」[39]幾個月之後，他在二〇二三年一月又寫道：「現在不確定的不再是美中會不會脫鉤（decoupling），而是會脫鉤到什麼程度。不論在今年走的步調如何，美中關係正走上一條兇險的道路。企業、國家、地區以及全世界，才剛開始思考如何應對這潛在的後果。」[40]

除非中國、美國和台灣能找出某種重大的新協議，否則趨勢走向——不管是要維持既有微晶片供應鏈，或是任何一方要創造自給自足能力——看來並不樂觀。

面對當前這樣的矛盾，該有什麼做法？如果說維持現有的全球微晶片生態系已不確定或不可能，政府和企業必須制定具一致性、相互合作的新規則，以導引他們重新調整出一個全球產業供應鏈的新秩序。當然，大多數人偏好維持、或者是修正現有的系統，而不樂見它澈底地瓦解，不管是透過設計或是因為衝突而導致。然而劇烈的變化已經開始出現，要維持這個現況顯得越來越難以達成。政策選擇、經濟補貼、避險機會，以及地緣政治的重新調整，都是現今討論話題的一部分，其中許多議題都是在尚未協調的情況下出現。

國家安全和自由市場之間的平衡是關乎敏感性和判斷力的問題，我們的工作小組對這個問題並沒有一致的共識。不過這個轉變，對美國合作夥伴彼此之間的關係，以及美國的內政都有著深遠的影響。而且這些影響，不論在半導體，還是其他同時牽涉經濟自由和國家安全原則的關鍵領域，都尚未得到充分的理解。

嚇阻

美國必須從兩個角度來看待更廣泛的問題。首先我們要判斷，什麼樣的政策最能夠保護我們的技術競爭力和微晶片全球供應鏈。其次，我們要判斷什麼樣的政策最能夠保護台灣的人民、他們的自治以及他們自由民主制度，不受中國直接統治，也不受中國控制台灣的野心所擺布。這兩個要務雖然並不相衝突，但也並不全然一致。達成這兩個目標最好的預防性政策，是發展出一套有效的嚇阻戰略以勸阻，及必要時防止中國採取軍事行動將其長期對台灣主權的主張化成為事實。

北約組織（NATO）前祕書長拉斯穆森（Anders Fogh Rasmussen）如此形容這套戰略：「嚇阻中國的攻擊需依賴一個可信的信念，即任何侵略必然要付出巨大代價……因此事先清楚說明攻擊的後果，可扮演強而有力的嚇阻力量。」同時他補充說：「要達成有效的嚇阻，我們現在應該提供台灣自我防衛所需要的武器。必須讓習近平估算出，入侵的代價實在太大……。維持和平的最佳方法，就是清楚表明你已經做好作戰準備。」[41]

受到威脅的不只是全球最大的貿易產業——還有台灣的民主。[42]美國和中國在台灣海峽的衝突將影響整個印太地區，利害風險的嚴重程度幾乎難以想像。而且，這些連動的影響必須被列入考量、進行辯論，並在最終成為採取行動的參考依據。

* * *

這份報告的每一章都反映一群跨學科貢獻者帶來的豐富經驗和專業知識。雖然他們的研究工作各自獨立，但我們的集體思考是在過去的一年半內，與美國和台灣各方的商業、安全和政策的利害關係者，透過小組討論、相互論證和共同教育所形成。

在第一章，前駐華特派員，如今任職於亞洲協會美中關係中心的馬潔濤（Mary Kay Magistad）援用我們情境規劃的演練來檢視未來十年可能開展的四種情境，以及支撐這些情境的驅動力量，在整份報告各處多次被引用。

第二章深入探討全球半導體產業當今的結構，以及核心技術發展的基本趨勢。兩位作者黃漢森（H.-S. Philip Wong）和柏麥（Jim Plummer）都是史丹佛大學電機工程教授，也是半導體技術領先的專家，他們描述這個極其動態而快速變化的產業，對於我們合理預期政策在這個領域可以或不能達成什麼成果，可提供一些啟發。

第三章由國際安全學者和前軍備控制談判專家克里斯多夫・福特（Christopher Ford）所撰寫，重點放在當前必須依賴脆弱的全球半導體供應鏈的情況下，美國應該採取的韌性措施。福特檢視了可以降低商業成本、改善供應鏈資訊和分析能力，以及提供誘因鼓勵庫存或／和延長庫存管理的措施。

在第四章裡，物理學家和風險資本投資人艾德琳・列文（Edlyn V. Levine）和長期的半導體產業領導者唐・羅森伯格（Don Rosenberg）主張美國應當採取關注美國合作夥伴利益，以安全和市場為導向的產業政策措施。他們提出了一套長期美國全球技術競爭力策略，其中包括建立一個由志同道合國家自願組成的網絡，透過美國在半導體等關鍵技術的領導地位吸引其他國家參與並創造集體的繁榮。

第五章重點在於保護台灣的穩定、繁榮和民主的重要性。台灣專家祁凱立（Kharis Templeman）和中國軍事學者梅惠琳（Oriana Skylar Mastro）闡述，台灣儘管在政治上廣泛被孤立在國際社會之外，仍在關鍵供應鏈上成為可信賴的夥伴，同時他們也提出了如何透過半導體的共同利益提供一個豐富的平台，進一步加強美台之間企業、人文和政策的交流。他們主張深化這些關係有助於提升嚇阻作用，對抗有意挑戰台灣穩定的勢力。

在第六章，組織經濟學家和全球供應鏈專家大衛・提斯（David J. Teece）和格雷格・林登（Greg Linden）探討了美國的全球潛在合作夥伴的相對實力和野心，以確保美國進口的半導體和供應鏈的關鍵輸入是來自可靠的、意識形態相容的貿易夥伴，例如目前國外的產業領導者台灣、韓國和日本，以及如印度般新入門的國家。

在第七章，印太區域安全學者和前副國家安全顧問博明（Matthew Pottinger）探問美國和其盟友與合作夥伴可以透過戰略合作達成什麼樣的目標？這套戰略不僅尋求共同的經濟利益，同時認知到關鍵技術供應鏈的潛在戰略角色，以它為工具來嚇阻中國領導人利用武力或強制手段達成地緣政治目標。

第八章由中國現代史學家和分析師譚安（Glenn Tiffert）撰寫，審視了中國建造半導體產業的歷史性努力和它迄今為止的進展。他檢視何以中國儘管投注大量心力要成為全球的領導者，仍在半導體製造業仍處於相對弱勢的地位。

在第九章，美中政策專家戴博（Robert Daly）和特賓（Matthew Turpin）檢視了中國半導體公司的反競爭行為，如何不公平地損害了美國和其夥伴的利益——例如在生產成熟晶片方面。兩位作者指出了如何降低對中國晶片供應鏈新依賴的風險，從而避免危害到美國未來的戰略自主權。

總結的最後一章我們提出了五個領域的政策建議：美國國內的韌性、美國商業環境、長期的美國技術競爭力、台灣的穩定，以及與中國的應對。整體而言，這些政策建言源自於前面這些章節，它們是由個別的作者以我們集體討論的基礎所起草。不過這些建言已經過小組成員們大量的討論和辯論，除非另外有說明，它們代表的是小組成員的廣泛共識。作為計畫負責人和本報告的編輯，我們扮演了這些建議最終的仲裁者和整合者。

註釋

1. Nancy Pelosi, "Why I'm Leading a Congressional Delegation to Taiwan," *Washington Post*, August 2, 2022.
2. Yimou Lee and Sarah Wu, "Pelosi Lauds Taiwan, Says China's Fury Cannot Stop Visits by World Leaders," Reuters, August 3, 2022.
3. Suranjana Tewari, "US-China Chip War: America Is Winning," *BBC News*, January 13, 2023.
4. Gillian Tett, "The Semiconductor Chip Pendulum Is Slowly Swinging West," *Financial Times*, July 21, 2022.
5. Don Clark and Ana Swanson, "US Pours Money into Chips, but Even Soaring Spending Has Limits," *New York Times*, January 1, 2023.
6. Clark and Swanson, "US Pours Money."
7. Chris Miller, *Chip War: The Fight for the World's Most Critical Technology* (New York: Scribner, 2022), xxv.
8. Chinese Academy of Engineering, "Made in China 2025 Green Paper on Technological Innovation in Key Areas: Technology Roadmap," September 29, 2015 (2015 version as translated and archived by the Center for Security and Emerging Technology).
9. Dan Kim and John VerWey, "The Potential Impacts of the Made in China 2025 Roadmap on the Integrated Circuit Industries in the US, EU and Japan" (Washington, DC: Office of Industries Working Paper ID-061, August 2019). For the plan, see State Council of the PRC, "Guideline for the Promotion of the Development of the National Integrated Circuit Industry," June 24, 2014 (in Chinese).
10. Office of the United States Trade Representative, 2017 Special 301 Report (Washington, DC: USTR, 2017), 113.
11. Li Yuan, "Xi Jinping's Vision for Tech Self-Reliance in China Runs into Reality," *New York Times*, August 29, 2022.
12. Yuan, "Xi Jinping's Vision."
13. *Wall Street Journal*, "US vs. China: The Race to Develop the Most Advanced Chips," January 11, 2023.
14. Eduardo Jaramillo, "After a Year of Corruption Scandals, China's National Chip Fund Forges Ahead," *China Project*, January 4, 2023.
15. Brent Crane, "The Semiconductor Madman," *The Wire: China*, January 8, 2023.
16. Crane, "Semiconductor Madman."
17. Edward White and Qianer Liu, "China's Big Fund Corruption Probe Casts Shadow over Chip Sector," *Financial Times*, September 28, 2022; and Yuan, "Xi Jinping's Vision."
18. Richard Cronin, "Semiconductors and Taiwan's 'Silicon Shield': A Wild Card in US-China Technological and Geopolitical Competition," Stimson, August 16, 2022.
19. Jung Song, "Samsung Seeks to Reassure Markets over Semiconductor Competitiveness," *Financial Times*, July 30, 2022.

20. *Wall Street Journal*, "US vs. China."
21. Jeff Su, "4Q 2022 Quarterly Management Report," TSMC Investor Relations Division, January 12, 2023.
22. Andrew Hill, "The Great Chip War—and the Challenge for Global Diplomacy," review of *Chip War: The Fight for the World's Most Critical Technology*, by Chris Miller, *Financial Times*, December 12, 2022.
23. Cheng Ting-Fang and Lauly Li, "China Ousts Taiwan as Apple's Biggest Source of Suppliers," *Nikkei Asia*, June 2, 2021.
24. The White House, "FACT SHEET: CHIPS and Science Act Will Lower Costs, Create Jobs, Strengthen Supply Chains, and Counter China," August 9, 2022.
25. Richard Waters, "Chipmakers Battle for Slice of US Government Support," *Financial Times*, August 3, 2022.
26. Katherine Hille, "TSMC Triples Arizona Chip Investment to $40bn," *Financial Times*, December 7, 2022.
27. Clark and Swanson, "US Pours Money."
28. Demetri Sevastopulo, Kathrin Hille, and Qianer Liu, "US Adds 36 Chinese Companies to Trade Blacklist," *Financial Times*, December 15, 2022.
29. Clark and Swanson, "US Pours Money."
30. Bloomberg, "TSMC Halts Work for China Firm," *Taipei Times*, October 24, 2022.
31. Siu Han and Willis Ke, "Apple Reportedly to Have Samsung Replace YMTC for iPhone-Use NAND Flash Supply in 2023," *DIGITIMES Asia*, November 21, 2022.
32. Edward White and Kana Inakagi, "China Starts 'Surgical' Retaliation against Foreign Companies after US-led Tech Blockade," *Financial Times*, April 16, 2023.
33. Chris Buckley, "Xi Jinping Thought Explained: A New Ideology for a New Era," *New York Times*, February 26, 2018.
34. Vincent Ni, "Xi Jinping Vows to Fulfil Taiwan 'Reunification' with China by Peaceful Means," *The Guardian*, October 9, 2021.
35. Cheng Ting-Fang, "TSMC Founder Morris Chang Says Globalization 'Almost Dead,'" *Nikkei Asia*, December 7, 2022 (emphasis added).
36. The White House, "Remarks by National Security Advisor Jake Sullivan at the Special Competitive Studies Project Global Emerging Technologies Summit," September 16, 2022.
37. Qianer Liu, Anna Gross, and Demetri Sevastopulo, "Export Controls Hit China's Access to Arm's Leading-Edge Chip Designs," *Financial Times*, December 13, 2022.
38. Jake Sullivan, "Remarks by National Security Advisor Jake Sullivan at the Special Competitive Studies Project Global Emerging Technologies Summit," The White House, September 16, 2022.
39. Edward Luce, "Containing China Is Biden's Explicit Goal," *Financial Times*, October 19, 2022.
40. Edward Luce, "US-China Relations Pursue an Ominous Path," *Financial Times*, January 17, 2023.

41. Anders Fogh Rasmussen, "Taiwan Must Not Suffer the Same Fate as Ukraine," *Financial Times*, January 12, 2023.

42. Hermann-P. Rapp and Jochen Möbert, "Semiconductors or Petroleum— Which Is Traded Most?," Deutsche Bank Research, Germany Monitor, November 23, 2022.

第一章　未來美中競賽的可能情境

馬潔濤（Mary Kay Magistad）

半導體策略的構成，要看我們對於美中關係未來本質的期待、在這個脈絡下全球其他關鍵供應鏈的參與者的動機，以及台灣自身環境來決定。不令人意外地，今日的分析家們——包括我們的工作小組在內——對於這些未來會如何開展有著不同的預期。

因此，我們的分析由建立情境規劃框架（scenario-planning framework）開始，考量美中台關係在未來十年可能的關鍵驅動力——以及這些驅動力可能導引產生的不同未來。我們特別把重點放在它們對(a)全球貿易決策和(b)關鍵技術領導地位帶來的影響。

本章要描述美國、中國以及台灣在世界的角色所導致的四種可能情境——有的情境頗具吸引力，有些則否——以及這些可能出現的未來，對於以下幾方面的影響：(1)美國為減低目前半導體供應鏈中斷的脆弱性（vulnerabilities）應採取什麼措施；(2)這些措施如何在促進台海穩定的狀況下進行；以及，在這樣做的同時，(3)防範因中國持續發展自身半導體產業而帶來新的脆弱性。我們學到的重要一課是，如果事態看似正朝某個情境發展，我們可以採行針對性的政策步驟，來提升在這個情境中的安全和繁榮——或是打造推動未來的驅動力，完全避免這個情境發生。

* * *

近幾十年來，許多影響最深遠的轉變都推翻人們的假設和預期。當初柏林圍牆倒塌掀起「歷史的終結」的討論，難料到如今威權體制在全球又捲土重來，還伴隨了歐洲七十年來第一場重大戰爭，人們口中所謂的「傳統智慧」（conventional wisdom，譯註，英文意指一般常識、或多數人的看法）有時候顯得太過傳統，也欠缺智慧。中國在經濟和國際地位的轉變，從鄧小平時代「改革開放」的黎明初現，到經濟和政治的迅速崛起，再到習近平在內部加強管控並在海外尋求更大的財富、權力和影響力，顯然也是符合這樣的例子。

今天的觀察家們，對於美中關係的未來、全球貿易和科技領導地位的重新洗牌、台灣的地位，以及自由國際秩序的未來，可以合理地抱持截然不同的期待。

在全球貿易和科技上，半導體如今扮演舉足輕重的角色。美國的政策制定者越來越認知到，美國和其合作夥伴需要一個可靠且具韌性的半導體供應鏈。

大部分的半導體如今在東亞生產，其中幾乎所有最先進的半導體都是由台灣的台積電製造。近年來，中國對台灣的主權主張益發咄咄逼人——在此同時，中國就和美國一樣，需要台積電製造的尖端半導體，但尚未在國內發展出生產它們的能力。

面對這一切，謹慎規劃需要的不只是嚇阻中國侵略行動，還需要一套更強健、有韌性的全球半導體供應鏈合作策略。這類的規劃也需要考量一些關鍵變數在近期內會如何演變。我們團隊裡的情境模擬小組以十年為時間軸，考量不同的未來情境可能如何影響全球的半導體供應鏈。

情境規劃需要考量的是合理的可能性，而不是對「一定」會發生什麼作硬性的預測。我們的參與者找出幾項關鍵不確定因素，並預想這些變數的不同組合，會形成各種不同的（甚至相互對立的）可能未來情況。接著工作小組考量每個模擬情境中可操作的影響。過程中，我們認知**實際發生的**未來可能包括部分或全部想像模擬情境的一些元素，也可能從一個模擬情境移向另一個情境。重點是要有所思考並作好準備，來完善每一個可能情境，同時找到可適用於不只一個情境的行動。

過去四十年來，組織、企業和政府部門應用情境規劃，讓自身得以保持開放態度並避免風險。這套技術由殼牌石油公司（Shell Oil）首創，由顧問公司「全球企業網」（Global Business Network）的創辦人史杜瓦・布蘭德（Stewart Brand）、納皮爾・科林斯（Napier Collyns）、傑・奧格威（Jay Ogilvy）、彼得・舒瓦茲（Peter Schwartz）和勞倫斯・威金森（Lawrence Wilkinson）等人發揚光大。

威金森本人帶領這份報告的工作小組進行了情境規劃的深度探討，目的是發展出我們關鍵問題的答案以及其代表的相關意涵，接著製作出一套我們認為對所有合理的可能未來都有效的建議。

為了達成這個目標，由退役資深將領、中國專家、經濟學家、半導體專家、戰略專家等人組成的小型分組團隊於二〇二二年在三個月內定期開會，並定期向我們的工作團隊回報。

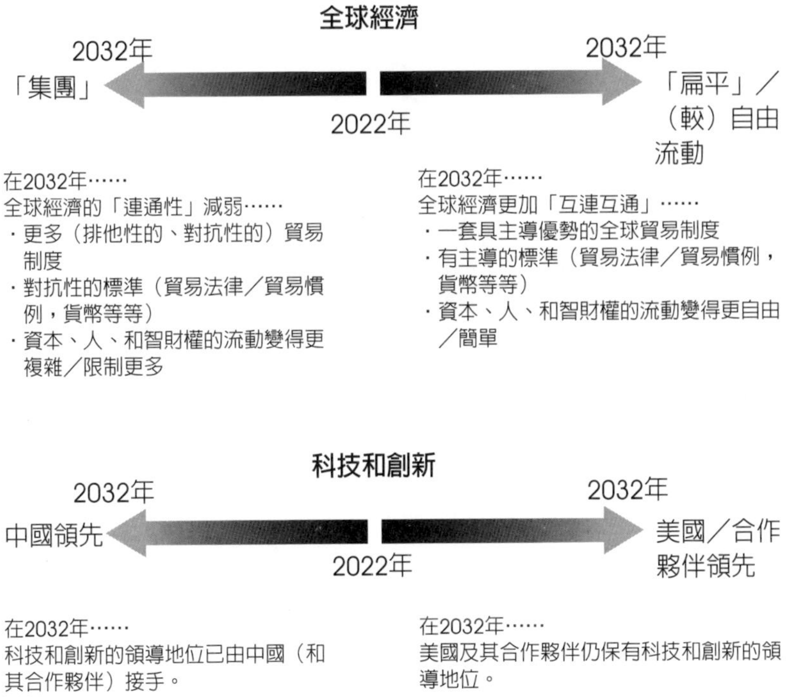
全球經濟
2032年
「集團」
2022年
2032年
「扁平」／（較）自由流動
在2032年……
全球經濟的「連通性」減弱……
・更多（排他性的、對抗性的）貿易制度
・對抗性的標準（貿易法律／貿易慣例，貨幣等等）
・資本、人、和智財權的流動變得更複雜／限制更多
在2032年……
全球經濟更加「互連互通」……
・一套具主導優勢的全球貿易制度
・有主導的標準（貿易法律／貿易慣例，貨幣等等）
・資本、人、和智財權的流動變得更自由／簡單
科技和創新
2032年
中國領先
2022年
2032年
美國／合作夥伴領先
在2032年……
科技和創新的領導地位已由中國（和其合作夥伴）接手。
在2032年……
美國及其合作夥伴仍保有科技和創新的領導地位。

圖1.1　模擬情境邏輯

這個分組團隊考量了有哪些力量，會影響到我們回答以下三個主要戰略問題：

1. 美國在近期內應如何降低半導體供應鏈中斷的脆弱性，並隨著時間推移，為所需要的半導體類型，建立更有保障、更持久的獲取方式。
2. 這個做法要如何進行，才能同時保有台灣現有的自治地位、支持其繁榮和創新活力，並促進

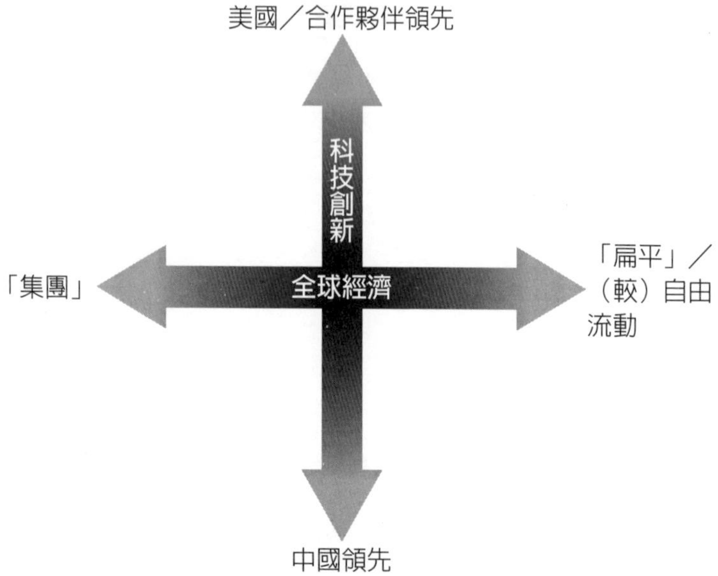

圖1.2　以兩個軸線呈現的情境邏輯

台海的穩定？

3. 隨著中國進一步發展自身半導體產業，美國及其盟友要如何防範新的脆弱性，並預判下一個具重要戰略意義的科技產業競爭？

為了構想不同的未來，我們超過二十多位專家組成的全體工作團隊，設想出超過兩百個可能塑造下一個十年的推動力。我們的情境模擬小組再將清單縮小至四十個推動力，到最後再縮小到兩個推動力，是這個小組認為與三個主要戰略問題最相關的。如圖1.1所示。

1. **全球經濟**：究竟全球經濟會變得更加整合和「扁平」，

或是集結成幾個集團（blocs）。

2. **科技和創新**：究竟美國能否持續在整體科技——尤其是半導體方面——維持領先的地位，或是將由中國取而代之。

選定的兩個變項可以用四象限的圖直觀呈現，如圖1.2所示，每一個象限各代表一個截然不同的未來。

每一個未來在我們設定的十年框架中，都在合理狀況下推到極致，並採用「由外向內」（outside-in）的思考方式——也就是說，去理解可能影響當前問題的外部動態和驅動因素。透過這個方式，我們根據選定的變數來呈現美國和其盟友可能面對的挑戰和機遇。

情境規劃有助決策者事先思考，如果看到朝特定方向的早期跡象，他們要如何做，以及這個方向對他們的利益所代表的意義。它可能代表他們要抓住機會，或是採取防禦行動。有些行動和策略被稱為「穩健的」（robust），也就是它們在任何想像中的合理未來都說得通；有些則屬於「權宜的」（contingent），即在某些未來是有益的，在其他未來則是有害的。

進行這個過程的初期，工作小組的參與者被要求回想十年前的世界是什麼光景，並彼此分享有哪些他們認定會發生卻沒有發生的事，還有哪些實際發生的事令他們感到意外。每個人都在這兩方面提供了看法。而且，同樣的情況想必也會發生在對未來十年的預測。

世界可能變得更多極（multipolar）和更多盟（multialigned）。在科技領域，特別是半導體領域，可能出現新興的參與者。不論發生什麼情況，我們所創造的模擬情境都可隨未來發展更新和調整，在不斷變化的環境中為戰略提供更好的依據。

驅動力

以下的這些驅動力，是我們情境小組認為在未來十年最有可能影響到美中台關係，特別是半導體相關的驅動力。所列舉者，是根據情境小組的意見，按照影響力由大到小粗略排出的順序：

1. 戰爭或其他破壞式衝突或行動

涉及台灣的大規模衝突，令半導體的製造及其他多種產業將遭受災難性的破壞，美國經濟將遭受負面的下游效應。較有限度的敵對行動，例如對台積電的網路攻擊，也會有類似的效果。[1]在這個地區或更大範圍的其他衝突，例如對侵略者的制裁措施，也可能對全球半導體產業帶來下游效應。

2. 與中國安全和經濟競賽中，美國、歐洲與亞洲的協作程度

美國為了與中國競爭，正持續提升與夥伴間的協作。這些努力包括了美國、日本、澳洲和印度的「四方安全對話」（Quad）；美國、英國和澳洲的「澳英美三方安全夥伴」

（AUKUS）；七大工業國G7的「重建美好世界」（Build Back Better World，簡稱B3W）發展中國家基礎建設融資倡議[2]；「美國和歐盟貿易和技術委員會」（EU-US Trade and Technology Council，簡稱TTC）以及其他歐盟和美國的戰略合作[3]；為保障通信和網路流量不受華為等中國供應商影響的「乾淨網路」倡議[4]，以及美國、日本、南韓和台灣組成的「晶片四方聯盟」（Chip 4 Alliance）。最近，美國的《晶片和科學法案》已立法規定數十項獎勵措施、補貼、限制，以及新的或擴大的夥伴關係。

3.戰略領域的科技進展程度

美國國家科學技術委員會在二〇二二年二月更新的「關鍵與新興科技清單」詳列了十幾項與美國國家安全相關的關鍵先進科技。[5]

4.台積電的生產區域多元化的程度

目前台積電大部分的製造工廠（「晶圓廠」）都在台灣，還有兩座規模較小的晶圓廠在中國、一個在美國（華盛頓州卡默斯）。台積電正在亞利桑那建造兩座先進邏輯晶圓廠，[6]還有另一座透過與索尼公司合資在日本興建。[7]

5.利用公共政策工具來提升美國私營企業在半導體研發（R&D）支出和創新

二〇二二年《晶片和科學法案》提供三百九十億美元的聯邦補貼興建晶圓代工廠，包括貸款擔保和聯邦對州或地方的補貼媒合計畫；同時，它還為半導體製造工廠和設備提供了百分之二十五的投資稅賦抵免。除此之外，《晶片法案》並透過商務部撥款一百一十億美元研發資金，用在新的公私合作研發計畫，包括「國家半導體技術中心」、「美國製造半導體研究所」以及聯邦的「國家先進封裝製造計畫」。

6.半導體製造設備廠商——如荷蘭的艾司摩爾（ASML）——及其政府對銷售目的地的選擇

艾司摩爾（ASML，公司全稱是Advanced Semiconductor Materials Lithography）的極紫外光（EUV）微影機是先進半導體製程的關鍵設備，因為它們用來把積體電路設計以最小尺寸蝕刻在矽晶片上。艾司摩爾、佳能（Canon）、尼康（Nikon）和其他公司所製造的深紫外光（DUV）微影機成就了前沿技術的一到二代晶片的生產。[8]艾司摩爾或其他設備公司或是他們的政府，一旦作出拒絕賣給中國的決定——或是拒絕賣給樂於轉售給中國的其他國家——將會限制中國在這個領域的全球競爭力。

7.區域化取代全球化的程度

民粹的國族主義，或是國際貨幣基金（IMF）、世界銀行、世界衛生組織（WHO）、甚至是聯合國安理會等多邊機構的削弱，可能促成區域化（regionalization）的擴大發展。自COVID疫情發生以來，限制了人、資金與智慧財產流動的貿易壁壘，導致跨國企業持續建構區域供應鏈以躲避地緣政治風險的趨勢，將益發擴大。[9]

8.中國是否可以培育出一家能力足以追上或超越台積電能力的半導體製造公司

中國政府致力提升半導體製造產能，預期在未來十年會增加它在非尖端半導體的晶片製造市場占有率。不過，比較不確定的是，中國的中芯國際或其他企業能否趕上甚至超越台積電製造最精密晶片（小於七奈米）的主宰地位。[10]

9.台灣民眾地緣政治的立場轉變

過去幾十年來的民調顯示，台灣民眾偏向支持實質自治的現狀，多於贊成與中國統一或正式宣布獨立，並知道後者將引發中國的攻擊或侵略。[11]民調同時也顯示，台灣人對美國的好感度是對中國好感度的兩倍。儘管如此，台灣的民主進步黨自一九八六年創立以來持續傾向獨立。而在一九二七年到一九四九年曾統治中國大陸的國民黨，一直到一九九〇年代初期都仍自認是代表中國大陸的流亡政府；如今隨時間轉移，國民黨對改善與中國的關係表現出更大的興趣，甚至探討了在符合台灣利益的條件下與中國合併的可能性。隨時間變化出現的政黨輪替，或是政黨內部政策的改變，都可能產生預期不到的後果。

10.美中兩國民眾和領導階層科學素養的對比程度

科學素養影響科技工作力的素質，也影響公眾對政策的態度。一項皮尤民調研究中心的研究顯示，美國人的科學素養雖然高於中國人，但並非普遍現象。[12]中國政府正積極投入在提升一般大眾的科學素養。[13]

11. 中國在推動半導體和相關技術的教育和訓練品質

二十多年來北京當局一直將加強創新和技術提升列為優先要務。半導體更是重中之重。中國大力投資教育，以擴大有能力提升半導體產業的熟練勞動力，而此勞動人口數量已經從二〇一九年的五十一萬兩千人增加到二〇二二年的七十四萬五千人。參見第八章關於中國半導體工作力的更多內容。

12. 美國在推動半導體和相關技術的教育和訓練品質

擴大並改進美國STEM勞動力可使美國在半導體在內的關鍵技術上，在全球進行更有效的競爭。《晶片法案》的相關規定提供了幫助。參見第三章和第四章對美國半導體工作力發展的更多討論。[14]

13. 半導體需求模式的長期變化程度

半導體的製造可能興盛或衰退，促使製造商即便在需求程度高的情況下，也會保守部署資金。新型技術或是新消費應用的需求可能改變這個模式，從而降低風險。[15]

14.美國及其夥伴對中國戰略性「綠色」科技供應鏈的依賴程度

中國對於綠色能源基礎設施如電動車和太陽能板的全球供應鏈，以及稀土元素和其他用於潔淨能源基礎設施的關鍵礦物如充電電池的鋰金屬，有出乎尋常的影響力。[16]在某個優先技術領域對中國新的依賴，可能影響到美國在另一個優先技術領域——例如半導體——運用影響力的籌碼。

15.華府或北京祭出關稅、制裁或出口限制的程度和反應方式

美國商務部在二〇二二年十月做出的半導體技術出口管制，適逢中國國內的敏感時機——經濟停滯；對COVID疫情清零政策的不滿升高；中國共產黨第二十次全國代表大會開會，習近平總書記將迎來史無前例的第三任任期——中國一開始的公開外交回應顯得低調，把重點放在加倍補貼中國國內半導體產業，以加速產業自主目標。然而，未來的進口管制仍有可能引發中國對美國大範圍的報復性貿易措施，或是針對特定美國公司進行懲罰性行動。

16.中國領導階層的變動或政治鬥爭，導致中國外交政策突然轉向的可能性

有一些中國最大的政治變化，並非外界人士、甚至並非許多中國民眾所能預見的。其中貌似可能的未來包括：

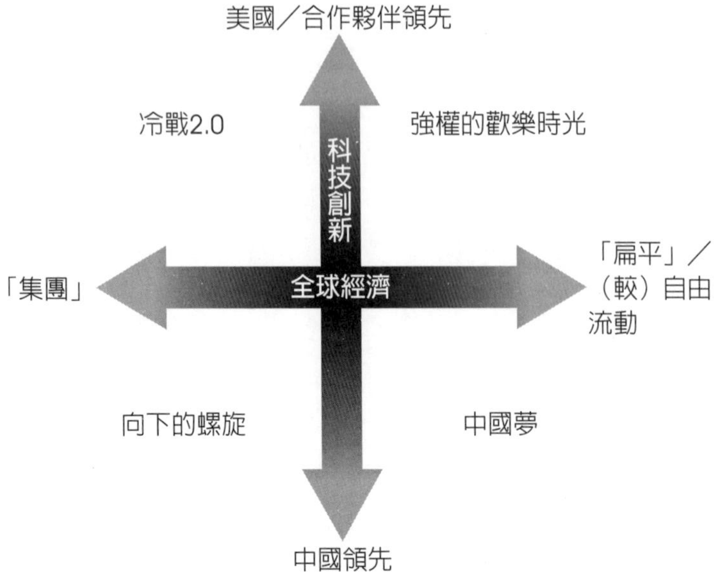

圖1.3　置於四個象限內的模擬情境

- 習近平總書記在未來整整十年持續掌權並維持同樣的路線。
- 習近平仍然掌權，但是改變路線，讓中國在全球的領導地位對許多國家變得更可接受甚至具有吸引力。
- 習近平被想回歸「改革開放」路線的領導者或領導集團取而代之，抑或被某些野心與他匹敵甚至更甚於他、更具有侵略性的領袖所取代。

我們的模擬情境

透過我們的情境規劃，我們得出了未來十年這個挑戰將開展的四個可能未來（圖1.3）。這四個象限由兩條軸線構成，縱軸代表科技和創新，橫軸代表著全球經濟。

右邊的兩個象限——借用羅盤的方向稱之為「東」——是全球經濟較為開放、貿易和創新更自由流動的未來。左邊的兩個象限——「西」——所代表的未來則形成集團或網絡，各國主要只和同一個集團內的參與者進行貿易。西邊的兩個象限會出現較多亂流，東邊的象限較為平和，但由兩個不同的強權所領導。

上方的兩個象限——「北」——是半導體等戰略重要領域的科技和創新由美國和其盟友領導的未來。在下方的兩個象限——「南」——則是由中國領導的未來。

和前面一樣，我們的目的不是進行預測，而是呈現不同的可能未來，並瞭解到真正的未來應該是摻雜所有這些情境的組合，或可能從其中一個情境朝另一個情境移動。

二〇三二年的第一號情境：「冷戰2.0」（西北象限）

這是個形成貿易集團的未來，或許是以封閉社會和開放社會為分野。在這個未來中，貿易著重在集團內部進行。這裡的兩個集團由美國和中國領導，不過也可能有其他網絡崛起。跨集團的貿易依然存在，但變得更困難也更昂貴。不結盟國家可以與不止一個網絡進行貿易或是在網絡之間轉換，以盡可能維護其自身的國家利益。

美國和盟國或關係密切的夥伴依據民主和自由市場的價值觀進行競爭。中國競爭優勢在實行重商主義，有意願和任何人進行貿易和投資，包括透過它的「一帶一路」倡議網絡。中國的領導階層和做法，基本上和十年前相比並沒有什麼改變。

地緣政治

美中的緊張關係，隨著兩方漸行漸遠並維持「備戰」狀態而逐步升高。隨著美國和太平洋地區憂心中國可能試圖奪取一些島嶼或是封鎖台灣，對於在台灣及其周邊或是南海地區發生戰爭的憂慮提高。中國並未取得台灣的控制權，但持續採取侵略性的行動；美國雖然仍遵守它的「一中政策」，但會更加鼓吹台灣成為國際經濟共同體的一員。

隨著多年來中國在聯合國等全球機構增強影響力，並堅持由中國主導的聯合國來扮演「全球政府」的角色，聯合國和世界貿易組織（World Trade Organization，WTO）等全球組織，變成了偶爾進行利益交換的僵化場所。作為回應，美國和其盟友越來越依賴與個別國家或者區域集團如東南亞國協（ASEAN）的直接關係。

全球貿易／投資

美國和其盟友持續以規則為基礎的貿易，這些經濟體仍「相對強勁」——體質健全，但防衛支出增加。中國對其中許多規則並不接受，並出現對立的標準和做法。隨著這十年演進，不結盟國家必須選邊站的壓力越來越大。

中國經濟面臨考驗，一些原先的主要貿易夥伴如美國、歐盟和日本，已減少與中國的貿易。中國與「一帶一路」夥伴的貿易無法彌補這個差距。中國的數位人民幣興起，成為中國集團內的清算貨幣，為一些威權政府緩解了美國和其盟友所實施以美元計價的制裁措施。

科技與半導體

美國和同盟的半導體產業的格局出現變化，製造和供應鏈更加分散而強健，支撐半導體兩到三年技術週期的應用研發方面也是如此。台灣仍然重要，但台積電的半導體生產在地理上已更加多元。

美國和同盟把創造或提升產業政策、幼兒園到十二年級（K-12）的STEM教育，以及研發工作列為優先。美國和其親密夥伴的移民改革歡迎來自世界各地的學生、研究員、工程師、科學家和創業家，一同參與一個持續增強的國際STEM生態系統。

美國和其盟友採取措施以確保獲取半導體和其他關鍵技術所需的原料和礦物。中國由政府主導的研發工作出現進展。但是中央政府日益集權的控管遏制了創業者的活力和創新，在中國的這些進展將無法趕上美國和其夥伴的腳步。美國和盟友強化對智慧財產權竊盜和間諜活動的防衛。中國以相應方式回敬，例如透過國際訴訟，攻擊被它指控採用中國原創技術的美國公司。

二〇三二年的第二號情境：「強權歡樂時光」（東北象限）

這一個世界和平的未來，以回歸廣泛整合的全球經濟，以及美國與盟友持續全球領導地位為其標誌。經歷過對俄羅斯入侵烏克蘭作出制裁措施的協調，這個聯盟更加強化。西方自由派的規則扮演主導角色，同時西方也維持技術上的領先——部分原因源自於增加支出和專注於研發與STEM教育，尤其是與半導體相關的項目。美國和其合作夥伴已打造了強健的半導體供應鏈，並確保了半導體的可靠供應。

地緣政治

美國及其合作夥伴密切合作，並克服了早先阻礙政策進步的國內分歧。如今他們協調各自國家的政策，共同承擔外交、貿易和發展政策的責任。美國更努力聆聽、參與和包容。它仍維持其領導地位，但是領導風格更為溫和，扮演更近似於平等夥伴的角色。如印度等新夥伴也整合進入這個網絡，且這個網絡日益被視為比其他任何網絡都更加可靠、更能帶來利益。

台灣持續繁榮，其政治地位維持不變。

中國舉步艱難。隨著中國這些年來咄咄逼人的外交政策、支持具爭議領土主張的種種動作，在貿易和投資上也背離原先承諾的「雙贏」做法，讓全球對中國的看法更加負面。中國可能有了新的領導層，或者習近平可能決定要——或是被迫要——抑制中國在區域的侵略和全球的野心。

美國和其盟友的國防支出依舊強勁，並且加大了反制間諜活動和智慧財產權盜竊的力度。不過軍事威脅減少讓資金可以轉移到增加國內教育、產業基礎建設和社會安全網的投資，以及在海外的投資及援助的發展。這些投資促進了國際的友好以及與美國和其盟友結盟的意願。

全球貿易／投資

美國及其盟友所付出的協調努力，重新振興了根植於「西方」自由價值觀的全球投資和貿易制度，並強化了美國與其夥伴的經濟。這些經濟體成為吸引國際投資和人才移民的磁石。

台灣持續繁榮，地位提升，成為全球重要的創新和先進製造業樞紐。

中國的經濟轉弱。國內經濟趨緩，再加上老化的人口從日益萎縮的勞動力市場汲取資源，阻礙中國政府的野心。黨對民營產業日益集權的控制降低了企業家精神和創新活力。

在國際上，中國領導一個由較弱小經濟體組成的集團。它的「一帶一路」網絡規模和影響力已縮小，原因是一些國家已認定，加入廣泛的「一帶一路」倡議和中國一些特定的投資，並不符合他們的國家利益。許多這類國家選擇了「多方結盟」（multialign），根據國家利益的不同面向來選擇建立關係，而美國和其夥伴展示了更優越的力量吸引這些國家作出這類決定。中國持續參與這個美國主導的體系，因為它仍需要出口的收入，也需要在體系裡的「席位」以試圖操縱或改變體系。

科技和半導體

出口管制仍舊有效，美國及其合作夥伴，包括管理不同技術領域的標準機構，如今協調配合更加良好。隨著彼此差距縮小，「半導體協調委員會」正式確立了美國和其夥伴對這些半導體相關的出口管制、補貼以及稅務政策。這類的協調讓先進的夥伴國家得以安心銷售產品給中國，畢竟中國仍是重要市場和成熟半導體的良好來源。

中國數十年來在研發的投資帶來了技術提升，對這一套全球體系有實用助益，包括與半導體相關技術的進步，但是這些仍不足以讓中國占據領先和主導的地位。

二〇三二年的第三號情境：「（美中關係）的向下螺旋」（西南象限）

在這個可能未來中，中國「東升西降」的信念得到印證，但伴隨著重大的（美中關係）矛盾。重商主義的中國在競賽中勝過了美國及其盟友。就中國的目標而言，「一帶一路」運作良好：建造了以中國為中心的全球貿易和權力新網絡，並確保中國取得它所需的資源，以及在印太地區和全世界所需的戰略定位，特別是在戰略水道沿線和咽喉位置的港口。這樣的定位日益挑戰並削弱美國軍事力量在印太地區的制衡角色。

地緣政治

美國和其合作夥伴藉部分脫鉤（decoupling）來回應中國崛起和影響力的提升。他們敦促不結盟國家選邊站，但遵從的國家越來越少，結果是不結盟國家數量不減反增。東南亞國協一邊面對美國及其夥伴的壓力，一邊面對來自中國的壓力，出現了分裂危機。對許多東協國家來說，美國陣營價值觀較為優越的論點，抵不過可以從中國投資中獲取的經濟利益。

美國是因為接連的錯著而走到這一步。國際政治的極化、偏見、暴力、仇外以及美國民主和法治的損壞，削弱了美國的軟實力。美國政黨更趨於嚴重的兩極化，導致它對國內與全球的挑戰和機遇作出僵化的反應。其他國家越來越認定美國的夥伴關係並不可靠，他們需要找到自己前進的路。

中國靠著具有一致性的、可靠的、務實的經濟政策走到這裡，包括在國內外的基礎建設以及在軍事現代化的投資。中國越來越把印太地區視為它的「後院」，導致此區域普遍的不滿。中國已採取侵略行動，將台灣納入它的控制之下，但是由於台灣本身的抵抗、國際的制裁重創中國本就脆弱的國際形象，並沒有得到中國領導人預期獲得的好處。美國或許喪失了軟實力，但是中國的軟實力也並未增加。相對地，中國是靠著務實、重商主義的交易以及必要時的強制行動，取得全球領導地位。

全球機構淪為充斥爭端和抱怨的競技場。

全球貿易／投資

世界分裂成兩大集團——一邊是美國及其合作夥伴，一邊是中國——以及許多不結盟國家，他們可能脫離了既有的區域組織而形成新的、較小的集團。這些較小的集團自行協商並與其他集團進行交易。貿易和投資越來越集中在兩個集團內部進行，但集團之間仍持續有些商務往來。中國的「一帶一路」影響範圍廣大，不過由於中國及其會員國之間的關係有強烈的交易性質，其軸輻式系統（hub-and-spoke system）對中國獲利最大，因此會員國仍會在別處尋求其他機會。

中國的經濟體已經超越了美國。中國打敗了美國及其合作夥伴，提供品質可接受、價格更加實惠的出口產品，包括科技產品在內。中國以人民幣計價的經濟成為對資本（以及越來越多外匯儲備）具吸引力的目的地。它的數位人民幣受到歡迎，尤其是對於尋求避免美國及其夥伴制裁的威權政府更是如此。美元作為外匯儲備和清算貨幣的力量已經衰退。

美國為其缺乏在教育、創新、研發以及基礎建設投資而付出代價，它的經濟成長減緩，創新也是如此。較疲弱的經濟讓美國和其合作夥伴試圖用調低價格、提供補貼以及保護智慧財產權來加強競爭——這些做法都會減低獲利回報。

科技和半導體

中國如今倚仗著數十年來在教育、創新和研發的投資，以及透過合法和非法方式精明地收購公司和智慧財產權，開始收穫利益。

在許多關鍵技術上，中國基本上已經實現了自給自足，並且領先美國及其合作夥伴將這些技術輸出到全世界，特別是一帶一路的會員國。中國的自給自足和主導能力讓它得以收集、分析並集中更多來自全世界的數據，包括船舶和貨物運輸的數據，這要歸功於如今數十個由中國公司擁有或管理的港口，可以更準確調整其戰略政策和傳送政治訊息。

隨著中國發展和輸出自己的標準，許多技術的標準規範出現了分歧。中國在國際標準制定機構的發言聲量如今益發突出，甚至有主導的地位。

中國已經取得製造自己先進半導體的能力，因此它不需要借助台積電來取得領先。無論如何，中國奪取台灣已經削弱了台積電，如今台積電的員工已經四散，有些在台積電海外的其他晶圓廠工作，還有一些來到了三星或英特爾，這些公司已取代台積電，成為新的先進半導體製造商。

中國持續主導全球成熟晶片——從汽車到軍事設備都需要這種晶片——的供應。中國利用這一點作為政策工具的籌碼，時常對美國和其盟友造成不利。

中國對稀土元素以及半導體和其他科技所需的關鍵原料，仍維持近乎壟斷的地位。同時中國也強勢運用這個影響力，一旦對接收方有所不滿便暫緩或切斷供應。

在此同時，美國內部政治的分裂讓國會難以通過移民改革的立法，或是增加在教育和研發的支出；私營的公司寧可追求短期的利益而不願投資於研發。分歧的標準規範、原物料取得的不穩定，加上缺乏遠見和對未來的投資，導致美國的科技領導地位落居中國之後。

二〇三二年的第四號情境：「中國夢」（東南象限）

在這個未來，中國領導一個自由且更加整合的國際體系，全球穩定得以維持，只有相對而言極少數的動態衝突。全球機構的重要性增加，而中國是這些機構的掌舵者。中國在多個方面軟化了立場，並充分改變其形象讓更多人願意接受成為這個體系的一部分。如今中國在包括半導體在內的大部分科技領域有穩固的領導地位，已經成為人才移民和投資的首選目的地。貿易以人民幣計價。中國在軟實力的賽局比起過去已大有改善，他們已學到可靠、有益的夥伴關係，要比「戰狼外交」和強制手段更有效。

在這個模擬情境中，有一個可能性是中國的領導層已經更替，新的領導層致力於讓中國成為負責任的利害關係人。另一個可能是中國現今的領導層持續掌權，並已找出務實的方法來維持一個足以支持美國及其夥伴利益的體系，讓他們在持續保護和促進其利益的同時，願意接受中國的領導角色。

隨著美國內部分裂和紛爭與其宣揚的民主價值顯得不相符，美國和其盟友不管在經濟上或是價值觀上都已無法與中國爭勝。美國經濟狀況良好，但是比中國稍弱。美元的外匯儲備地位實質上已經喪失。美國和其合作夥伴仍可以分一杯羹，但已無法分到最大的份額。

地緣政治

這是一個相對和平的世界，其中的舒緩劑是貿易、而非價值觀。全球機構益發重要，中國在其中許多機構運作顯著的影響力。美國及其盟友試圖反抗，但是他們的努力沒有明顯效果，因為如今他們的價值觀——體現在其行動而非言詞上——與中國並無顯著的差異。

台灣在國民黨勝選、與中國進行協商，並達成一個國民黨領導者認定符合台灣利益的協議之後，自願成為中華人民共和國的一部分。考量到中國提供的強力經濟誘因，再加上必須接受新的現實——中國如今在區域的宰制力，還有美國及其夥伴如今對保護台灣缺乏能力或意願——推動所謂的「統一」成了務實的做法。台灣民眾接受這個改變是他們的最佳選擇，台灣經濟也因此蓬勃發展。

全球貿易／投資

中國往價值鏈的上層移動，如今是全球創新、領先科技、服務、金融和製造的主要參與者。全球貿易的流動更加自由、具有強烈的交易性質，並以人民幣計價。全球標準和規範已經「協調」（harmonized），主要反映了中國的偏好。一些貿易網絡和雙邊貿易協議依然存在，但是規則會更新，以反映在中國領導下貿易的「新語言」。中國的證券交易所是經濟活動的焦點所在。中國的金融公司是主要的交易主導者，增強了中國在全球經濟的主導地位。

美國和其盟友在這個未來，仍有良好的經濟表現，但是他們只是搭著中國的便車。他們不再主導制定包括貿易規則在內的一些標準和常規，也無法再藉由美元的儲備貨幣和結算貨幣地位獲利。美國及其合作夥伴是否會密謀取回領先地位，取決於當時國內政治風向是孤立主義，還是支持美國在世界扮演更重要的角色。如果美國是由民族主義的、排外的、保護主義的政府所領導，也可能認為這個情況已經夠好，無需花費時間和金錢去提升美國在世界的地位，更不用說要重新奪回全球領先地位。

科技和半導體

中國有了台灣和台積電的合作，如今在大部分重要科技的設計和製造都穩居領先地位，包含半導體在內。全球供應鏈出現變化，反映中國的主導地位。在此同時，中國以效率聞名的國內供應鏈網絡對科技業的支持也更加強勁。

中國如今完全掌控了相關的全球技術標準機構，其中同樣包括半導體。現在的標準更有利於中國國內的產能，並支持中國的產業和技術優先項目。

美國和其合作夥伴持續製造半導體，但如今或許要依賴政府持續的補貼，因為它們已經失去支持獲利的技術優勢。在失去創新和設計的領先地位後，它們也越來越依賴中國的先進晶片。中國在科技製造業中不可或缺的關鍵礦物和原物料方面，有著近乎壟斷的地位，並以此作為操控籌碼，壓縮供應來減低美國和其夥伴迎頭趕上的機會。由於錯失了投資在教育、研發以及移民改革的機會，美國和其夥伴採取越來越類似中國崛起過程中的做法：對設計和技術進行逆向分析和研究，收購公司和它們的智慧財產權，而不是自行去創造開發。

美國和其夥伴軍事方面的挑戰尤其嚴峻，不僅是需要跟上中國高科技武器、監控和網路戰系統的進展腳步，同時還需要取得他們既有武器系統所需的傳統半導體。美國軍隊的部署和任務需要重新考量——特別是在印太地區，中國已經運用其經濟、貿易和供應鏈的籌碼清楚表明美國的軍事存在不再受到歡迎。

可能且理想的情境與動態

情境規劃鼓勵大家深入思考對團隊具重要性的所有合理可能。在十年的時間框架中，部分或全部情境裡的元素有可能成為事實，因此現在需要採取行動準備應對各種情境元素的組合。

在建構合理未來的地圖後，我們的情境小組接下來開始推論哪一個結果最有可能性，以及哪一個未來最符合美國的利益。

我們在二〇二二年初開始情境研究。自那時候開始，俄羅斯入侵烏克蘭以及美國與盟友作出的協調反應，進一步放大了朝更分裂的「集團式」未來移動的驅動力量。

雖然情境小組認為，所有四個情境在我們所設的十年時間框架都有可能出現，但參與人員幾乎可以認定，至少在這十年的初期，我們將朝著軸線西邊，也就是朝冷戰2.0（西北）或向下螺旋（西南）移動——這可能會是地緣政治所主導，充滿動盪且互相對立的未來（圖1.4）。

情境小組也考量了有哪些「主流趨勢」可能推動美國朝特定的象限移動。他們認為最有

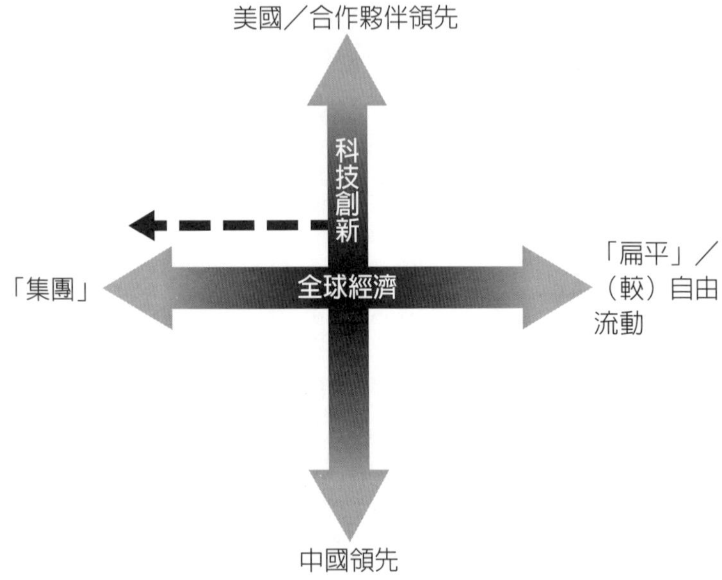

圖1.4　朝西移動的主流趨勢

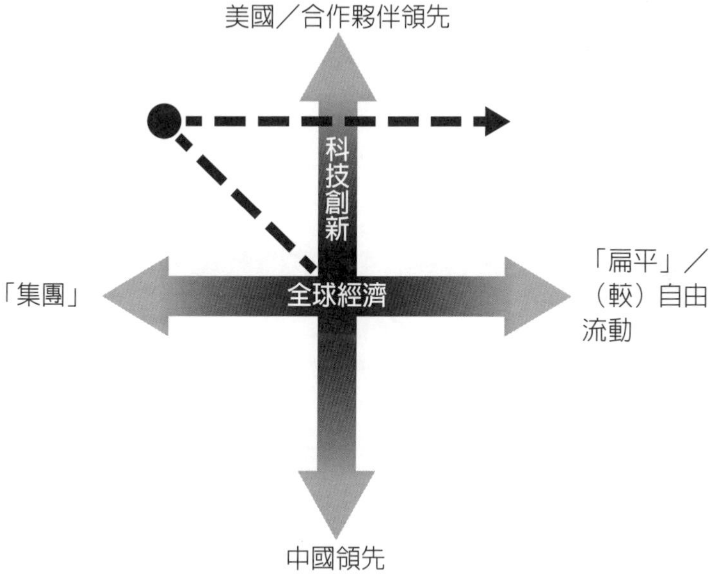

圖1.5　流向冷戰2.0（西北），之後再往強權的歡樂時光（東北）

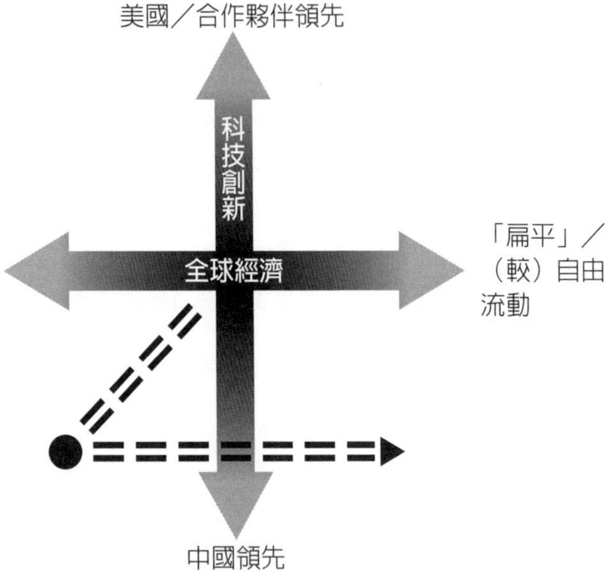

圖1.6　流向向下螺旋（西南），之後再往中國夢（東南）

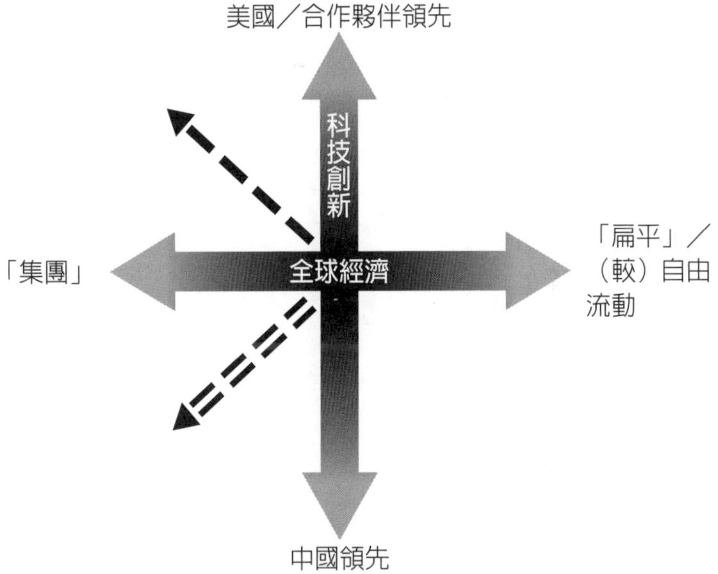

圖1.7　向西流動，之後停滯

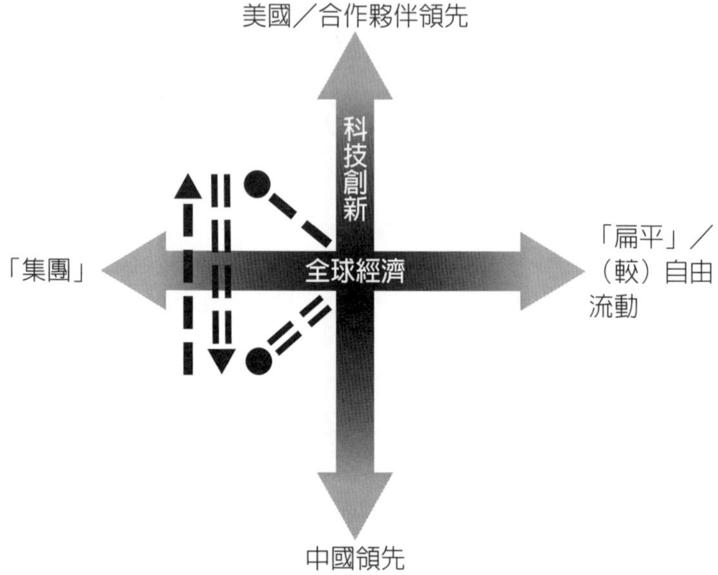

圖1.8　向西流動，之後出現動態的競爭

可能的趨勢如下：

1. 如圖1.5所示，美國及其合作夥伴為因應俄羅斯的入侵而建立合作關係，推動世界先朝著西北象限移動，接下來（藉由成功召集非結盟國家，以及從中國的麻煩中「獲益」）往東北移動。
2. 中國成功駕馭當前政治充滿紛爭的時刻——分散了美國在印太地區的關注和資產——並將世界往向下螺旋（西南）的方向移動。接下來，中國對自己地位有足夠信心開始「具有中國特色的自由化」，借助他們在貿易和金融的動能，把世界推向中國夢（東南），如圖1.6所示。
3. 如圖1.7所示，二〇三二年之前的整個十年，我們「停滯」在西邊的其中一個象限。
4. 美國和其夥伴原先在冷戰2.0（西北）扮演領導角色，卻因自身的原因導致地位動搖，並且／或是被中國超越。世界朝向下螺旋（西南）傾斜。或者是中國有能力推動世界向西南移動，但又被對手超越抑或自身舉步維艱，於是世界朝冷戰2.0（西北）移動，由美國和其盟友再度取得領導地位，如圖1.8的情況。

我們的工作小組中有人認為，中國夢（東南），也就是和平但由中國領導的情境，最不符合美國利益，因為即使是最動盪的向下螺旋（東南）象限，也提供美國更多機會可重返全球的領導角色。話雖如此，許多一心追求繁榮和保護自身利益的開發中國家，可能只會在意整體而言世界是否處於和平穩定的狀態，並不太關心全球體系由誰來領導——只要這個領導者不會把意識形態或價值觀強加於人，並且沒有做出過度強制、掠奪和不公平的行徑。

美國，或許因為國內政治的極化和動盪，而未能看出這樣的可能性，恰恰是中國夢（東南）的未來情境可能出現的主因。事實上，美國的極化可能導致世界上許多國家放棄由美國來領導，認定它的領導力只在零星的片段有效，在其他時候則毫無效力甚至反而具有破壞性。

情境的代表意涵和原則

我們的情境模擬小組從特定情境的代表意涵出發（「如果我們確知接下來十年會依這個未來開展，我們應該做的是……」），制定出在所有情境都適用的高層行動建議。這些建議基本上在每個情境都很合理，或者至少在某些情境非常重要、對其他情境也不致造成傷害，盡可能擴大美國和合作夥伴期望的結果。研究小組也指出在一些情境中，有哪些行動不僅可能無效，甚至會導致反效果或造成傷害。

政府部門、企業、非政府組織和類似團體進行情境規劃時，會把大部分時間花在它代表的意涵。接著研究團隊會組建早期預警小組，在接下來幾年的時間觀察顯現這些意涵的指標，讓小組得以提醒組織做出適當的行動。然而，我們的工作團隊是由短期內召集在一起的專業人士所組成——因此他們無法留下來持續監測、解讀新發生事件的影響。不過我們希望各位讀者們，隨著這十年的時局進展，能把這些代表意涵牢記在心，同時也希望相關的美國政府部門、公司和其他可能受影響的組織，能夠比照辦理。

接下來我們提出的是「穩健的」代表意涵和原則——它在我們團隊構想的每一種未來裡都是合情合理的，或者至少不致造成傷害。這些高層的代表意涵反映了在團隊想像中，美國和其夥伴如何在以規則為基礎的全球秩序中持續領導，為半導體和其他關鍵技術提供具有韌性的供應鏈。其中也包含一些預警措施，確保美國和其合作夥伴面對任何情境，都可擁抱機會、避開風險，做出良好的對應。

外交政策的原則

- 強化美國與盟國和友邦的關係。充分聆聽，奉行對他們和對美國都有利的政策。
- 溝通背景脈絡。解釋在這些情境中我們所處的位置，並解釋美國何以如此做或建議如此做的原因。
- 保持參與，在某些情況下甚至要加強參與國際組織，以更有效影響其決策。繼續在具有全球影響力的國際組織——例如聯合國——發揮領導作用，但也應該優先考量諸如七大工業國和東南亞國協等夥伴團體和多邊架構。
- 優先致力於擴大我們的盟國和友邦圈：
  - ■ 建立由美國及其盟國所提出的「全球基礎設施和投資夥伴關係」（Partnership for Global Infrastructure and Investment，簡稱ＰＧＩＩ），作為中國一帶一路的替代方案。

■ 審慎使用出口管制，全面針對中國和其威權體制的合作夥伴，同時要提防出現可能削弱美國和其夥伴在私營部門科技領導地位的非預期後果。

■ 努力加強軟實力，以突顯我們的民主力量和制度韌性等價值觀。同時要注意言行一致。

- 推動台灣成為世界經濟共同體的正式成員，但不堅持主權問題。支持台灣在經濟和自我防衛的努力，並鼓勵與台灣商業界與公民社會的民間聯繫。
- 與擁有豐富半導體關鍵原物料的國家加強外交關係。
- 重建美國外交人員服務局：加強招募和訓練工作，並加快大使和其他重要外交政策相關人員的任命。

國防政策的原則

- 增加先進技術的投資和許可，使其有利於美國和其夥伴的軍事和經濟。
- 擴大半導體供應商的陣容，從「可靠的代工廠」（trusted foundry）模式轉向「可靠的保證」（trusted assurance）模式。
- 提升美國在印太地區的海軍力量。以嚇阻（deterrence）為優先考慮手段。
- 透過下列方式，積極協助台灣建立「豪豬」防衛態勢以嚇阻侵略意圖：

■ 出售武器和物資，強調合作生產「多量的小東西」（large number of small things）。

■ 擴大聯合訓練和規劃。

■鞏固補給線和武器儲備。

■鼓勵台灣更快速尋求有韌性的能源供應和基礎設施。

經濟政策的原則

・作長遠規劃：藉由對盟國與合作夥伴的市場准入等方式，尋求「雙贏」政策和貿易協議。建構穩健的政策以對應中國採取脫鉤的可能性。

・強化美元作為結算和儲備貨幣：

■創建依賴美元的法定電子貨幣。

■積極接納配合非結盟國家。

■透過懲罰等措施，阻止人民幣取代美元成為貿易和儲備貨幣。

・增加政府包括應用研究在內的研發投資。擴展產業政策，支持半導體等關鍵產業和部門，在這方面與夥伴國家進行合作。

・鼓勵美國私營部門增加研發支出，提供稅賦優惠和補貼。

・重新思考我們當前的反托拉斯做法。允許半導體公司——及其他重要科技領域的領軍企業——達成支撐其研發和競爭力所需要的規模。

科技政策的原則

・發展半導體等關鍵科技的強韌供應鏈。從可靠的供應商獲取關鍵材料和其他輸入品。

• 積極參與全球標準和規則的討論。
• 增加以工程為基礎的研發支出數額。利用「登月挑戰」（moonshot challenges）為關鍵半導體和科技目標設定優先順序和創造競爭。
• 增加ＳＴＥＭ教育的投資，包括K-12和高等教育，以及勞動力的培訓。
• 鼓勵美國和夥伴貿易在貿易和科技網絡上進行全面的學術合作。
• 制定移民政策，鼓勵有才華的學生、科學家、工程師，在美國學習、研究和工作。確保美國是對這類人才最具吸引力的全球目的地，同時兼顧評估並且改善研究環境的安全性。
• 改善美國和夥伴國家境內的製造業環境。
• 強化網路防衛。
• 發展安全而公平的方式，把美國的智慧財產權分享給能夠利用它來為美國謀福利的合作夥伴。

半導體供應鏈的優先考量

• 強調韌性和穩健，著重在具體有效（effectiveness）而不光是重視完成效率（efficiency）。與合作夥伴協調共創政策，並以投資來鼓勵達成下列成果：
■ 國內製造業產能提升。
■ 擴大包含成熟晶片在內的所需晶片商業庫存。

■ 具備充分技能的半導體工作力。

- 建立一個相當於美國能源部能源資訊署（EIA）的半導體機構，以收集和分享半導體全球供應鏈的資訊。鼓勵受惠於政府——如接政府訂單、受政府補貼，或者享有稅賦減免——的公司參與。
- 與美國的夥伴合作實施以下的措施：

■ 在「全球南方」（Global South）為供應鏈利潤較低部分建立多元的網絡。

■ 創建獎勵措施以鼓勵在美國或可信賴夥伴國家境內進行關鍵原料的提煉和加工，並塑造、改良對環境影響最小的技術和做法。

■ 考慮遏阻使用源自中國的半導體輸入或服務。

■ 阻止先進晶片和晶片製造設備流入中國或其密切合作夥伴之手。

- 認知到國內製造業必須同時有研發投資的配合，以維持在生產方面兩至三年技術週期以上的領先地位。

本報告接下來幾章，將在「晶三角」的脈絡下，剖析許多普遍性的意涵：降低美國於半導體供應鏈中斷的脆弱性並增加美國國內的競爭力，同步提升台灣的穩定和繁榮；同時也要防範中國進一步發展自身半導體產業和其他先進科技帶來的威脅。

註釋

1. 《紐約時報》二〇二二年一月二十六日的一篇文章（Julian E. Barnes, "How the Computer Chip Shortage Could Incite a US Conflict with China"）和路透社二〇二一年十二月二十七日的一篇調查（Yimou Lee, Norihiko Shirouzu, and David Lague, "Taiwan Chip Industry Emerges as Battlefront in US-China Showdown"）推算在敵對衝突期間，台灣晶片業的中斷會如何破壞全球晶片供應鏈和美國經濟。
2. 《美國之音》二〇二一年十一月四日的一篇文章考量了「重建美好世界」與中國的「一帶一路」倡議可能如何互動：Patsy Widakuswara, "'Build Back Better World': Biden's Counter to China's Belt and Road."
3. 德國馬歇爾基金會二〇二二年二月的一份報告考量了歐盟與美國對中國問題合作的多種途徑：Andrew Small, Bonnie S. Glaser, and Garima Mohan, "US-European Cooperation on China and the Indo-Pacific."
4. US Department of State, "The Clean Network," 2021.
5. National Science and Technology Council, Fast Track Action Subcommittee on Critical and Emerging Technologies, "Critical and Emerging Technologies List Update," February 2022.
6. Yifan Yu and Cheng Ting-Fang, "TSMC in Arizona: Why Taiwan's Chip Titan Is Betting on the Desert," *Nikkei Asia*, June 3, 2021.
7. TSMC and Sony Semiconductor Solutions, "TSMC to Build Specialty Technology Fab in Japan with Sony Semiconductor Solutions as Minority Shareholder," press release, November 9, 2021.
8. 更多關於艾司摩爾主導市場地位的資訊，參見《經濟學人》二〇二〇年二月九日的文章："How ASML Became Chipmaking's Biggest Monopoly."
9. 更多關於COVID疫情加速地區化的資訊，參見經濟學人智庫的報告："The Great Unwinding: COVID-19 and the Regionalisation of Global Supply Chains," 2020.
10. 參見《南華早報》這篇關於中芯國際如何努力縮小和台積電差距的報導，包括中芯國際計劃動用其二〇二一年創紀錄的獲利於產能的擴充：Che Pan, "US-China Tech War: Top Chinese Chip Maker SMIC to Invest Record US$5 billion in Capacity Expansion after Profits Doubled in 2021." See also Dan Wang, "The Quest for Semiconductor Sovereignty," Gavekal Dragonomics, April 20, 2021.
11. Kat Devlin and Christine Huang, "In Taiwan, Views of Mainland China Mostly Negative," Pew Research Center, May 12, 2020.
12. Brian Kennedy and Meg Hefferon, "What Americans Know about Science," Pew Research Center, March 28, 2019.
13. 更多關於中國科學素養的資訊，參見《中國日報》的這篇文章：Zhang Zhihao, "Scientific Literary Plan Announced," July 7, 2021. 關於中國最新的科學素養行動計畫，參見這篇安全與新興技術中心（CSET）翻譯的文章：PRC State Council, "State Council Notice

on the Publication of the Outline of the Nationwide Scientific Literacy Action Plan (2021-2035)," September 16, 2021.

14. 美國半導體就業短缺的一個觀點，參見Eightfold AI的這篇分析：“How the US Can Reshore the Semiconductor Industry,” 2021。另一個觀點請見CSET二〇二二年二月這份報告：Will Hunt, “Reshoring Chipmaking Capacity Requires High- Skilled Foreign Talent: Estimating the Labor Demand Generated by CHIPS Act Incentives.”

15. 僅舉一例，全球太空產業預計將從二〇二二年的三千五百億美元成長到二〇四〇年超過一兆美元。推動這個市場成長的中短期因素預計將是提供衛星寬頻網際網路連接的方案，像是SpaceX公司的星鏈（Starlink）計畫或是亞馬遜的古柏計畫（Project Kuiper）。參見Morgan Stanley, “Space: Investing in the Final Frontier,” July 24, 2020. 另一個則是人工智慧運算。

16. 國際能源署（IEA）在其部長指示下於二〇二一年五月做出的旗艦報告，檢視了關鍵材料在潔淨能源供應鏈的角色。二〇二二年三月的部長級會議進一步強調了這個問題，指示國際能源署應負起考量這類礦物安全的新責任：“The Role of Critical Minerals in Clean Energy Transitions”。例如，在美國商務部在二〇二二年十月發布針對中國半導體業新的出口管制和其他規定之後，中國宣布了對用在太陽能光電板的晶錠和晶片生產技術的出口管制。參見Nadya Yeh, “China Drafts New Export Controls to Shore Up Solar Dominance,” *China Project*, February 1, 2023.

第二章　半導體科技趨勢的代表意涵

黃漢森（H.-S. Philip Wong）
柏麥（Jim Plummer）

今日的半導體產業並非停滯不動的靜態——它建立在相互依賴的基礎之上，持續不斷重新創造。本章提供半導體科技和產業趨勢的背景，並討論它所代表的意涵。

* * *

晶片類型和用途

半導體科技涵蓋了非常廣泛的技術，例如邏輯電路、記憶體、電力電子、感應器、執行器、類比電路，以及高頻／射頻（RF）晶片，如表2.1所示。最重要的是，在討論半導體科技時，我們必須理解，整個半導體領域要比最近備受矚目的先進節點邏輯晶片（advanced-node logic chips）廣泛許多。表2.1提供了全球半導體市場格局的概述。

關於邏輯晶片的命名法，在這裡要做一點說明：晶片往往依照其「奈米尺寸」來描述，這成了晶片複雜度和運算能力的代稱。雖然奈米尺度可以理解成晶片上最小組件的長度，但這些以奈米命名的「製程節點」（process nodes）如今成了一個統稱，製造商用它來代表接連幾代升級的製程。這種名稱和尺寸關聯性的斷裂，因著晶片越來越複雜的三維結構而益發明顯。[1]雖然這個度量標準仍被普遍使用（主要是為了行銷的目的），但不同公司的奈米節點命名已無法直接作比較——這也增加了產業評估上的複雜度。舉例來說，美國英特爾的十奈米和七奈米節點，據稱分別相當於台灣台積電或韓國三星的七奈米和五奈米技術，這些不同是歸因於各家公司採用的類似電晶體規格。[2]除了邏輯晶片之外，記憶體科技同樣普遍採用以奈米為基準的命名法，而存儲技術則可用它三維堆疊的層數來表示。

一般來說，邏輯和記憶體晶片奈米數越小功能越提升：有更高密度電晶體的晶片具有更大的運算能力和（在較小程度上）更大的存儲容量。不過，類比式和分離式的晶片性能和奈米大小並不直接相關。它們的「性能」實際上指的是晶片技術整體的優點，包括速度、功率和能效，以及密度（而不光是看速度）。

就先進邏輯晶片而言，目前最先進的是三奈米技術——台積電在二〇二三年初引進了三奈米商業規模生產。最先進邏輯晶片被用在中央處理器（CPU）和圖形處理器（GPU），以及現場可程式化邏輯閘陣列（Field-programmable gate arrays，簡稱FPGAs）和特定應用的處理器，例如手機裡的處理器。[3]目前而言，全世界最大、最賺錢的晶片製造商台積電，已經重點投資在製造最先進的節點，在二〇二二年其七奈米和五奈米的生產線占其銷售額一半以上。[4]

表2.1　半導體市場分割

類型	占2022年產業收入百分比	功能	例子
邏輯晶片	44%	扮演現代運算「大腦」的數位處理器	CPU（中央處理器） GPU（圖形處理器）
記憶體	23%	數位資訊的短期和長期儲存	DRAM（動態隨機存取記憶體）扮演電腦的「工作記憶」 NAND FLASH記憶體，扮演電腦和裝置的長期存儲器
分離式、類比式、和其他（DAO）	33%	透過將電生成或轉換成電波信號或光信號與實體世界互動	實現電池充電、電動車馬達，以及（透過無線電波）進行電話通話等功能的晶片

資料來源：2022年資料來自世界半導體貿易統計協會（WSTS）2022日曆年度全球產業預測，公布日期為2022年11月；「邏輯晶片」類別包括了WSTS的「邏輯」和「微型」類別。參見WSTS新聞稿，〈全球半導體市場預期在2022年成長放緩至4.4%，隨後在2023年下降4.1%〉，2022年11月29日。

目前只有台積電、三星和英特爾擁有以商業規模製造十奈米以下晶片的邏輯晶圓廠，其他大廠如聯電（台灣）和格羅方德（〔GlobalFoundries〕，美國／阿聯）則選擇不投資參與這項前沿技術的競爭。中國的中芯國際，大體而言在二〇二二年並未商業生產十奈米以下的晶片，唯一例外是一個加密貨幣挖礦晶片，有第三方宣稱它展示了與十奈米以下晶片相符的一些製造特徵。[5]

先進邏輯晶片雖然有利可圖，並且是推進技術前沿的核心，但是在二〇一九年時，只有不到百分之五的全球製造能力實際用在十奈米以下的節點。[6]要打造一個完整的電子系統，我們需要的不只是邏輯晶片——至少還需要記憶體和儲存器，同時，根據不同的應用，一個系統可能還需要類比裝置、感應器、高頻／射頻裝置以及功率裝置（power device）。先進邏輯晶片對峰值速度性能（peak-speed performance）和整體產業收入很重要——但光是保障這些晶片的安全還不足以滿足所有電子產品的最終用途。

雖然新興科技和高端消費應用——例如超級電腦、遊戲級電腦（gaming computers）、雲端運算基礎設施、人工智慧（AI）應用的神經網絡加速器以及智慧型手機——需要前沿的晶片，但是經濟的許多部分實際是靠後緣的成熟晶片運作。成熟節點往往被定義是製程在二十八奈米或四十奈米以上，用在製造許多汽車半導體、數位照相機的影像信號處理器，以及其他如LCD（液晶顯示器）和LED（發光二極體）的驅動器和電源管理控制器的晶片。一部車子會用到數百個、甚至數千個晶片。舉例來說，一個四十奈米或六十五奈米的邏輯晶片可能嵌入一個較大的感應器組件（也就是分離式／類比式／光電式〔DAO〕的裝置）使車輛得以運作。[7]

一個常見的誤解認為，這類晶片只是先進節點的較舊型版本，唯一差別只在成本較低。會出現這樣的誤解是因為「後緣成熟節點」（trailing-edge mature nodes）這個名稱實際上包括了兩類型的晶片：(a)傳統節點的數位邏輯晶片，以及(b)特殊製程的晶片（specialty technologies）。

由於第二類的特殊製程晶片往往出自數位邏輯平台，它很容易和成熟節點的數位邏輯晶片混為一談。舉例來說，這些特殊製程晶片包括感應器和執行器、電力電子、嵌入式記憶體、類比／混合訊號和射頻裝置、電源管理積體電路（PMIC），以及應用在航太科學的高溫／高可靠性和抗輻射技術。雖然這類專業技術使用的製程源自後緣的「成熟」邏輯節點，仍需花費很大的努力來開發和認證它們在這些特殊定製的應用。這些科技本身就是一套特殊的類別，不應該被簡單解釋成比較廉價的產品。舉例來說，美國軍方使用的微電子往往需要後緣「成熟」節點，這類的說法通常指的是使用這些特殊晶片技術，而不必然代表是成熟或傳統節點的（舊的）數位邏輯晶片。世界第三大晶圓代工廠聯電，如今就把投資重點放在製造二十八奈米或四十奈米製程節點的晶片，供各種不同的特殊專業應用。

成本也很重要。和過去一樣，今日半導體消費者也必須在較先進的晶片功能效益和較大的成本之間作衡量。有些產品，像是iPhone 13手機是基於五奈米晶片來設計，若不使用這個先進科技它就不可能存在。其他也有人指出，二十八奈米技術製作的晶片之所以受到歡迎，是因為它在成本與功能二者間達到了平衡的「甜蜜點」。不過，最準確的說法或許是，在成本和性能的權衡取捨下，每個產品區塊都有一個適合的技術節點，可以同時符合性能和成本的目標。

記憶體和存儲晶片是僅次於邏輯晶片的第二大半導體類別，二〇一九年時占了全球百分之三十二的產能和百分之二十六的營收。[8]雖然記憶體晶片通常不像邏輯晶片這般受到關注，但它們讓電子裝置發揮功能的角色同樣是無所不在。也因此，它們的供應鏈韌性值得同樣的關注。如今記憶體的主導技術是動態隨機存取記憶體（DRAM）。三星（Samsung）（韓國）是DRAM的主要供應商（市占率百分之四十四），其次是美光（Micron）（美國，不過大部分是在海外生產）和ＳＫ海力士（韓國），各自約有百分之二十二到二十七的市占率。在此同時，NAND Flash記憶體是主要的儲存技術。三星同樣主宰了NAND存儲（市占率百分之三十五），其次是鎧俠（Kioxia）（日本，前身為東芝）和它的合資夥伴威騰電子（Western Digital）（美國，不過NAND記憶體是在日本與鎧俠共同生產）、ＳＫ海力士，還有美光，各自占有市場十幾個百分點的份額。雖然這兩個領域都有重大的創新——例如，我們可能聽說NAND存儲正逐漸以一百七十六或兩百三十二「層」的立體三維模式堆疊——但記憶體和存儲晶片一般多被認為比邏輯晶片更加地商品規格化。由於這些晶片比較有可能按照代表不同裝置架構和製造方法的全行業通用規格來生產，因此在成品電子系統裡，不同供應商的晶片往往可以互換組合。這種標準化產品的可互換性，是中國新興起的DRAM和NAND製造商得以取得比邏輯晶片製造商更大進展的部分原因。[9]

國防需求

軍用晶片的需求特別引人注目。美國國防部和任何其他結構複雜的全球組織一樣，有企業資訊科技（IT）類型晶片和消費電子產品的需求，除此之外它還關注專業的運輸、通信和武器載台的採購和維修，這些項目則有獨特的半導體功能和安全需求。例如數以千計被送至烏克蘭的標槍飛彈，製造過程需要依賴超過兩百五十個晶片，最後才能交給戰士們扛上肩頭。[10]每位被派出的士兵本身可能攜帶最多達六個全球定位系統（GPS）的晶片，以供無線電、測距儀和其他裝備的使用，而每一個GPS晶片又需依賴其他特定功能的半導體。[11]雖然這類系統中的許多組件都和用於消費電子產品的半導體相似——武器系統就像汽車一樣，可能要依賴數百個不同的邏輯晶片、記憶體晶片、通信晶片和感應器——但美國國防設備另外還需要更可靠性、性能更高的晶片，來應付戰場上難以預測的環境。

美國國防部對晶片安全有廣泛的關切。首先，和其他晶片消費者一樣，美國國防部關切供應鏈的韌性。換句話說，由於晶片依賴外國供應商，其供應可能因全球的破壞而中斷，而刻意破壞也可能成為威脅美國利益的戰略籌碼。[12]其次，它還有個較不尋常的資訊安全考量：它的晶片設計或是規格可能在生產流程中洩漏給對手，又或者隱藏的漏洞可能在國外生產過程中被植入晶片裡。最後，美國國防部也一直擔心半導體相關的能力和技術——它支撐美軍所謂「第三次抵銷戰略」（third offset）的相對優勢，而且它們主要是在美國發明的——

會落入外國人的手中。最後這個擔憂，隨著前沿晶片的研發在全世界擴展、大部分半導體供應鏈移往海外，大致上已經成為現實；因此美國國防部已不再保證能在晶片的進展中率先得利。

由於這些特殊的性能需求和安全考量，許多軍事級的微晶片，需要接受比使用在消費電子產品上的晶片更高層級的生產監督、測試和品質管制。即使如此，國防工業如今必須仰賴晶片，但晶片產業整體而言已經不再以國防工業的訂單維生。在萌芽階段，半導體產業靠著美國國防需求而起步並獲得扶植。[13]如今，美國國防部和承包商的晶片需求大約是每年二十億個晶片，估計占不到市場的百分之二。[14]為了協調軍方的特殊需求和相對較小的購買力，一個獨特的供應流組合形成了。按照專業程度大致由小到大的順序，這些國防用途包括：

- **商業的現貨半導體採購**，包括在美國、韓國、台灣生產的類比晶片、記憶體晶片或GPU。這些晶片和消費品一樣，會受到全球供應鏈韌性的影響。
- **現場可程式化邏輯閘陣列**（FPGA），它們在製造時無關應用，但之後可由晶片整合者重新編寫程式來達成該項應用所需的功能。FPGA在數據中心和通信交換網絡有大量的商業市場應用。但是模組式的FPGA使用對國防工業也很具有吸引力，因為一些特定用例往往只需要少量的晶片：使用模組式的FPGA，客戶可以從商業製造商採購相對先進的邏輯晶片而不需要大量、定制化設計的產品生產；此外，它在供應鏈的安全顧慮也比較少，因為晶片設計者和製造商並不需要完全了解最終的電路配置（否則它可能洩露了使用晶片的武器載台的一些特性）。ＦＰＧＡ晶片所提供的彈性也有一些代價：雖然較易於少量生產，這些晶片的密度較低（就每平方公分的邏輯閘數而言），通常速度也比以下所述較優化的、為特定應用製作的晶片要慢。美國的賽靈思公司（Xilinx）——生產ＦＰＧＡ的先驅，在二〇二二年被美國晶片設計公司超微半導體（ＡＭＤ）收購——設計這類晶片並銷售給美國國防部的用戶；賽靈思晶片至少有一部分是在台灣具領先地位的聯電和台積電製造。[15]英特爾則透過在二〇一五年收購美國的阿爾特拉（Altera），成為另一個ＦＰＧＡ的供應商；英特爾／阿爾特拉歷來使用的是台積電和英特爾自身製造的ＦＰＧＡ。

• **特殊應用積體電路**（ＡＳＩＣｓ），它的功能一開始就為特定平台需求進行優化。由於ＡＳＩＣ的設計和生產是為了符合特定最終用途，它們的產品也有較多的安全考量——參與創造的人員可能取得關於它們啟動的武器優缺點的訊息。美國國防部在二十年前成立了它的「可信賴晶圓廠」計畫（“trusted Foundry” program）以供應國內設計、生產並組裝非常少量符合高安全標準的機密或抗輻射晶片——同時它的價格也不斐——有部分原因就在這裡。[16]「可信賴晶圓廠」計畫對一批供應商進行認證（並提供可用性付款），這一批供應商目前場址都在美國。這些供應商涵蓋晶片的供應鏈各階段，從設計者到矽智財供應商、光罩生產者、製造和測試；受到「可信賴晶圓廠」計畫認證的參與者，可以處理美國國防部所謂的「關鍵計畫資訊」（Critical Program Information）。這個安全做法的一大缺點，在於維護和認證這些保護措施需要額外的成本和管理費用——它可能影響機構的人力配置等問題[17]——再加上該計畫的晶片需求量太少（據估計只占美國國防部本身需求的百分之二到百分之十[18]），最先進的商用晶片公司因此而選擇不參與其中。如此一來，美國國防部只能用較慢的創新週期和較老舊的技術來支持最有安全顧慮的晶片，包括作為下一代武器系統基礎的晶片。近來的一些倡議，包括美國國防部數十億美元的「快速保證微電子原型使用先進商業能力」（Rapid Assured Microelectronics Prototypes using Advanced Commercial Capabilities，簡稱RAMP）計畫和「最新異質整合封裝」（State-of-the-Art Heterogenous Integrated Packaging，簡稱SHIP）計畫，目的都是在美國國防部安全考量下，更有彈性地獲取商業半導體。[19]雖然美國國防部晶片採購者想要從「可信的」（trusted）模式完全移轉到「零信任」（zero trust）（可量化的保證）模式仍然存在著一些技術上的障礙，但是它所想要達到的目標是正確的，加快朝著可量化保證的方向努力，將有益於美國的國家安全全。[20]

另外還有兩個特殊類型的國防工業晶片，它們市場不大，但是有重要領域的應用：

- **化合物半導體和寬能隙半導體（compound and wind-bandgap semiconductors）**，它們是大功率和高頻應用的理想選擇，例如國防和航太領域使用的無線電和微波。化合物半導體晶片生產所使用的原料，除了一般商用半導體傳統使用的矽基板之外，也使用砷化鎵（GaAs）、碳化矽（SiC）和氮化鎵（GaN）。思佳訊（Skyworks）是在美國本土生產和製造這類晶片的製造商之一，其晶片同時也以合約代工的方式由穩懋半導體（WIN Semiconductors）（台灣）生產。[21]

- **抗輻射半導體（radiation-hardened semiconductors）**，則是在高輻射環境下——包括在外太空、核事故的環境——以及戰略核武系統可靠運作所需要的。[22]在這種環境下運作的晶片，會受到「單一事件效應」（Single Event Effect，簡稱ＳＥＥ）的影響，這個效應源自於宇宙射線產生的大氣中子，或者釷或鈾放射性衰變產生的阿爾法粒子的交互作用。[23]儘管可能性不大，這類的交互作用可能會對高可靠性的地面系統（例如自動駕駛車輛、電動車、無人駕駛空中系統或是智慧型電網）造成潛在的憂慮。如果沒有對「單一事件效應」進行強化或其他對抗措施，受到影響的晶片可能故障或產生非預期的輸出。

主要的抗輻射晶片製造商包括微晶片科技（Microchip Technology）（美國）、貝宜系統（BAE Systems）（英國）、漢威聯合國際（Honeywell）（美國）、瑞薩電子（Renesas）（日本）、克瑞航太電子（Crane Aerospace & Electronics）（美國），以及英飛凌（Infineon）（德國）。這類晶片可以藉裝置和技術設計，並使用物理強化材料來生產。他們的產量少而且昂貴——因此在這些環境使用的半導體往往落後商用領域最新技術好幾代。另一方面，它們可能因為「偶然性」（serendipity）而獲得抗輻射的韌性——亦即，當一個未經過傳統物理強化程序處理的商業的晶片現貨套組在相關的環境測試時，恰好能展現良好的抗輻射性能。舉例來說，由台積電生產的賽靈思七奈米

Versal系列FPGA型晶片，設計目的不是為了抗輻射，但是在太空和其他高輻射環境下表現良好。[24]由於正在建造和送入軌道的太空系統數量越來越多，藉著偶然性的發生——或是使用自我檢查和冗餘處理的架構——作抗輻射強化處理，如今對市場越來越重要。[25]儘管如此，整體抗輻射晶片的市場仍然很小，預計在二〇二七年價值只有十八億美元。[26]

簡而言之，美國國防工業想掌握晶片供應的安全性，但同時也希望獲取最新的晶片科技。取得這之間平衡一向都不容易。許多觀察家認為國防工業過度於關注安全問題。取得國產的先進晶片（由《晶片法案》等措施提供補貼），某種程度上是解決美國國防部窘境的「簡單解答」，而不需全面去尋求較有彈性的「可量化保證」晶片採購模式。

商用半導體價值鏈

半導體產業對研發和資本支出（capital expenditure，簡稱capex）都有高度的需求。這些需求為多元分散和高度專業化的全球供應鏈製造了商業動力。這個價值鏈可以總結為四個生產步驟，每個步驟有各種不同的輸入：

生產步驟

1. **晶片設計**：半導體設計公司使用經技術驗證，稱為「矽智財」（IP cores，或譯智慧財產權核或IP核）的智慧財產權單元——即先前設計已知能正確運作的電路板塊——和電子設計自動化（electronic design automation，簡稱EDA）的軟體來設定特定最終用途的晶片（例如人工智慧加速器，或是智慧型手機記憶體的晶片）。這個階段牽涉到的是設計公司和終端客戶（例如系統整合商或原始設備製造商〔original equipment manufacturer，通稱OEM，或譯代工生產商〕）的密切合作，以及晶片設計公司之間的競爭——開發性能最高或最有效率，又或是應用領域最合適的晶片。大型系統公司如蘋果、Alphabet以及亞馬遜，也已經開始設計他們自己的晶片。

- **設計階段軟體輸入**：EDA軟體是一套功能強大的電腦輔助設計工具，用來繪製單個晶片上的組件、模擬和驗證設計、優化晶片的布局（layout）以提升性能、評估製造餘裕（manufacturing margins），以及為生產流程製造光罩。如今的EDA工具讓晶片設計者可以從所需系統行為的高階描述開始，無需明確設定每一個電晶體迴路，故而得以設計有數千億個電晶體的晶片。
- **設計階段IP輸入**：基本的IP構建模塊是半導體設計流程的起點。重要的例子有：用在行動裝置的進階精簡指令集機器架構（Advanced RISC Machine architecture，簡稱ARM架構），和用於CPU（中央處理器）的x86處理器架構。這些專業的公司持續投資並升級ＩＰ模塊以維持其競爭力。

2. **生產技術發展**：晶片的製造流程，一如晶片本身，都需要設計。如果說一個特定的晶片設計像是一道菜的料理配方，而製造的步驟（如下）是對這道菜的烹調，那麼我們可以把這道中間的步驟想成對餐廳的構思、菜單的範圍，以及廚房的設計。製造技術發展步驟在政策討論上常常被忽略，但是這個步驟困難而且昂貴，往往要花時間學習、並透過內隱知識（tacit knowledge）來維持——也因此存在高進入門檻。

■ **客戶服務和業務協調**——也就是與終端用戶的系統整合商合作（不管它是在公司內部，或是外部如合約代工晶圓廠模式），根據應用的需求確認技術規格和成本的取捨，來找出商業上可行的晶片技術。這個以信任為基礎的緊密合作過程也涉及與半導體設備製造商的合作，在整體生產流程中為所需晶片技術規劃新的工具能力。

■ **組織內（In-house）製造流程設計**：這些生產的規章可能包含數百個或數千個步驟。

■ **模擬和實驗原型製作（prototyping）**：結合裝置和流程技術進行小規模的測試以達成技術目標，隨後將認為可行的原型技術擴大到高產量、高良率的生產。建立這種原型能力的成本昂貴。它通常和設備的製造在同一個地點進行，並經常由同一批熟練的工作者執行，以確保研發和製造階段之間的平順交接。

3. **製造**：晶片設計接下來在稱為「晶圓廠」（英文為fabs，或foundries）的專門設施進行製造。晶圓廠使用專業設備把幾何的電路圖形印上矽晶圓（wafer），之後用化學藥劑把圖形蝕刻或沉積在晶圓上。[27]獨立運作的晶圓廠往往是晶片設計公司，它接下來會把成品晶片賣給系統整合商／原始設備製造商。

- ■ **製造階段設備輸入**：半導體製造設備（semiconductor manufacturing equipment，簡稱SME）是製造所需的設備類別（例如微影和蝕刻設備，包括晶片設計專用模板式光罩）和計量的設備類別（可以對製造流程進行高精準檢測和度量的設備）。
- ■ **製造階段化學品和材料輸入**——意即用在製造過程的特殊化學品、氣體、以及材料
- ■ **製造階段晶圓輸入**——意即用在蝕刻和沉積的矽晶圓。

4. **測試和組裝**：在製造後，蝕刻過的晶圓經測試確認功能，切割成個別的積體電路（裸晶），和其他搭配的晶片封裝到特定的產品應用中，這本身是個日益複雜的過程。

隨著產業發展，半導體價值鏈形成六個區域中心：美國、南韓、日本、中國、台灣和歐洲。概括來說，美國在目前價值鏈中專注於許多資本密集程度較低（獲利較高）的部分，例如EDA軟體、智慧財產權、晶片設計和製造設備。美國在這些領域的優勢來自於領先全球的人才庫、國內聚集世界頂尖大學，以及政府對基礎研究的高度投資。另一方面，東亞國家則在資本密集活動領先，例如生產技術開發和製造，以及封裝、組裝和測試。[28]這些國家多半有強大的政府獎勵措施來興建設施，同時有較多、較廉價的低技術勞動力和高技術人才庫。幾十年前，美國在這些活動也保有領先，但是隨著時間推移，美國已將它們外包，主要是外包到亞洲國家。

然而，實際上要發展新世代半導體技術（前面列舉的技術發展步驟）或是發展越來越相

關的先進封裝技術，同樣需要大規模的、在同地點進行的研發努力，這些事實卻往往被使用頻繁但略顯簡化的「設計 vs. 製造」對比說法所掩蓋。雖然美國在基礎科學研究領先，不過東亞國家把研究轉化成實用技術往往表現非常好，它們的政府多半也提供獎勵措施和基礎設施促進這類技術的轉化。因此，儘管這些公司工程發展團隊的高層實際上至少有部分是在美國訓練出的專家，他們仍然在當地監督成千上萬高技能研發人員的工作，持續促成從基礎科學轉化成商業用應用科技的過程。

產業架構

今天的全球晶片產業架構，一方面呈現前述價值鏈不同環節為追求效率而達成的專業化，另一方面也呈現在每個環節中各參與者的整併。

如今，我們剩下三大先進邏輯晶片參與者（英特爾、三星和台積電），第二梯隊或許是三大成熟邏輯晶片參與者（台灣的聯電、美國／阿聯的格羅方德以及中國的中芯國際），以及三、四個記憶體的主要參與者（韓國的三星和ＳＫ海力士、總部在美國的美光科技、以及日美合資的鎧俠／威騰電子）。半導體設備公司同樣也整合成五大主要參與者（美國的應用材料〔Applied Materials〕、科林研發〔Lam Research〕、科磊〔ＫＬＡ〕、日本的東京威力科創〔Tokyo Electron〕，以及荷蘭的艾司摩爾）。ＥＤＡ軟體也整合成三大參與者（美國的益華電腦〔Cadence〕、新思科技〔Synopsys〕和德美合資的西門子／明導國際〔Siemens／Mentor Graphics〕）。ＦＰＧＡ——如前面所述，用於數據中心和許多軍事應用——過去是由阿爾特拉和賽靈思在美國國內外的晶圓廠製造，如今兩家公司分屬英特爾和超微半導體（台積電為其代工廠）。

由於投資資金成本高、技術成熟期長，不管是半導體製造設備、晶片的生產技術，抑或是晶片製造本身（例如晶圓廠），在美國幾乎不存在新創公司。儘管美國在記憶體裝置方面有一些新創公司，但沒有任何一家公司獲得成功。相反地，這些公司遺留的各個部分，很快都會被收購整併。在半導體製造設備領域少數成功的新創公司（例如總部在美國的西盟科技〔Cymer〕和Inpria）如今都成了較大型公司的一部分（各自併入了艾司摩爾和日本的JSR）。在軟體EDA部分，具有關鍵創新（多半是在演算法方面）或是利基應用的美國新創公司，往往是由三大既有晶片軟體公司（益華電腦、新思科技，或西門子／明導國際）的其中之一收購。這些EDA軟體的新創公司通常很少在美國成長為更大的公司——因為其產品需要整合到由大型公司所主導的，更大、更全面的設計基礎設施中，所以長期維持獨立運作往往會出現困難。

這個趨勢當中的一個例外是所謂的「無廠晶片設計公司」（fabless chip design companies）：無廠公司不生產自己的晶片，而是依據簽署的合約，使用第三方晶圓廠（例如台積電或聯電）的生產線來生產它們的設計並銷售給客戶。無廠公司的資金需求比較低，有許多是新創公司。就某方面來說，晶圓廠扮演了風險投資人的角色：晶圓廠供應晶圓產能來「投資」，目的是希望這些用來印證產品的晶圓，最終可成為更大的晶圓訂單。總部在美國的無廠晶片設計公司輝達，利用台積電的製造產能來生產開創性的GPU晶片，是這種共生關係最主要的例子。

不過即使在這裡，關於新創公司生態系的體質健康也浮現一些警訊——無廠新創公司存在一個主要的瓶頸，即它無法取得晶圓廠的產能來印證自己製造晶片的構想。在供需吃緊的環境下，主要的邏輯晶圓廠傾向於把主要晶圓產能分配給成熟的老客戶（例如高通〔Qualcomm〕或是蘋果公司），因他們大量的晶圓需求可以確保利潤。較小型晶片設計新創公司越來越常出現的情況是，他們能獲取的晶片往往是落後幾個世代（節點）的技術。這種態勢限制了美國在晶片供應鏈的傳統優勢領域的創新步伐。

區域價值鏈的集中

晶片供應鏈主要集中於少數幾個國家和地區（見表2.2），引發了人們對供應鏈面對外部震盪和緊張的地緣政治時韌性的關注。本報告的第六章會深入探討一些區域的特性，以及它們立於現有優勢基礎上，在未來持續擴展或多元發展的雄心。

晶片製造，尤其是晶片的生產能力，是半導體在地緣政治緊張的核心之一（另一個核心則是管控設計和製造技術的能力）。在供應鏈的晶片製造階段有以下的關鍵特徵：

- **生產高度集中**。先進產品的巨大研發和資本支出成本，導致了區域和產業的集中。興建先進晶圓廠的成本可高達兩百億美元。[29]
- 最先進的邏輯晶片產量非常低，但是卻占據了收入和裝置整合商／OEM經濟活動的

表2.2　在半導體供應鏈不同環節居領先地位的國家

咽喉點	國家	公司	描述
半導體設計	美國	高通、輝達、博通（和蘋果這類的系統公司）[a]	全球前20名半導體設計公司中，美國占了10家，占全球收入的50%。[b] 美國公司保有先進邏輯產品設計超過90%的市場占有率。
EDA軟體	美國	益華電腦、西門子／明導國際、新思科技	全球3家最大EDA公司都位在美國，占了全球市場的85%。近期內應該沒有這三家公司可行的替代品。[c] 明導國際如今是西門子（德國）所有，但總部仍留在美國。
製造設備（SME）	美國、日本、荷蘭	應用材料、科林研發、科磊和其他（美國）；東京威力科創（日本）；艾司摩爾（荷蘭）	在5個主要製造流程設備的類別，美國的公司總共占了全球超過50%市占率。[d] 艾司摩爾在極紫外光微影製程（EUV lithography）設備市占率達全球100%，在前沿製造（5奈米與以下）領域有重大的優勢。
先進邏輯晶片技術發展和製造	台灣	台積電	台積電在先進邏輯晶片製造技術領先於業界其他競爭者2-3年。
記憶體（DRAM）和閃存（NAND）晶片的技術發展和製造	南韓	三星、SK海力士	南韓整合裝置製造商在記憶體晶片的設計、製造和組裝具主導地位。他們在全球DRAM市場和NAND市場的占比分別是75%的和45%。[e]

咽喉點	國家	公司	描述
			不過中國的記憶體製造商正快速獲取產能和市占率。
寬能隙半導體和化合物半導體	美國、歐洲、日本	科瑞、安森美（美國）；英飛凌、意法半導體（歐盟）；羅姆半導體、三菱電機（日本）	涵蓋電力電子、射頻、LED照明的多種產品和應用。 美國、德國、荷蘭和日本的主要參與者之中，並無明顯的市場領先者。中國已經把電力電子列為重點領域，要減少對西方製造商的依賴。
光阻處理設備	日本	JSR、東京威力科創、住友化學、信越	日本公司占有全球光阻處理約90%的市場。[f]
矽智財（IP核）	英國	安謀控股	安謀架構和處理器內核在行動裝置和平板電腦市場占主導地位。 2022年初，迫於法規壓力，輝達放棄了以400億美元收購安謀的計畫。[g]

a. 系統公司如Google、臉書、亞馬遜和微軟已開始設計他們自身的晶片。

b. Antonio Varas, Raj Varadarajan, Jimmy Goodrich, and Falan Yinug, *Strengthening the Global Semiconductor Supply Chain in an Uncertain Era* (Boston, MA: Boston Consulting Group and Semiconductor Industry Association, April 2021).

c. Nurzat Baisakova and Jan-Peter Kleinhans, "The Global Semiconductor Value Chain: A Technology Primer for Policy Makers," Stiftung Neue Verantwortung, October 2020.

d. 這五個類別分別是沉積工具、乾／溼蝕刻和清潔、摻雜設備（doping equipment）、流程控制和測試儀。Varas et al., *Strengthening the Global Semiconductor Supply Chain.*

e. The White House, *Building Resilient Supply Chains, Revitalizing American Manufacturing, and Fostering Broad-Based Growth: 100-Day Reviews under Executive Order 14017,* June 2021.

f. Baisakova and Kleinhans, "Global Semiconductor Value Chain."

g. Nvidia, "NVIDIA and SoftBank Group Announce Termination of NVIDIA's Acquisition of Arm Limited," press release, February 7, 2022.

相當大比例。一項資料顯示，二〇一九年全球十奈米以下晶片占總產量不到百分之五（然而不同公司工藝技術難以直接比較，以致我們無法作出準確估量）。[30]

- **在最先進的前沿晶片方面，三星和台積電主宰了市場**。只有台積電和三星商業量產最先進的三奈米和五奈米晶片。台積電的技術領先三星一到兩年，領先英特爾兩到三年。
- **英特爾在先進邏輯晶片已處於落後**。英特爾在它的十四奈米和十奈米技術面臨延遲，它的七奈米（約相當於台積電的五奈米）的生產則延遲得更多。這些累積的延遲是台積電近來爬升至領先地位的一部分原因，其他原因還包括台積電的商業策略：十年前獲得蘋果這個關鍵客戶之後，台積電便著重在這類獲利較大的前沿邏輯晶片。[31]
- **中芯國際（中國）同時致力於前沿和成熟邏輯晶片的製造**。這家中國國家重點支持的晶片生產者已達成十四奈米的商業生產，它可能在二〇二二年初已小量推出七奈米技術的產品。[32]同時它也大量投資在獲利較低的成熟晶片的製造能力。
- **EUV設備在前沿領域提供重大優勢**。五奈米和以下的商業生產非常仰賴極紫外光的微影製程（並因此有利可圖），荷蘭的艾司摩爾是這方面的獨占供應商。[33]中國受制於美國和荷蘭政府之間的出口管制協議，無法取得這項技術。

美國從不曾有一個可信賴的純晶圓（代工）公司。晶圓代工的概念是台積電在一九八七年在台灣率先推出，如今基本上所有純晶圓代工廠都在亞洲。不過值得一提的是，台積電雖然總部設在台灣，並在台灣製造大部分的晶片，但它是公開上市的公司：約百分之七十五的股份是外國人持有（最大股東是美國的法人實體），董事會成員有半數是美國公民。[34]在此同時，總部設在美國（過半數為外資持有[35]）的格羅方德（占全球合約晶圓代工市場的百分之六）在全球市場占有率遠低於台積電（百分之五十六）和三星（百分之十六），在最新技術節點也不具競爭力。[36]儘管英特爾曾經作出一些努力，然而即便是在成功自製其所使用晶片的那段期間，它也不曾在晶圓代工模式取得成功——這項失敗原因被歸咎在公司文化，而不是技術上的障礙。

英特爾身為傳統垂直整合元件製造商（integrated device manufacturer，通稱ＩＤＭ）——在晶片設計和製造都發揮功能——多年來幫助美國在邏輯晶片製造取得強勢地位，但是過去五到十年一再遭遇挫敗。英特爾始終維持三年（至少一個節點代）的領先，直到近年——它的十四奈米節點落後了一年、十奈米節點落後了三年，如今它的七奈米節點預期至少要落後兩年。這些滯後是累積性的——因此原本六年前領先三年的地位如今變成了落後三年。如今台積電（以及三星在較小程度上）具有比英特爾更加先進的數位技術；英特爾現在甚至把它較先進晶片的製造外包給台積電，因為它無法自行生產。[37]許多美國業界的觀察家認為，儘管英特爾表明了重新奪回領導地位的計畫，但這種情況在短期間內不大可能改變。雖然英特爾如今聲稱已經解決了高缺陷率和滯後的內部問題，但最新技術能否付諸實行才是真正的考驗。

在此同時，絕大多數記憶體（以及較近期的儲存裝置）的晶片過去幾十年都是在亞洲製造。在晶片製造領域方面，英特爾在三十多年前就停止生產記憶體晶片（DRAM），並在二〇一二年把它的NAND Flash記憶體事業賣給了SK海力士。儘管尚無定論，但目前記憶體和儲存裝置已成了中國晶片製造商取得早期顯著成功的領域。

舉例來說，中國的記憶體（NAND Flash）公司長江存儲從零開始，於二〇一六年在武漢成立。它尋求的是當時對NAND Flash存儲公司相對較新的技術——使用銅對銅混合鍵合技術（copper-to-copper hybrid bonding）把成熟邏輯晶圓疊放在閃存列陣晶圓的上面。主流的存儲晶片公司普遍忽略這個方法。然而今天所有快閃存儲公司都考慮採用這個做法。長江存儲傳統上提供低端的產品（例如USB隨身碟），但近期蘋果考慮在中國國內市場的iPhone使用長江存儲的NAND Flash晶片引發了矚目（不過後來由於美國對長江存儲的出口管制而放棄了計畫）。[38]全球所有知名的競爭者，如今都密切觀察長江存儲會如何成長並進軍較高端的市場。

類似的情況是二〇一六年在中國合肥創立的DRAM記憶體公司長鑫存儲（CXMT）——它的進軍頗令人意外，因為DRAM被視為不易獲利的市場區塊（也因此美國公司普遍缺席）。時至今日，長鑫存儲供應DDR4 DRAM產品。它的市占率很小（只有幾個百分點），但如今它有一個很可能成功的發展故事：首先，最先進DRAM技術發展如今明顯趨緩，因為記憶體單元已無法持續微量化（如今每一個世代只能再進展一或兩奈米，而從二維到三維的記憶體架構範式轉移也尚未實現）；其次，商品化的DRAM記憶體產品有標準的介面，因此只要產品符合產業規範標準，不同製造商之間的產品幾乎沒有明顯差別。到二〇二二年中，長鑫存儲的領導層充滿信心，認為公司儘管進軍這個領域的時間較晚，仍然可以在三到四個生產世代內趕上全球最先進的水準（從如今DRAM記憶體十至十五奈米的領先節點，到未來十奈米的領先節點）。

美國公司（例如德州儀器、亞德諾半導體〔Analog Devices〕和安森美）在生產如類比晶片或寬能隙電源管理裝置等專門產品上具有競爭力。這些是全球性的細分市場，比起半導體供應鏈其他部分，它們的生產分散在更多的參與者之中。這些專門產品使用的雖然是低解析度的微影製程，但製程技術本身精細複雜，需要大量研發工作才能維持商業發展。複雜的系統（例如車輛或武器系統）需要這些技術，而美國在這些產品方面仍然是世界級的製造者。話雖如此，儘管這些類比和電力管理晶片的生產分散在全球，中國追求晶片自給自足投入的心血——以及對低利潤或無法獲利的國內製造商的相關補貼——卻越來越引發關注，擔心這些較舊節點和特殊產品有一天會充斥全球市場。這些專門技術的研發並不需要精密的（西方的）設備——需要的只是人才。也因此不管是否刻意為之，中國專注在這個領域有可能透過持續的低價政策，在原本分散的全球供應鏈取得控制的優勢，扼殺以市場為基礎的西方或其他亞洲競爭者。

半導體製造商深刻感受到半導體是個興衰交替的產業，產業外人士如果能了解這一點是有幫助的——特別是當晶片短缺躍上新聞焦點、縈繞用戶心頭的時候。即便是現在領先而且獲利驚人的台積電或三星，他們的財務歷史也能印證這樣的心態。推動這個榮衰週期的一個重要因素是晶片製造商無法漸進式地增加它的產能：一座新的晶圓廠成本大約在兩百億美元，並且能帶來產能的大幅增加；在此同時，客戶市場則是緩步成長——因此一座新的晶圓廠投入使用，幾乎可以確定會有一段產能過剩的時間。[39]儘管未來似乎在跨越各個國家的各項經濟領域上，對半導體的需求都會有很大的成長，但這種興衰交替的動態不大會有改變——至少對前沿技術是如此。這種現象也導致製造商抗拒對較成熟的後緣晶片投資新的產能：它們可能是造成許多供應鏈瓶頸的來源（基於它們在終端產品的無處不在），但它們往往比前沿晶片不容易獲利（基於它們的商品屬性）。簡單來說，一旦出現短缺，市場狀況會在新的晶圓廠投入生產前發生變化。

除了製造之外，如前面表2.2所述，美國在半導體製造設備也據有強勢地位（擁有應用材料、科林研發、科磊等公司）。艾司摩爾是唯一的EUV微影製程工具供應商，但也同時提供多種成熟節點的製造設備，包括銷路廣大的深紫外光微影設備。[40]至於晶片製造的原料，晶片設計所需的矽晶圓大部分是在亞洲製造，而日本則在半導體製造步驟所需要的多種純化學品方面實力雄厚。

美國也在電子設計自動化軟體工具方面具有強勢地位，新思科技和益華電腦是其中領先的全球供應商。不過近年來因外界咸認美國政府可能將這些軟體工具列為「基礎技術」以防止它們被中國公司買走，中國的本地軟體工具和設備製造商，在中國已經搖身一變成為對民間商業投資具有吸引力的領域，因為這些公司代表了能夠有效利用政府的大量補貼並且快速成長的中國晶片產業。發展設計軟體要比興建晶圓廠容易許多——或至少比較便宜——它所需要的是時間，還有不受制於出口管制的專業人才。除此之外，中國原先就有實力不錯的電子設計自動化軟體新創公司，在工具方面很快就將具備競爭力。

商業技術的趨勢

以英特爾的高登・摩爾（Gordon Moore）命名的「摩爾定律」（Moore's Law）觀察到半導體業的普遍趨勢：商業微晶片的電晶體數量每兩年增加一倍，但成本卻下降。當然，這並非自然的律則，而是自我實現的預言，透過研發、主要公司持續的投資及激烈競爭來證實。

過去五十年來，這種進步的主要推動因素是晶片元件尺寸持續的「二維」縮小，如前述從較大的奈米節點尺寸縮到更小的奈米節點尺寸。二維縮小——也就是讓裝置（例如電晶體、記憶體和導線）越變越小——讓製造商得以在同樣的晶片面積封裝更多的組件，藉以達成每項功能的成本降低。這條路徑提供半導體產業技術逐年進展的清楚路線圖，賦予其發展架構和可預測性。

然而近來二維縮放的路徑已經接近飽和，這主要是因為推動更小製程節點的成本不斷攀升。不過晶片技術進展還有許多其他管道。晶片技術路徑的多元化，帶動人們討論的主題不是摩爾定律的消亡，而是關於「後摩爾時代」——在這個時代中，推動創新的將是晶片的製造、堆疊、封裝的方式，以及晶片網絡（異質整合，networks of chips）——有時或稱之為小晶片（chiplets）——因應特定應用目的的互動或部署。[41]舉例來說，為了在同一個晶片提供更多組件，可以採用三維模式，就像（類比於）在紐約曼哈頓興建摩天大樓。或如另一個例子：不使用矽電晶體執行所有晶片需要的功能，人們可以先使用其他材料和專為特定功能製造的其他裝置，之後再把這些功能一起整合到同一個晶片。這些做法可能需要更多且不同種類的創新才能打造摩天大樓，以及找出新的材料和裝置，但可以不受物理上的尺寸限制。如此一來，未來的晶片技術充滿了可能性。顯然，三維晶片、先進封裝技術（小晶片）和為應用量身打造的「異質運算」（heterogeneous compute）裝置技術還有晶片架構，都將發揮角色作用。不過，向前進的路徑將比過去更加多元。[42]同時誰在這個新範式裡具有技術優勢，目前仍不清楚。能想出進步方法的任何人都有可能成為領導者，這對任何旨在鼓勵——或是阻礙——技術進步的政策工具的使用都會造成影響。

這種不斷變化的半導體技術格局，很可能對產業架構帶來影響。舉例來說，過去晶片級製造技術的發展，某個程度上可以獨立於晶片將被使用的系統（例如：智慧型手機）的設計之外。這個抽象化的邊界過去非常有效，兩邊的活動可以平行發生，這是因為兩邊活動的軌跡清晰且可預測（歸因於二維裝置每一代約微型化〇・七倍的可預測趨勢）。現在，由於性能表現（廣義上不僅僅指運算的速度，而是包括能效、功耗等整體各方面的表現）越來越難以提升，企業越來越需要和晶片技術配合共同設計系統。兩邊都需要共同權衡以改進工程。結果是晶片設計公司（例如蘋果、輝達、超微半導體、高通）在整個設計週期——從一開始構思到最後的產品——都要與晶圓廠進行更緊密的合作。除此之外，這種協力合作需要主要的設計者、晶圓廠以及系統整合商之間更大程度的信任：他們不只需要分享產品的技術路線，同時還要分享尚未得到印證的創新構想。

這樣的趨勢，對當今半導體製造的「國家冠軍級企業」（national champions），在未來的相對競爭力代表什麼意義？

有一個可能是，隨著整個產業二維尺寸縮小的步伐趨緩，進展的出現將來自於針對系統的（或針對特定領域的）技術。這種可能性意味著系統公司——而非晶片製造商——越來越有可能主導技術方向。舉例來說，蘋果這類的公司可能開始與專門以先進封裝作為服務的新公司合作，如此一來他們可以使用來自多個供應商的小晶片，建構他們自己的「二・五」維和三維技術。更加著重在異質的——也就是特殊專業的——運算應用，甚至可能推動大型客戶發展更加專業的智財塊（IP blocks），例如人工智慧加速器，超越一般用途的ARM架構或是x86架構作為主要運算核心。

另一個可能性基本上正好相反——基於製造者（包括先進封裝）的整併，晶片生產技術開發商和製造商，由於和設計者和系統整合者／OEM進行整合，在價值鏈中可能掌握了更具主導的地位。這樣的結果會進一步強化晶片產業前沿的資本密集和進入壁壘。

還有一個可能性是台積電這類現有的領導者會在複雜的轉變中步調趨緩，而讓英特爾或其他挑戰者更容易迎頭趕上。

產業動態的變化甚至可能出現新的商業模式。舉例來說，晶片客戶可能預先和晶圓廠共同投資打造產能，以確保充足的供應。事實上，汽車製造商——往往是透過晶片設計公司（例如英飛凌、恩智浦〔NXP〕、瑞薩電子）取得晶片，也因此是晶圓廠的二階客戶——正增加與晶圓廠的直接互動，以增強控制這項日益成為產品核心的零件的供應。[43]

對試圖快速提升技術競爭力的中國半導體而言，這代表什麼意涵？不同於過往，如今提升晶片技術有很多可能的路徑——因此中國當然有可能選擇正確的路徑，並因此超前世界其他國家。然而，中國似乎並未專注於開發比其他國家更有機會的特定的技術路徑。半導體的研究界，就和整體的半導體供應鏈一樣，既是全球性的，也是競爭激烈的。

除了從專注進行二維的微型化到多種方法提升晶片技術的轉換之外，還有沒有更根本的「蛙跳式」（leapfrog，後發先至）的技術應用，可以讓中國晶片公司攫取更有支配力的市場地位？

以近期為例，中國政府大肆宣揚「第三代」半導體的到來。[44]具體提到的是寬能隙半導體，它使用更奇特的材料——例如碳化矽（SiC）、氮化鎵（GaN）和鑽石。**寬能隙（wide-bandgap）**這個名詞來自於這些材料原子之間更緊密的間距，形成更強的原子鍵和更寬的電能隙。不過，雖然**「第三代」**這一詞暗示是從第一代和第二代半導體演變進展而來，但實際上這些寬能隙第三代半導體，並不是基礎的矽互補式金屬氧化物半導體（complementary metal-oxide semiconductor，CMOS）材料系統的取代者或繼承者，它們也不必然是半導體技術從第一代（矽）經過第二代（使用於光電子和微波的「三五族」材料）之後的直接進步。這裡說的每一個代，都應用於很不一樣的市場，它們都屬於廣泛的半導體技術範疇。舉例來說，這些寬能隙半導體的應用主要是在高電壓和高功率的電子領域。它們是特殊用途／用例的技術，對電動車、電網、電池管理也非常重要——即便本質上很重要，而且可能越來越重要，但是它們並不能取代其他半導體應用。

量子運算是在討論「彎道超車」可能性時，另一個經常被提到的新興技術。這是一個非常專業的技術，用在解決很有限——但是很重要——類型的問題。或許我們可以拿量子運算和雷射在光的應用作類比——雷射對某些應用和新技術的實現非常有用處，但是它無法取代一般的照明。因此在可預見的未來，量子運算不應被視為半導體技術的替代品，同時，量子運算的運用也不會像傳統半導體晶片技術那般無所不在；來自量子運算產業的收入在半導體市場占比幾近於零，而且會維持好一段時間。在另一方面，量子運算要成為實用的技術，將需要非常精密的半導體技術，以提供它作為實用系統所需要的控制和信號處理功能，同時它可能使用和現今微電子相同的製造基礎設施。

總而言之，當前和今後的技術趨勢顯示半導體價值鏈不同部分之間更加密切的耦合（coupling）。晶圓代工廠和無廠模式的興起曾預示價值鏈不同部分的脫鉤。如今我們看到的正好相反。無廠晶片設計公司必須和晶片製造公司密切合作，而晶片製造公司回過頭來也必須和材料還有設備供應商密切合作。雖然基於規模經濟的需要和高度的專業分工，我們不至於看到整合元件製造商（IDM）重新興起為英特爾或三星這類企業的規模，不過技術趨勢整體而言鼓勵更加緊密的整合。更緊密的整合將改變整個產業的動能和生態系。簡單來說，我們還在這個演化過程的開始階段，仍不知道它將帶領我們走向何處。

研發的趨勢

美國數十年來在以大學為基礎的半導體研發一直占有領先地位。不過如今中國已擁有至少和美國同樣廣泛的大學課程，同時中國可能有更多的博士班學生。從事傳統半導體（矽）的技術和元件的研究。目前主要的半導體研發期刊（由電機電子工程師學會〔ＩＥＥＥ〕出版）收到的來稿多半來自中國，且以大學為基礎，或是來自比利時校際微電子中心（imec）代表產業界研發群體的投稿。

這種轉變可以說是美國過去二十多年來對半導體學術研究投入資金嚴重不足造成的結果。舉例來說，從早期透過政府採購培植半導體業，以及稍後在一九八〇年代和一九九〇年代藉由產業聯盟「半導體製造技術聯盟」（Semiconductor Manufacturing Technology，簡稱SEMATECH）資助重大研發工作之後，美國國防部的半導體研發資助重點已經從規模較大的商業研發市場，轉向了針對特定國防應用，目標較狹窄的長期尖端技術。[45]在此同時，美國能源部主要資助的是基礎科學和高效能運算（例如打造超級電腦），但是一般而言並不會贊助這兩個極端之間的研究。至於國家科學基金會，其機構著重於「科學」和「發現」，而普遍低估「工程」和「技術」及轉化到產業的重要性，而這些對半導體卻是最重要的。整體而言，和一九九〇年代比較起來，美國學術界半導體的研究停滯不前：綜合在國際電子元件會議（ＩＥＤＭ）、國際固態電路會議（ＩＳＳＣＣ），以及超大型積體電路技術和電路研討會（ＶＬＳＩ）頂尖論文發表的分析顯示，在一九九五年到二〇二〇年之間，美國作者撰寫的論文大約占總數的百分之四十，而台灣和南韓論文總和則從原本的百分之六增長到百分之二十六，至於中國的論文數則由零增長到占總數的百分之十。[46]

在此同時，商業領域所描述的技術發展變化——二維橫向縮放（微型化）（two-dimensional

lateral scaling [miniaturization]）的進展趨緩——同樣也影響如今的研發模式。這個結果是可以預期的，它的挑戰也是眾所周知的。事實上，超過四分之一個世紀以來，一份實際的國際技術路線（國際半導體發展藍圖，International Technology Roadmap for Semiconductor，簡稱ITRS）指引業界和大學的晶片研發工作。這個路線協調了包括半導體研究聯盟（SRC）的國家計畫在內的研發計畫，因為每個人對於產業未來的方向具有共識。最新版的ITRS是在二〇一三年更新，到今天已沒有相對應的產業路線圖。如前面討論過的，隨著橫向縮放因物理限制而趨緩，如今前進的路徑並不是那麼清晰。

許多可能的未來路徑牽涉到大學難以作出貢獻的技術。舉例來說，先進的封裝工具在大學實驗室並非普遍常見，目前也沒有國家級的共用設施供研究人員處理這類研發問題。除此之外，解決方案可能只能針對特定的系統、解決單一的問題。例如改善數據中心的系統性能，可能與改善電力管理的系統性能是不一樣的問題。單點突破的解決方案，例如改善傳統的矽CMOS電晶體密度，在過去曾是一種解決方案，但恐怕不是未來的解決方案。

種種顯示，我們可能需要重新思考大學的研發結構和方法。特別是學界應該更密切地與晶片產業合作；產業界在過去五十年來大抵知道有哪些事需要去做，而今晶片技術前進的道路則顯得比較曖昧不明。產業界會越來越依賴學界和實驗室的研究來探索未來的可能路徑，因為大學的研究較為靈活且成本較低。

研發和製造形成緊密的共生關係。沒有研發的製造將無以為繼，因為公司必須有管道通向未來的產品；沒有製造的研發則像是打造一座不通向任何地方的橋梁——閉門造車式的研究帶來的，可能是無法製造的技術。

總之，儘管和過去二十年的論述不同，但今日半導體的知識和進展確實提供了外國相對於美國相當程度的不對稱優勢——尤其是當他們結合製造能力的時候。

勞動力的趨勢

雖然美國STEM教育的挑戰已經有整體的詳細記述，不過半導體業呈現的特有結構問題，並不是光靠提供STEM研究生更多的獎學金、實習和津貼就可以解決。就現今和未來預期的需求情況，說美國在半導體有人才短缺的問題並不準確。或許應該說業界存在的是結構問題和獎勵措施的問題。

「製造」（manufacturing）這個詞，可能讓人聯想到傳統工廠裡由技工的技術層級所做的工作——不過現代微電子製造業大部分的工作需要相對高程度的技術。台積電有時被視為是業界中特別仰賴先進技術工人的公司，因為它特別著重在前沿的邏輯晶片創新，不過它還是可以作為重要的基準：以二〇二一年而言，百分之七十九的台積電員工至少擁有學士學位，（驚人的是）百分之五十一至少擁有碩士學位，還有百分之四有博士學位。[47]在未來，先進半導體製造將越來越仰賴自動化、數據分析和人工智慧——而這些下一代技術的未來方向仍不明朗（如前面所討論），將更加需要依賴博士級的工程師。

鑑於半導體對經濟奠基的本質，沒有半導體技術的持續進展，將很難滿足如今人們對相關未來產業如人工智慧、5G、量子運算或自駕車的高度期待。「**持續進展**」這個詞也因此經常被業界掛在口上，因為半導體需要持續改進以展現它對社會的價值。換句話說，半導體並不是像石油那樣的商品——半導體的價值在於它逐年增進功能、能做的事越來越多的能力。要達成下一代的成果，製造和研發都不可或缺。也因此，需要有高技能的人才庫。

重要的是我們要了解，美國在工程科系的大學畢業生（包括在美國大學的外國畢業生）並未減少——實際上他們人數仍在增加。因此半導體勞動力的問題並不在於美國技術專業的畢業生人數，而是在於這些畢業生期望選擇的職涯道路——以及他們要在哪個國家選擇他們的職涯道路。

考量美國今日的科技產業（甚至是在美國半導體價值鏈本身），較吸引人才的往往是終端產品面對消費者的公司，而不是製作組件的公司（例如生產晶片本身，或是生產晶片的工具或設備）。畢業生的技能在價值鏈上是可以移轉的——舉例來說，對演算法和消費軟體有專長的人，對晶片電子設計自動化軟體公司或是對社群媒體公司都是同樣有價值。演算法和數據科學的專長對開發下一代人工智慧晶片製造系統很有用，但對金融科技（fintech）公司也同樣有價值。專長製造半導體的人，對於同樣使用這些晶片來設計面對消費者的電子產品的公司，也是同樣有價值。要建造一座晶圓廠，同時需要各種專業的技術人員和受高等教育的工程師。要營運一座前沿的晶圓廠，仍然需要技術人員，不過公司最需要的，是有能力來理解和分析製造過程的數據、回報問題，並作出即時決定的工程師。以台灣經驗來說，這代表大多數晶圓廠工程師都至少具有學士或碩士學位。在文化上，如今台灣在晶圓廠工作，代表的是優渥薪水和高社會地位——台積電在台灣被視為最理想雇主之一，新的招聘消息會登上全國新聞版面。[48]

在此同時，在美國有高技能的工程和技術畢業生往往被製造終端產品的公司所吸納——例如蘋果、Google、甚至是輝達——其中許多是軟體或系統應用公司。學生們可以想像，在這些公司工作，他們的工程專長可以帶來令人興奮的產品。儘管晶片才是這些產品的核心，然而它們大半不會被看見。或許更重要的是與其他領域服務業對比製造業的同樣趨勢，真正獲利的往往是生產差異化、面向顧客的終端產品的公司，而不是製造晶片的公司。舉一個粗略的例子，256 GB和128 GB的iPhone手機價差是一百美元，但是晶片本身的價差是八美元。因此，我們很容易可以理解，為什麼像蘋果、Google、臉書這樣的公司會比半導體公司有更漂亮的員工餐廳和更高的薪水。價值獲取和薪資差異相當明顯。事實上，二〇二二年，一份麥肯錫的分析指出，美國員工在評比中，認為半導體公司不如消費者科技或甚至汽車業的不只在薪資的部分，同時也包括在工作與生活平衡、他們所感受的高層管理品質、公司文化，以及整體感受到的職涯機會。[49]

假設半導體人才發展在需求端最後得到解決，也假設美國學生對半導體的職業培訓有新的興趣，那麼要滿足這個需求的最好方式是增加在半導體研發的資助，並在大學校園打造半導體的研究和教學機構。如此一來可增加半導體領域教授和講師的人數和品質，提供優質的課程和實用的訓練機會，這對卓越的技術發展和製造至為重要。優質的教授和實用的訓練經驗，也有助於當今技術專業的畢業生了解晶片產業的工作如何幫助他們應用自己的技能，去面對有意義的、全球性的社會問題，像是環境、人類健康，或是人工智慧等等他們認為比消費電子產品更重要的議題。

總言之，半導體產業可以說仍存在著尚未解決的問題：儘管開發半導體技術需要頂尖人才，美國晶片公司整體而言仍無法提供獲取這些人才所需的金錢和興奮感。要改善這個情況，如我們在本報告的第四章的進一步討論，不應全留給市場動態決定——它應該要當成政策的目標。

註釋

1. H.-S. Philip Wong, Kerem Akarvardar, Dimitri Antoniadis, Jeffrey Bokor, Chenming Hu, Tsu-Jae King-Liu, Subhasish Mitra, James D. Plummer, and Sayeef Salahuddin, "A Density Metric for Semiconductor Technology [Point of View]," *Proceedings of the IEEE* 108, no. 4 (April 2020): 478-82.
2. 有鑑於此，有人提議以密度指標取代奈米命名法，但是這個方法尚未獲得業界的廣泛認可。
3. FPGA（現場可程式化邏輯閘陣列）是模組式的、多用途晶片，可以由最終用戶基於各種不同任務靈活編程和重新編程。如今它們常被用在數據中心應用；也參見後文關於FPGA國防領域的應用。
4. TSMC, 2022 *Second Quarter Earnings Conference*, July 14, 2022.
5. TechInsights (blog), "SMIC 7nm Technology Found in MinerVa Bitcoin Miner," accessed May 13, 2023.
6. Antonio Varas, Raj Varadarajan, Jimmy Goodrich, and Falan Yinug, *Strengthening the Global Semiconductor Supply Chain in an Uncertain Era* (Boston, MA: Boston Consulting Group and Semiconductor Industry Association, April 2021).
7. 鑑於它實時同步運算的複雜性，具有自動駕駛或是駕駛輔助功能的汽車如今也越來越需要先進的邏輯晶片。關於當今汽車晶片需求的更多討論，參見 Jack Ewing and Neal E. Boudette, "A Tiny Part's Big Ripple: Global Chip Shortage Hobbles the Auto Industry," *New York Times*, April 23, 2021.
8. Varas et al., *Strengthening the Global Semiconductor Supply Chain.*
9. DRAM晶片和NAND Flash晶片都可以稱為記憶體或是存儲晶片，因為它們都能儲存數位資訊。差別在於它們寫入和存取、它們可儲存資訊的時間有多久、它們提供的儲存密度，以及每位元儲存的成本。一般來說，DRAM（它的速度相當快）在結構上被放在靠近電腦CPU邏輯晶片。NAND Flash晶片速度較慢、距離較遠（這是就架構而言，不必然是物理上的距離）。一般來說，記憶體技術速度越慢，儲存密度就越高，也因此每個位元的成本也較低。
10. Yuka Hayashi, "Chip Shortage Limits US's Ability to Supply Weapons to Ukraine, Commerce Secretary Says," *Wall Street Journal*, April 27, 2022.
11. Vikram Mittal, "US Soldiers' Burden of Power: More Electronics Means Lugging More Batteries," *Forbes*, October 26, 2020.
12. See, for example, comments in US Government Accountability Office, *Semiconductor Supply Chain: Policy Considerations from Selected Experts for Reducing Risks and Mitigating Shortages*, GAO-22-105923 (Washington, DC: US GAO, July 2022).
13. 這些起步故事在克里斯・米勒（Chris Miller）關於產業史的《晶片戰爭》（*Chip Wars* (New York: Scribner, 2022)）一書中有詳細的描述。
14. Jon Y, "The Government Semiconductor Chip Buying Problem," *The Asianometry Newsletter*, November 3, 2021.

15. Shujai Shivakumar and Charles Wessner, "Semi-Conductors and National Security: What Are the Stakes?," Center for Strategic and International Studies, June 8, 2022.
16. 以二〇二二年八月而言，這代表了八十分之一的供應量。更多細節請參見"DMEA Trusted IC Program," Defense Microelectronics Activity, accessed May 13, 2023.
17. Mark Lapedus, "A Crisis in DoD's Trusted Foundry Program?," Semiconductor Engineering, October 22, 2018.
18. Michaela D. Platzer, John F. Sargent Jr., and Karen M. Sutter, *Semiconductors: US Industry, Global Competition, and Federal Policy* (Washington, DC: Congressional Research Service, October 26, 2020).
19. See Brad R. Williams, "DoD Seeks $2.3B to Bolster US Chip Making," *Breaking Defense*, June 4, 2021.
20. 美國國防部總監察長辦公室最近的公開審查報告提到，這個過程出現一些延遲：《二〇二三年國防授權法》的一項規定要求對此進行進一步審查。參見 Department of Defense Office of Inspector General, "Evaluation of the Department of Defense's Transition from a Trusted Foundry Model to a Quantifiable Assurance Method for Procuring Custom Microelectronics (DODIG-2022-084)," May 4, 2022.
21. Eric Lee, "How Taiwan Underwrites the US Defense Industrial Complex," *The Diplomat*, November 9, 2021.
22. Keith Holbert and Lawrence Clark, "Radiation Hardened Electronics Destined for Severe Nuclear Reactor Environments," US Department of Energy, February 19, 2016.
23. Jonathan Pellish, "A New Market for Terrestrial Single-Event Effects: Autonomous Vehicles," NASA, May 2019.
24. 賽靈思把這個晶片稱為自適應運算加速平台（adaptive compute acceleration platform，縮寫ＡＣＡＰ）。
25. Michael Johnson, ed., "A New Approach to Radiation Hardening Computers," NASA, last updated August 12, 2022.
26. "Radiation Hardened Electronics Market by Component," MarketsandMarkets, May 2022.
27. 例子包括紫外光微影製程工具，它使用特定波長的光將電路圖案印在矽晶片上。
28. 包括南韓、日本、中國和台灣。東南亞國家如新加坡、越南、馬來西亞和菲律賓，也開始扮演更重要角色，特別是在委外的組裝、封裝和測試（ＯＳＡＴ）。更多細節可參見第六章。
29. Semiconductor Industry Association, "US Needs Greater Manufacturing Incentives," July 2020.
30. Varas et al., *Strengthening the Global Semiconductor Supply Chain.*
31. Pushkar Ranade, "The Apple-TSMC Partnership," Bits and Bytes, March 6, 2022.
32. 由於中芯國際七奈米晶片缺少靜態隨機存取記憶體（SRAM），它通常會占據處理器晶片一半的面積，因此把它成為真正的七奈米技術或許不是太準確。最早關於七奈米的說法出現在"SMIC 7nm Technology Found in MinerVa Bitcoin Miner," *TechInsights*, accessed May 13, 2023.

33. 不使用極紫外光微影製程仍有可能生產五奈米技術，但是無法大規模盈利。艾司摩爾發展的EUV由英特爾、三星和台積電投資支援。英特爾是最受注目的早期支持者。
34. TSMC, *Annual Report 2021(I)*, March 12, 2022, 66.
35. Wallace Witkowski, "GlobalFoundries IPO: 5 Things to Know about the Chip Company Going Public in a Semiconductor Shortage," *MarketWatch*, last updated October 23, 2021.
36. 晶圓廠營收數字為二〇二二年第三季。參見TrendForce, "Global Top 10 Foundries' Total Revenue Up 6% in 3Q 2022," *EE Times Asia*, December 16, 2022.
37. 二〇二一年的業內媒體指出，英特爾已和台積電簽訂合約取得相當比例的台積電三奈米產能。例子可見Monica Chen and Jessie Shen, "TSMC to Make 3nm Chips for Intel, Sources Claim," *DIGITIMES Asia*, January 27, 2021.
38. Reuters, "Apple Freezes Plans to Use China's YMTC Chips—Nikkei," October 17, 2022.
39. 事實上，在二〇二一年晶片短缺（和半導體業獲利普遍成長）被廣泛報導之後，二〇二二年第二季財務業績顯示市場出現疲軟。實際上，就在《晶片和科學法案》在美國參議院通過的同一天，英特爾宣布了三十年來首次的淨虧損，並基於需求疲軟而縮減了預期資本支出。整個二〇二二年第四季到二〇二三年第一季，全球產業財務業績呈現疲軟。參見Dylan Patel, "Intel Cuts Fab Buildout by $4B to Pay Billions in Dividends," Semianalysis, July 28, 2022; and Nicholas Gordon, "Chip Glut Batters Semiconductor Industry as Intel Shares Lose Almost All Their 2023 Gains after Dismal Earnings," *Fortune*, January 27, 2023.
40. 艾司摩爾指出，它所銷售設備中有百分之九十至今仍用於晶片生產線上。
41. Samuel K. Moore, "The Transistor of 2047: Expert Predictions," *IEEE Spectrum*, November 21, 2022.
42. Mark Liu, "TSMC Chairman Mark Liu Describes How the World's Largest Chipmaker Is Reimagining the Semiconductor Industry," *Fortune*, June 8, 2022.
43. 例子可參見索尼和台積電在日本的研究和製造合資企業，以及通用汽車和格羅方德的聯合投資。Masaharu Ban, "Sony Begins Funding TSMC's Japanese Chip Plant," *Nikkei Asia*, January 26, 2022; and Jane Lee, Joseph White, and Steven Nellis, "GM Inks Deal with GlobalFoundries to Secure US-Made Chips," Reuters, February 9, 2023.
44. Shiyin Chen, Yuan Gao, and Abhishek Vishnoi, "Xi Jinping Picks Top Lieutenant to Lead China's Chip Battle against US," *Bloomberg News*, June 16, 2021.
45. Marko M. G. Slusarczuk and Richard Van Atta, "The Tunnel at the End of the Light: The Future of the US Semiconductor Industry," *Issues in Science and Technology* 28, no. 3 (Spring 2012).
46. 這段期間，日本在全球半導體製造的全球領先地位大幅下降，從一九九五年的百分之三十九降至二〇二〇年的百分之十，與中國旗鼓相當。參見 Jan-Peter Kleinhans, Julia Hess, Pegah Maham, and Anna Semenova, "Who Is Developing the Chips of the Future?," Stiftung Neue Verantwortung, June 16, 2021.

47. TSMC, *Annual Report 2021(I)*.
48. Cheng Hung-ta and Frances Huang, "TSMC, Evergreen, Fubon Financial Dream Employers for Job Changers: Poll," *Focus Taiwan*, January 14, 2023.
49. Ondrej Burkacky, Marc de Jong, and Julia Dragon, "Strategies to Lead in the Semiconductor World," McKinsey & Company, April 15, 2022.

第三章　為美國供應鏈依賴外國供應者買一份保險

克里斯多夫・福特（Christopher Ford）*

美國應該透過務實的在岸生產（onshoring）和其他措施提升獨立性和韌性，為海外半導體供應鏈風險「買一份保險」。

安全和地緣政治的顧慮在十年前並不顯著，但如今已需要額外的政策關注，以維持尖端晶片和成熟晶片商用半導體供應鏈的韌性；為因應這項挑戰，各種短期和長期政府政策和商業界的選項都須納入考量。

半導體供應鏈某個特殊部分的斷裂，可能導致美國——暫時性或長期間——從亞洲的可靠夥伴取得先進半導體出口品出現困難。舉例來說，這種無法獲取的情況，可能在中華人民共和國封鎖台灣，或在台灣島上或周邊發生某種形式的武裝衝突時出現。天災也可能造成至少是暫時性的嚴重中斷。針對這些威脅，美國應該對多元化——特別是晶片製造的多元化——作一定程度的投資，以備供應鏈中斷的情況發生時，減少美國短期內的經濟或戰略損害，並為可擴充的補充產能建立基礎。《二〇二二年晶片和科學法案》的實施應該根據這些要求來進行評估。

除了透過《晶片和科學法案》提供有時限的補貼之外，更重要的是必須了解私人資本和商業決策——包括在台灣、日本或韓國的美國夥伴公司的投資決策——在長期維持額外的半導體活動以實現美國公共利益間所扮演的關鍵角色。實現這個目標的主要途徑是讓美國在成本和法規的角度，成為具有吸引力的經商地點。對此，聯邦政府和州政府都有責任，否則補貼政策將徒勞無功。

儘管如此，確保取得台灣半導體出口，不應成為促使美國決定協防台灣的重要因素。這樣的承諾應建立在更廣泛的原則和戰略基礎之上，包括台灣對民主和世界經濟的全球重要性。畢竟中國在台灣的利益也是基於更廣泛政治和戰略利益，半導體相關的潛在利益或影響，並不會成為北京對台動武的重要考慮因素。

* * *

二〇二一年初，半導體晶片製造的前置時間（lead time）大幅增加。原本平均十二週的交貨週期在二〇二一年一月延長為十五週，之後在三月和四月又延長到十七週。這些延遲引發前所未有的全球晶片短缺，以致多個下游產業發布生產即將出現不足的警訊。晶片短缺導致系統整合者的重大損失——例如全球汽車業據估計在二〇二一年就損失了兩千一百億美元的銷售額。[1]

二〇二一年和二〇二二年初的晶片短缺大致上可歸因於市場的動態——也就是說產業規劃不當——造成的需求震盪，加上隨後因為COVID-19疫情帶來的訂單激增。不過在這一波訂單劇烈震盪中，承受最大壓力的受害者之一是汽車業，他們被迫重新評估原本採行精實庫存（lean inventoreis）以節省成本的策略。問題在二〇二〇年春開始出現，當時新車銷售基本上已停滯，車廠大幅削減了零件和材料的訂單，其中也包括越來越多諸如觸控面板和防撞系統等汽車應用需要的晶片。[2]

與此同時，由於消費者居家上班對個人運算產品和更多一般科技產品需求大增，消費電子產業吸收了那些未售出的晶片。接著，當中國自己的電子公司——包括跨國大公司華為——預期美國進一步制裁而開始囤積晶片供貨，問題變得更加惡化。[3]當汽車需求在二〇二〇年後期開始反彈，晶片製造商已承諾向消費電子主要客戶供貨，無力滿足再次增長的需求。

然而，跟晶片短缺本身比起來，二〇二一年的晶片風暴中，更重要的或許是它使得媒體和政策關注到全球供應鏈的脆弱性，它引發警訊，最終反而讓危機更加惡化。這也促使人們仔細審視美國對全球晶片供應鏈的依賴。

儘管美國在晶片製造和封裝的弱點舉世皆知，它在半導體供應鏈其他部分仍占據全世界最強有力的位置——包括半導體製造設備、電子設計自動化、晶片設計軟體、以及高端無廠晶片設計。較常被忽略的一點是，美國也是許多全世界最重要零售商和裝置整合商的總部所在地——它們是晶片的終端客戶，將晶片整合到有價值的消費產品裡面。這些晶片的系統整合商和原始設備製造商，像是蘋果公司和汽車製造業的通用汽車，捕捉到差異化的終端消費產品的大部分價值，並對他們的供應商——特別是晶片產業的供應商——的營運決策有巨大的影響力。

對於半導體供應鏈健全程度的種種擔憂，特別是在COVID-19疫情之後，最根本的一點，是國內晶片生產的弱點將減損美國在半導體供應鏈的優勢。本章要探討美國半導體的優勢和弱點，並對如何降低美國高度依賴海外晶片製造的風險，提出短期和中期的對應建議。我們也要提出強化國內韌性新的倡議，以及提升製造業競爭力的改革方案，讓美國的供應鏈在益發分裂的世界中更加可靠。

在討論之前，我們必須先提醒一下。半導體週期性的供需不匹配導致短缺或過剩，是這個資本密集且移動快速的產業的正常特徵，對這些問題的管理大致上仍屬於企業的問題，而不是美國政府政策的責任。以福特F-150皮卡貨車為例，就算是美國擁有完全自給自足的半導體供應鏈，它在二〇二一年仍可能因為缺少車窗調節器的控制晶片以致無法消化訂單。

此外，隨著世界朝向志同道合的國家集團彼此強化貿易的趨勢發展，美國將持續受益於對友善夥伴的依賴，以及他們對複雜的國際晶片供應鏈的相對貢獻。因此美國半導體政策的中期目標，應該是要讓我們快速演進的可信賴參與者網絡在晶片供應鏈中變得更可靠和具吸引力。周全的政策，應該尋求透過貿易（尤其是與合作夥伴的貿易增長）達成效率和成長，同時也承受一些新的經濟成本，作為對抗海外供應鏈災難性的斷裂或操控的保險政策。

為達到這個目標，美國政府應該盡快朝下列方向努力：

- 維持具吸引力的全球投資環境，並持續為取得包括移民在內的熟練技術勞工提供便利，以維持半導體供應鏈中既有的創新領域和優勢領域的企業競爭力。

- 對現居弱勢的領域（如先進半導體製造和封裝）提供投資補貼，因為中短期市場驅動的經濟在這些方面可能仍落後於友好貿易夥伴。
- 鼓勵或自行建置新的供應鏈韌性機制，包括在面對中斷或戰略操縱的風險時，基於公共利益需求而加強韌性所進行的資訊彙整、儲備及實施擴展庫存管理。

簡單來說，美國應該盡其可能一方面促進國內產能，同時更密切仰賴台灣、南韓、日本和其他在今日半導體生產供應鏈提供關鍵步驟的合作夥伴。有如此成功的保險政策，美國的領導者就不至於擔心未來出現印太區域危機時，國家安全決策的制定會**因為國內無法獨力緩解供應鏈危機**而受到掣肘。如此重大的決策，應該由價值觀和戰略利益來決定，而不是受晶片短缺或商業考量左右。

美國半導體的優勢

美國在先進晶片的設計和行銷上，維持了世界領先的地位。輝達、英特爾、超微半導體、蘋果、高通在各自產業仍維持領先並可長期維持。美國晶片生態系統是建立在美國大學和企業實驗室研究的固有領先地位上。

如前一章所述，全球前二十大半導體設計公司有十家總部設在美國，包括高通、輝達和博通（Broadcom）。美國公司設計的前沿邏輯晶片占了全球市場近百分之九十，整體晶片設計的營收也超過全球的一半。透過益華電腦、新思科技以及明導國際（如今在西門子集團旗下），美國主宰了EDA軟體工具；這三家美國公司總計占了全球市場的百分之八十五，占據產業的樞紐，因為目前市場並沒有其他可行的替代品。美國同時也擁有應用材料、科磊、科林研發這類的先進半導體製造設備公司。表3.1整理了在如今供應鏈中幾個關鍵的美國企業。

這些公司都為美國國內市場和海外客戶生產產品。舉例來說，美國在二〇一九年出口約價值八十億美元晶片，還有約價值四十億美元的設計工具和製造設備給中國的晶片設計商[4]。美國同時出口約四億美元原物料給中國，其中包括感光板、晶圓和晶圓材料。[5]

美國主要的科技公司如Google、亞馬遜和蘋果，既是晶片設計商，也是晶片消費者。身為各自生態的全球領導者，他們領導設計和採用的潮流，在沒有新科技出現的情況下很難被顛覆。他們的龐大營收流和較長的預期投資期限（investment time horizons），也讓他們得以投資在可能要花數年才會有成果的晶片設計。他們的訂單規模以及對於新產能的共同融資，往往讓他們優先取得製造商的輸出品、讓他們優先取得新一代技術，並保障他們在短缺期間供給不致中斷。他們對新產品組件供應商的選擇——例如新iPhone裡頭的記憶體，或是數據機的晶片組——可能決定一家新創製造商的成敗命運。他們在物流安排的偏好，包括製造的地點選擇，都可以當成供應合約的內容來進行協商。因此，在考量如何強化晶片供應鏈以配合國家安全時，這些大公司對產業方向的影響力不該被忽視，而是要加以利用。

表3.1　關鍵的美國和非美國半導體參與者，按價值鏈步驟區分

類別	價值鏈步驟	美國公司	非美國公司
輸入	半導體製造設備	應用材料 科林研發 科磊	艾司摩爾（荷蘭） 東京威力科創（日本）
	專業化學品和材料	陶氏化學 杜邦	東京應化工業（日本） 昭和電工（日本） SK材料（韓國） 厚成（韓國）
	EDA軟體	益華電腦 新思科技 明導國際（總部在美國，德國擁有）[a]	Altium（澳洲） **華大九天（中國）**
設計和製造	整合元件製造者（IDM）	英特爾 美光科技 德州儀器	三星（韓國） SK海力士（韓國）
	半導體設計者（無廠）	博通 高通 輝達	聯發科技（台灣） 聯詠科技（台灣） 瑞昱半導體（台灣） **海思（中國）**
	晶圓廠（合約代工廠）	格羅方德（總部在美國，阿拉伯聯合大公國擁有）	台積電（台灣） 聯電（台灣） **中芯國際（中國）**
組裝、封裝、和測試	委外組裝封裝測試商（OSAT）	艾克爾	日月光（台灣） **長電科技（中國）** 聯合科技（新加坡）

a. 2017年起歸西門子擁有。

註：粗體字為總部設在中國公司

資料來源：改寫自Randy Abrams, Tseng Chaolien, and John Pitzer, "Global Semiconductor Sector: The Uneven Rise of China's IC Industry," Credit Suisse, January 2021.

美國半導體供應鏈的弱點和脆弱性

不過，情勢並不完全樂觀。美國在全球晶片製造的占比已經從一九九〇年的百分之三十七下滑到二〇二〇年的百分之十二。晶片的組裝和封裝——這是晶片供應鏈的一個關鍵環節——也是同樣疲弱，美國在全球僅有百分之十五的市占比。

喪失前沿邏輯晶片生產的領先地位，主要歸因於民間投資決策，因為美國業界選擇專注投資在毛利較高的無廠設計事業，將毛利較低、資本密集的製造業轉給了亞洲。如第二章所述，英特爾等主要公司也犯了戰略上的錯誤，導致美國失去領導地位。

後緣晶片製造業的衰落，一方面是受市場力量所推動——例如某些亞洲國家較低的勞動成本和更有吸引力的資本架構——同時也是因為東亞國家政府較優的獎勵措施。這導致了美國如今在節點尺寸超過二十八奈米的成熟邏輯晶片幾乎沒有商業製造產能。

美國的製造成本仍比亞洲高出許多。美國半導體產業協會估計，在美國，擁有一座新晶圓廠十年的總成本，要比在亞洲的晶圓廠高出百分之二十至二十五，這個估算可由台積電於亞利桑那州興建兩座尖端邏輯晶圓廠的計畫中得到印證。整體而言，美國半導體產業協會評估，如果目前的趨勢持續下去，在美國的新產能將只占全球新產能的百分之六。相對之下，中國在未來十年裡，將增加百分之四十的全球新產能。[6]

在製造之外，近來業界也對美國在半導體供應鏈其他環節中透過市場新進入者推動創新的能力表現出擔憂，即便是在當前的優勢領域如半導體設計和設備等。就這一點，私人投資者的觀點很具有啟發性。

我們可以用創業投資（venture capital，簡稱VC，或譯風險投資）為例，用它來觀察美國半導體製造設備新創公司的發展路線。在一九九〇年代，半導體是美國創投最熱門的產業之一。今天，雖然美國整體創投基金在半導體有所成長，但在美國整體創投的投資占比卻已經下滑。一些投資人指出，這個世紀初期在潔淨技術領域（cleantech）的損失，讓美國創投的投資人對硬體產業產生不信任，相較而言，軟體產業資本密集程度較低，而且能提供較快的回報。除此之外，消費網路科技的進展也讓創業者的興趣從半導體移轉到其他領域。

一個新創公司生態系統的成功，有一部分取決於其中嘗試的實驗數量和多樣性：實驗如果跨越更廣泛的不同領域，取得突破性成功的機會就越大。不過特別是對於美國半導體設計和設備的新創公司來說，有兩大問題。首先，正如在前一章關於產業和技術趨勢的討論提到，光是證明一個新的原型晶片設計的可行性，就需要大約三千萬美元的資金，還要再花一億美元甚至更多才能進行量產。第二點，由於公開市場的整併，收購公司的潛在範圍更加有限；買家變少意味著收購溢價（acquisition premiums）的減少及創投投資人較少的退出回報（exits）。巨大的資金成本、加上有限的買家範圍以及獲利較低的退出回報，讓它難以成為有吸引力的投資領域。再加上今日以高利率為特色的總體經濟環境，這種限制可能導致美國對半導體新創公司的興趣和投資日益減低的循環。

從二〇〇〇年到二〇一七年左右，美國半導體創投資金輕鬆占據了全球半導體過半數的創投資金，不過此後美國的占比已明顯下降。然而，在中國的半導體創業投資並沒有落後，大致上已彌補了這個空白。

近期政策和業界回應

疫情時代晶片短缺後，出現一系列令人矚目的業界訊息。這些新的投資總加起來，有可能構成某種保險政策的核心，以對應一旦全球晶片供應鏈被切斷，特別是製造端中斷時，美國需面對的災難性後果。

首先，台灣的台積電在二〇二〇年宣布將在亞利桑那州興建一座一百二十億美元的晶圓廠，預計在二〇二四年開始投產。在二〇二二年底，台積電創辦人指出，在亞納桑納州的同樣場址將興建第二座更先進的晶圓廠。[7]三星和英特爾也各自宣布了一百七十億美元和兩百億美元的投資案，以增加在德州和俄亥俄州的產能。[8]此外，在二〇二二年中，台灣的環球晶圓宣布投資五十億美元，在德州投資一座新的矽晶圓製造廠。[9]高通和格羅方德也宣布了四十二億美元採購協議，以注資擴建格羅方德在紐約的工廠。[10]在此同時，美國的美光科技也宣布，到二〇三〇年為止將投資四百億美元於美國國內的記憶體晶片製造，宣稱屆時可使美國的市占率從百分之二增加到百分之十。[11]這些宣布一方面是商業利益的推動——也就是顧客的偏好——同時也是受到聯邦和州政府將推出或已實施的補貼政策影響，這些補貼政策是針對晶片短缺和擔憂外國供應鏈中斷而作出的回應。不管動機為何，都標示了這個產業可能出現重大轉變的開始。

在二〇二二年十二月亞利桑那州第一座晶圓廠上機典禮的演說中，台積電創辦人張忠謀形容建廠過程的這個階段（及引申到地緣政治所推動的半導體供應鏈重組的現況）是「一個開始的結束」。[12]接下來的部分，將說明美國已經採取了哪些開始的政策步驟，以及還可以採取哪些行動來提升美國在這項產業的韌性。

聯邦支出

在聯邦層級上，美國半導體產業協會和波士頓諮詢公司（BCG）二〇二〇年對全球政府的晶片製造獎勵措施所做的產業協會報告，掀起了一連串行動和立法的動作。[13]這這份報告模擬了幾個美國可能政策做法的影響——基線的假設是美國在全球製造的占比，在二〇三〇年將從百分之十二進一步降到百分之十，兩百億美元的聯邦補貼計畫則可讓美國維持現有百分之十二的市占比，而五百億美元的補貼計畫則可讓市占比增加到百分之十四。這份報告隱含的意思是主張最高層級的政府部門參與，以扭轉美國半導體製造業的頹勢——並確保至少最低程度的（之後並可能再擴展的）國內產能，以應付全球晶片供應鏈嚴重破壞時的關鍵需求。這些投資數字，最終為美國參議院《二〇二一年美國創新與競爭法案》中擬議的五百二十億美元「美國晶片」（CHIPS for America）製造補助計畫提供了依據。

這項法案的部分內容，經過國會參眾兩院激烈的爭論後，在兩黨協議的基礎上，於二〇二二年七月以《晶片和科學法案》的名稱通過。它的目標是要提振美國半導體的研究、開發和生產。它包含下列的條款：

- 五百二十七億美元用於製造、人力開發和研究，包括兩百八十億美元用於獎勵製造尖端邏輯和記憶體晶片（主要為政府補助金，但也包括六十億美元的貸款和貸款擔保）。
- 大約一百億美元專供成熟，或者當前一代晶片及供應商的補助金和貸款擔保。
- 一百一十億美元提供給國家半導體技術中心和「國家先進封裝製造計畫」，以及國家標準暨技術研究院（NIST）的（晶片度量）研發計畫。
- 二十億美元供國防部晶片技術發展和國內原型製作需求。
- 五億美元專注用於國際半導體供應鏈安全。

這些資金會在五年的時間內分配，其中半數預期在二〇二三年發放。這項法案也包括了一個追繳補助的「護欄」條款，要求接受補助的公司不得大幅擴展在中國或其他引發顧慮國家的半導體製造或聯合技術發展（被定義為二十八奈米米或以上的「成熟晶片」，則不在此限）。[14]

這一切代表了非常重要的開始。不過，仍有一些地方有待進一步改進：

隨著《晶片法案》的補貼規定由美國商務部制定並開始撥款，如今焦點應轉向這些方案的執行面。我們可以公允地將這些針對半導體製造業的補貼視為一次公共實驗。如果它失敗了，在其他關鍵技術若要作類似的努力將不具有正當性，同時美國致力發展的所謂「現代產業和創新戰略」或許要宣告失敗。[15]為了保持兩黨在科技領域有效競爭策略的支持，基本的關鍵在於避免裙帶關係和保護主義，不要讓政策制定者被特定企業、勞工或地方政治勢力把持，而扭曲或抹黑了這些努力。

考量到首要目標是建立至少最低限度的國內產能，**資金應該授予在技術風險和營運效率上最有機會兌現承諾的公司——不管它總部設在國內或是海外友好的司法管轄區**。如果美國沒辦法在計畫的五年時間內設法至少啟用兩座晶圓廠，並以具有競爭力的量產生產商業上可行的、領先級的邏輯晶片，那麼《晶片法案》的努力將面臨風險，未來的其他努力也將很難得到支持。

聯邦稅收效率

半導體製造也是出了名的資本密集產業。業界人士報告提到，考慮到民間投資每年投入升級或擴展生產設備的程度（遠遠高於任何公共補助），這些資本投資的稅收效率要比任何直接的公共支出更具有獎勵作用。要達成這個結果，或許比《晶片和科學法案》直接支出更有影響力的，是法案中關於二〇二三至二〇二六年間對半導體製造本身，以及半導體製造設備提供的百分之二十五的投資稅賦抵免（48D條款），據估計總值可能高達兩百四十億美元（端視民間投資程度而定）。[16]這個針對特定產業的措施是建立在二〇一七年《減稅與就業法》（Tax Cuts and Jobs Act，簡稱TCJA）更普遍的稅收效率措施基礎之上，其中包括將整體的企業稅從百分之三十五降低到百分之二十一（低於其他許多經濟合作發展組織國家〔OECD〕的標準），以及對短期資本資產——例如用於半導體製造廠房的設備——百分之百的獎勵折舊減稅（現行折舊獎勵即將在二〇二三年到二〇二六年逐步取消）。這兩項立法都代表投資獎勵轉向以稅收為基礎的重要舉措。

不過它同樣也有些需要改進的部分：

- 新建半導體晶圓廠，有超過一半的成本來自製造商打造生產線所採購的設備。**將短期資本資產的全額稅賦折舊延伸到二〇二二年之後**，可以提升美國半導體和半導體設備製造商的競爭力。
- 現代半導體和半導體設備製造商將每年把營收的大部分重新投資到研發，以維持尖端的產能。按照《減稅與就業法》的協定，美國公司研發支出的減免（自二〇二二年以來）如今需要分為五年攤提，而不是在同一年立即扣除。回復研發費用按年度全額扣除稅賦，將有利於半導體業和其他關鍵的研究密集產業廣泛的知識投資。

聯邦法規改革

儘管有《晶片法案》的通過，一九七〇年《國家環境政策法》（NEPA）所規定耗時而繁瑣的程序將阻礙美國半導體業的成長。舉例來說，在美國被歸類為「重大聯邦行動」的工程計畫可能需要接受長期的評估過程，平均要耗時四點五年。[17]相形之下，其他先進民主國家如德國和加拿大——通常他們對民營企業施加法規負擔毫不手軟——核准的過程卻比美國更有效率，而且這兩個國家通常會在短短兩年內完成評估結論。[18]涉及聯邦資金的晶圓廠興建案可能觸及這類嚴格的環境法規，導致相關許可的延遲。[19]

目前為止，聯邦層級只採取有限的步驟因應這個風險。例如二〇一五年《修復美國地面運輸法案》第四十一條（FAST-41）——已於二〇二一年《基礎建設投資與就業法》中成為永久性立法——條文包括了對特定領域（例如公路建設）透過改善早期諮詢、跨部門協調、透明化以及問責等方式，來加速聯邦許可程序。[20]在二〇二一年十一月，參議員波特曼、海格提和金恩在《二〇二二年度國防授權法》加入了一項修正案，將包含半導體在內與國家安全相關的產業，納入了FAST-41快速通道流程。[21]

美國總統拜登也宣布針對高科技製造業成立針對產業的跨機構專家工作小組，研擬許可和與許可相關的計畫交付問題。[22]這個工作小組將在《晶片法案》的基礎上，依照政府在二〇二二年五月推出的整體許可計畫，加強部會之間的協調以及聯邦和州政府之間的協調。[23]聯邦和州彼此協調以避免規範和監督的重複，被分析家認為是特別需要重視改善的領域。[24]

其他需要改進的領域還包括：

- 儘管各方面努力要讓半導體晶圓廠免於繁瑣冗長的環境評估——例如美國商會在二〇二二年春季就致函商務部長，敦促部會免除半導體晶圓廠接受漫長的《國家環境政策法》評估[25]——但是接受《晶片法案》資金的工廠預計仍會受到現有NEPA法規的約束。[26]考量到尖端邏輯技術週期本身是兩年左右，這套許可程序的門檻如果套用在晶圓廠上面，那麼美國恐怕永遠生產不出世界最先進的晶片。事實上，由於NEPA對於「重大聯邦行動」的程序是該技術週期的**兩倍以上**時間，對晶圓廠的設施採用NEPA的規定，反而導致了廠區設在美國的製造業將和最先進技術的距離越拉越遠。**我們應該注意的是，為加速這個產業發展所作的聯邦融資，不應在無意中反而拖慢了它的發展。**

- 雖然需要由美國環保署（EPA）直接許可的可能只占法規要求的一小部分，但一項新計畫要處理許多其他聯邦和州的法規規定，這些規定往往也需要環保署的參與。舉例來說，在亞利桑那州，州級機關環境品質部（DEQ）根據聯邦的《潔淨空氣法》（Clean Air Act，簡稱CAA）、《資源保護與回收法》（RCRA）和《潔淨水法》（CWA），以及其他州級的規定來發給所需的許可。這些許可程序也接受美國環保署的意見。因此，由環保署對晶圓廠這類關鍵產業作及時評估的政策，將可以改善私人投資者對計畫交付時程的信心——這一點特別重要，因為這些計畫需要大量前期資本的支出，並且需要協調來自數十家廠商交貨期較長的設備訂單。

給予空氣和水許可證適度的彈性是另一個可能的方式，讓公司得以在不需要重新環評的情況下變更他們的工廠。許可的彈性做法可避免在樂意接受設施的社區中，環保署或其他聯邦機構於許可過程上的耽擱，同時能保持環境的績效。舉例來說，奧勒岡州的「工廠現場排放限制」（PSEL）方案就允許這樣的彈性，只要整體的排放量可以符合規定。英特爾稱這種彈性做法讓他們省下了「為了提高生產進行營運與流程變更的數百個工作日」，還說若不是有這樣的措施，他們可能會把生產的地點搬離奧勒岡州。[27]

根據二〇一七年麥肯錫的一份報告，「範疇二」排放（"scope 2" emission，間接溫室氣體排放）——主要來自於廠外購買、供生產設施運轉的電力——是半導體公司溫室氣體排放最大的來源（占產業全數的百分之四十五）。[28]不只要取得廉價電力、還必須是低碳電力，這已經成了公司選擇晶圓廠地點的一個重要因素。美國在這方面，相對於中國、南韓、台灣和新加坡較「髒」的電網組合，整體而言相當有競爭力。「範疇一」排放（"scope 1" emission，直接溫室氣體排放）（占百分之三十五）也是這個產業溫室氣體的一部分。它們和晶圓蝕刻以及反應室清潔的任務中使用的「高全球暖化潛力」氣體有關，也和用冷卻器控制晶圓溫度時使用的熱傳導液體外洩至大氣有關。在此同時，半導體的「範疇三」排放（"scope 3" emission，其他間接排放）（大約占百分之二十）來自於供應商、化學品和原料以及送往客戶工廠的運輸過程。大型晶片買家和OEM廠如今越來越努力推動供應商改善營運的環境績效，把它當成從消費者出發、努力綠化自身供應鏈的一部分工作。

- 特別是在半導體製造在全球的激烈競爭以及政府設定氣候目標的情況下，**應注意不要在無意中引入新的晶片法規障礙**。舉例來說，《二〇二二年降低通膨法》把晶圓廠置於美國環保署對溫室氣體排放的監督下。[29]這個法規本身雖然是相對溫和的行動，僅著重於匯報，但是我們仍應該考量到相較於國外有吸引力的廠址，這個產業在美國投資面臨的總體合規成本。舉例來說，美國環保署在二〇二三年三月提出為飲用水設定嚴格的全氟／多氟烷基物質（PFAS）「零水平」標準，它的目標並不是針對半導體業，但是晶圓廠的晶片製造卻需要依賴這些氟化物化學品。[30]

我們知道減少排放和改進半導體供應鏈韌性都是政府的重要目標，但是執行這些規定如果不多加留心，可能會發生議題互相掣肘的情況，從而背離了所有的利益——比如說環境的法規損害了半導體的計畫，危及美國的就業成長，同時又讓全球晶片製造集中在能源電網較骯髒、環境標準更低的外國地點。

聯邦的移民措施

美國如今的半導體製造業沒有直接的STEM人才短缺的問題——由於晶片製造活動很少，如今對勞動力並沒有太大的需求。但是產業確實面臨與人力相關的結構性問題：新的半導體投資帶來的勞力需求，無法透過傳統的解決方案——也就是增加獎學金、實習機會和津貼來改善STEM畢業生的「輸送管道」——來解決。

部分美國學界已經指出，隨著美國放棄在國內生產它所發明的技術，我們教育學生的方式，特別是半導體發展核心學科的電機工程，已經出現僵化。如今大部分美國的電機科系不再訓練學生成為廣泛的系統設計者——也就是可以從不同學科汲取想法，結合這些構想創造新系統的人——反而將他們的教學和研究狹隘地專注在運算和通訊應用上面。這與美國的計算機科學課程強調學習程式工具和原則來解決各種不同實際問題的做法恰好相反。這樣的結果，導致電機工程師們能看到的知識應用範圍更加有限——事實上，國內這個領域的招生人數正急速下降，因為學生在其他地方看到了更有意思的機會。相對之下，美國計算機科學的畢業生可以進入許多具有吸引力的產業，招生人數也在穩定成長。

這個問題是可以解決的。增加國內涵蓋整個半導體價值鏈——包括製造——的更多活動，會讓學生們看到他們工作的新應用，同時也激勵大學作出調整。新的半導體製造商和供應商將帶給美國的不只是他們的生產設施，同時還有配套的產業研發設備；這些研發生態系將促進彌補如今被遺漏的需求信號，並協助把大學的培訓轉譯至不斷演進的商業需求中。（特別是現在半導體製造業快速發展的情況下，商業的實際知識〔know-how〕遠遠超出大學目前的授課內容。）

不過這需要時間。長期下來，隨著美國逐步解決這些問題，勞動市場會自然調整配合實際需求。在這轉換過程中，我們可以期待高技術移民扮演過渡的橋梁角色，以符合國內半導體製造（或是其他先進技術）勞動力增加的需求。

儘管民間對移民現況普遍不滿，廣泛的移民法改革卻持續受到長期對立而癱瘓的美國國會阻礙，[31]近期與半導體相關的改革，始終是在行政權限下所作的狹隘努力。例如拜登政府一直著重於提升國際ＳＴＥＭ學生在美國勞動力的保留率——也就是在國內雇用更高比例來自國外、在美國就讀相關工程領域的畢業生。（國際學生如今占了半導體相關領域畢業生的三分之二。[32]）在二〇二二年一月，美國國土安全部把二十二個新的ＳＴＥＭ學科加入了「選擇性實習訓練」（Optional Practical Training，簡稱ＯＰＴ）計畫，讓更多持F-1簽證的ＳＴＥＭ學生在畢業後可留在美國工作更長的時間。[33]不過，這類的措施還是不足應付需求。

因此，還有更多需要改進的地方，包括以下所述：

- **為吸引有技能的移民人才注入美國半導體業，需要更多的立法措施**。為簽證所作的行政調整只能提供微小的幫助，相較之下，H-1B簽證或綠卡限額的改變影響更大，也更具實質效果，但二者都需要立法的行動。儘管美國業界和一般大眾似乎都支持增加技術移民，[34]有目標性的跨黨派改革行動卻始終受制於更廣泛的、關於非法移民的政治辯論。

立法部門對移民相關措施——不管是重要程度——的緘默迴避，反映在眾多半導體和競爭力法案提案的立法史中，這些最後被納入《晶片法案》的相關法案要件，基本上迴避了移民問題，而著重在教育和勞動力訓練的條款，它們就短期而言，較難以產生重大的影響。例如，眾議員麥克・麥考爾（共和黨，德州）和參議員約翰・柯寧（共和黨，德州）二〇二〇年六月最初在參議院提出的《為美國生產半導體創建有利獎勵措施法案》（Creating Helpful Incentives to Produce Semiconductors [CHIPS] for America Act），並沒有包含任何移民改革或吸引ＳＴＥＭ畢業生在半導體業工作的條款。[35]同樣地，參議員林賽・葛瑞姆（共和黨，南卡羅來納州）提出相關的《二〇二〇年重振關鍵供應鏈和智慧財產法案》（Restoring Critical Supply Chains and Intellectual Property Act of 2020）進一步強調國內教育管道改革，但它也沒有提到技術移民的問題。[36]

反映同時期眾議院提案普遍觀點的《美國競爭法》（America COMPETES Act）（眾院四五二一號）——它在二〇二二年二月基本上依據兩黨的分野而表決通過——加入了一些在二〇二一年參院類似法案中未出現的技術移民措施。這個稍晚的法案免除了對於國際的STEM博士和半導體等「關鍵產業」碩士的年度綠卡數額上限。[37]它也包括了眾議院佐伊・洛福格倫（民主黨，加州）所提《二〇二一年讓移民啟動就業法案》（2021 Let Immigrants Kickstart Employment [LIKE] Act）中的措施，這個法案為有意創立創投資金支持的新創事業的移民設立一個新的簽證類別。此外，眾院四五二一號法案也打算設置美國STEM獎學金，資金來源是向綠卡持有人徵收一千美元額外附加費。眾議院的法案或許反映了任何與移民相關的立法所涉及複雜的談判和政治權衡，同時包括不少可能增加成本、對工會有利的提議，像是接受聯邦資金的晶圓廠興建計畫必須遵循現行的薪資要求；四十億美元用於擴大學徒計畫，以及在該法案框架下接受聯邦補助的雇主必須遵守對工會中立的要求。

最終這些眾議院的移民條款卻因為政治考量而在參議院難以闖關——甚至有多位民主黨籍參議員在會議上表達反對。因此它們在最終精簡的包裹立法中被刪除了，部分勞動力發展和工會的措施則獲得保留。[38]

鑑於國會無力通過任何有意義的移民改革，為了提升《晶片法案》影響力，我們**迫切需**

要技術移民的立法措施。這類的措施在中短期內對增加私人資金投資國內半導體製造設施也會有幫助。這些努力，如本報告第四章所述，也應該搭配獎勵措施來訓練美國人擔任硬體和材料工程師，以及興建和運作半導體晶圓廠或半導體設備製造和封裝設施所需要的熟練技工和技術人員。[39]這些倡議將有助於勞動市場平順的快速轉型，並提升新的製造設施及時興建和合乎成本效能營運的成功機會。

- 為了達成這些目標，美國應該考慮**取消H-1B簽證數額限制並將簽證提供給在被認可的美國大學完成**ＳＴＥＭ**研究生課程的所有國際學生**。在國內相關科學和工程人才庫大幅增加之前（這項任務最少需要十年），美國無法恢復在高科技製造業的國際競爭力。
- 與此同時，為了獲得對於熟練技工和工具操作員，應該對位在半導體製造群聚區域內的社區學院還有相關產業的學徒計畫予以支持，這些人構成晶圓廠製造設施的員工主幹。有鑑於半導體生產透過地理上的群聚帶來的效益，以及美國勞動力在這些技術領域比起工程師而言相對缺乏的流動性，**這類以技術人員為導向的計畫必須以區域為重點**。

各州的獎勵措施

要透過增加國內生產來減輕依賴外國半導體製造的風險，除了靠聯邦政府的戰略行動，也仰賴美國各州為了自身經濟利益所制定吸引民間投資的政策。基於在美國做生意的成本高於亞洲，美國各州可運用許多政策槓桿來幫助縮小差距，包括地方的所得稅和財產稅政策、對實體基礎設施的支持、建築許可，以及高品質電力和水的供應。美國已有半導體產業基礎的州，對於促成新投資最為積極主動。以下段落將說明各州政府迄今為止採取各種支持措施的例子：

亞利桑那州

根據就業統計數字，半導體製造一直是亞利桑那州三大製造業之一，該州的「合格設施稅賦減免」（Qualified Facility Tax Credits，簡稱QFTC）和「優質就業稅賦減免」（Quality Jobs Tax Credits，簡稱QJTC）是對半導體公司的主要獎勵措施。

QFTC在二〇一一年由亞利桑那州立法機關設立，隨後在二〇一六年、二〇二〇年、和二〇二一年作出修訂，以推動在本州新建或擴建既有總部和製造或研發設施。[40]二〇二一年，台積電亞利桑那公司獲得了預先批准的三千萬美元稅賦減免。[41]在二〇一四年QFTC的年度報告中，英特爾公司的兩個設施也被列為獲得這類稅賦減免——第一個設施獲得一千零九十萬美元，第二個設施則收到六百七十萬美元。其他三家預先批准的公司也收到了總計約兩百萬美元。表3.2列出了在這個計畫中收到稅賦減免的半導體製造業公司，也說明了稅賦減免不只對單一的晶圓廠有重要性，也對配套供應商和技術廠商的健全發展很重要。[42]

表3.2 亞利桑那半導體稅賦減免名單

年度	公司	給予金額	註
2014	英特爾設施1	$10,860,000	
	英特爾設施2	$6,680,000	
2015	Essai Inc.	$320,000	Essai之後由愛德萬測試（Advantest）收購；是半導體最終測試、系統級測試插座和控溫設備的主要供應商
	ASM美國公司	$1,280,000	ASM是晶圓處理的流程設備主要供應商
	英特爾（錢德勒）	$10,860,000	錢德勒廠的設計是要利用製造晶圓的較大型設備[a]
	英特爾（奧科蒂約）	$6,680,000	
2016	Essai Inc.	$260,000	
2017	英飛凌科技美國公司	$600,000	半導體製造商
	RJR Technologies	$398,500	半導體產業預塗接著劑創新者
2018	美國富士電子材料	$1,020,000	為半導體製造商生產高純度化學品和材料
	德州儀器	$700,000	半導體製造商
	英飛凌科技美國公司	$500,000	
2019	英特爾	$540,000	
	英特爾	$11,600,000	

年度	公司	給予金額	註
	半導體元件工業	$4,000,000	半導體組件設計和製造。如今通稱為安森美半導體（ON Semiconductor或Onsemi）
	美國富士電子材料	$1,020,000	
2020	Auer Precision	$344,827	半導體市場精密金屬和高分子薄膜零件的主要合約製造商
	英特爾（奧科蒂約）	$28,900,000	
2021	愛德萬測試美國公司	$4,200,000	半導體業自動測試設備的日本製造商
	Essai Inc.	$1,180,000	
	英特爾	$420,000	
	英特爾	$2,300,000	
	英特爾	$21,600,000	
	英特爾	$8,140,000	
	微晶片科技	$1,200,000	製造微控制器、混合信號、類比，以及快閃IP積體電路
	台積電亞利桑那公司	$30,000,000	
	Foresight Technologies	$242,895	提供半導體關鍵機具零件和子系統

a. Don Clark, "Intel Arizona Plant to Remain Idle," Wall Street Journal, January 14, 2014.

二〇二一年三月，亞利桑那的「合格設施稅賦減免」（QFTC）透過HB2321法案擴大範圍，原本每年稅賦減免七千萬美元的上限提高到每年一億兩千五百萬美元。[43]這項法案的通過得到跨黨派的強力支持。[44]

除此之外，亞利桑那的「優質就業稅賦減免」（QJTX）提供合格納稅人無需退還的所得和保費稅額減免——持續保留一個工作職位，每年可減免三千美元，最多可減免三年。

德州

二〇二一年十一月，南韓的三星宣布在德州的泰勒（奧斯汀北方約四十英里）興建造價一百七十億美元的新晶圓廠，從二〇〇四年起三星就有一座晶圓廠在這裡營運。[45]這項投資預計包括六十億美元用在改善房地產和一百一十億美元用在機具和設備。雖然德州不徵收州的所得稅而對受雇者具有吸引力，但是在該州境內設廠有高的物業稅。以泰勒為例，物業稅率總數為百分之二點五四。[46]為了抵銷高稅率，德州的州政府和地方政府透過減稅和放寬法規措施，來降低半導體製造商的經商成本。對三星在泰勒晶圓廠的補貼措施包括了：

- 兩千七百萬美元的「德州企業基金」獎助款。[47]
- 州政府提供雇用退伍軍人每名僱員兩萬美元獎金。[48]
- 州級道路改善工程六千七百萬美元，郡級道路改善工程一億兩千萬美元，以及發行債券支付一千八百萬美元自來水／汙水延伸工程。

- 第一個十年城市和郡級物業稅減免百分之九十二點五，第二個十年減免百分之九十，再接下來十年減免百分之八十五——三十年期間估計總值達四億六千七百八十萬美元。
- 當地學區三億一千四百萬美元的額外物業稅減免。[49]
- 加速許可和報銷市級許可開發評估成本。
- 聯邦資本利得稅減免（因為其物業位在聯邦的「機會區」）。

德州隨後有為半導體製造領域做出更多承諾。德州儀器（TI）在二〇二一年十一月宣布了在謝爾曼（達拉斯北方六十五英里）興建現代化的十二吋晶圓廠，在新場址可能興建最多達四座晶圓廠。[50]投資水平預期在三百億美元左右。謝爾曼市隨後提出了每一座晶圓廠在二〇二五年、二〇三二年、二〇三七年和二〇四五年的減稅提案，總計在十年之間為德州儀器帶來一億四千八百萬美元的稅賦減免，占公司減免總額的百分之九十。[51]稍後在二〇二二年六月，台灣環球晶圓的子公司GlobiTech也宣布了在謝爾曼的矽晶圓生產的擴大計畫，它預計可獲得德州企業基金一千五百萬美元的獎勵，還有每雇用一名退伍軍人一萬美元的獎金。

當然，這些努力也招致一些批評。例如德州企業基金就曾被稱為「裙帶式企業福利」——特別是有人認為市政府為了迎合企業基金所偏好的投資，有損收入和結社的自由，或者是人力資本集中在少數幾個大型企業，最終會阻礙創新。[52]也有人把批評的矛頭指向接受補助的公司，指他們濫用補助，在合約中誤報所需要的或實際創造的就業總數。

俄亥俄州

吸引半導體公司的新入場者是俄亥俄州。二〇二二年六月，HB687號法案成為法律。它依績效發給的就業回流獎勵補助六億美金，目標是讓俄亥俄「對亞洲市場更具競爭力」；一億零一百萬美元用於改善用水和汙水基礎設施；兩億五百萬美元用於州和地方道路建設；以及三億美元用於水資源再生設施。[53]值得注意的是，要獲得這些資金，公司的企業總部必須設在美國，在獲得稅收抵免前一年的大部分研發經費必須用在美國境內，同時必須在俄亥俄州興建和營運半導體晶圓製造工廠。[54]因此，不同於亞利桑那和德州更廣泛競爭的條款，俄亥俄州的法案被認為是專為英特爾量身打造：在幾個月之前，英特爾才宣布了在該州兩百億美元的投資，現在又在最高達二十億美元的州獎勵措施下，被強烈要求興建兩座新的晶圓廠。[55]

在這場州際的競爭中並未出現單一的理想政策模式，不過提供半導體晶圓廠適宜地點一事受到各州重視整體而言是好的，這樣的努力有助美國因核心製造業產回流而獲利。不過仍有一些領域需要改進：

- **地理上的群聚對半導體製造非常重要**。台積電的高層預期，相較於他們在台灣新竹晶圓廠和供應商的群聚，他們在亞利桑那新建的設施會增加百分之五十的營運成本。他們估計或許半數增加的成本要歸因於必要的備件、設備、服務公司和工人缺乏地理上的群聚，影響了工廠正常運轉時間和產量。各州可以在規範和政策的策略上自由選擇和相互競爭，這種競爭對美國也有好處，因為他們可以扮演「創新實驗室」的重要角色，設計更好的方法來催生美國的半導體復興。**不過，擁有先進製造基礎的各州若能維持創新和經商的吸引力以推動這樣的群聚，同樣也有助於更廣泛的國家利益。**

為此，在美國各州經商的便利性仍是半導體公司的關鍵考量，他們在世界各地評估投資機會。雖然無法光靠某個州級的條件就決定結果，但各州經濟自由指數（例如加圖研究所〔Cato Institute〕定期估算的指數）提供了很好的可能誘因清單。這裡頭包括財政措施——例如州稅收、地方稅收、政府消費和投資——以及政府債務和法規政策，包括土地使用規定、健保市場，以及諸如執業許可這類的勞動力流動限制。[56]

在美國各州當中，亞利桑那州在新事業進入的便利性、自由化定價、工作權法律（right-to-work laws）以及其電子查證系統（E-verify）的強制規定，有較高的評比。至於德州的勞動市場自由度則排名全國最高，包括工作權的法律、無額外的州最低工資規定，還有選擇性的勞工賠償保險範圍。相對之下，俄亥俄州沒有工作權的法律，評比甚至低於印第安納州、密西根州和威斯康辛州等其他「鐵鏽帶」的州。紐約州，鑑於格羅方德在此經營，是另一個半導體製造業的可能地點，但實際上在加圖研究所的經濟自由指數中排名最末，這是因州和地方的高稅賦、土地使用規範以及執業許可規定所致。

- **加州值得特別關注**。儘管矽谷老早就已經失去了它曾經知名的積體電路製造，它仍是美國半導體供應鏈其他環節的重要地點，它是主導全球半導體設備製造的企業總部所在（例如科林研發、科磊和應用材料），還有強大的原始設備製造商和裝置整合者（例如蘋果或Google）和眾多晶片設計公司（規模或大或小，包括如高通和輝達）。加州也是加州大學柏克萊分校、史丹佛、加州理工等頂尖工程學校的所在，他們的畢業生可以成為現有和未來半導體的人才儲備。

不過加州日益高漲的經商成本也受到密切的檢視——高成本已導致包括科技公司在內的許多公司撤離。[57]此外，加州在全國經濟自由的排名不佳，也缺少工作權的法令規範；同時，立法機構持續把全州最低工資增加到時薪十五美元，依照全國標準已屬偏高。或許最重要的是，加州的租金管理規則阻礙了新租賃住房的建設，而且地方發展政策、高建築勞動成本和潔淨能源相關的建築法規，都嚴重限制了理想的臨海地區的住房供應。[58]另一個問題是《一九七〇年加州環境品質法》（CEQA）的使用，它不僅要求重大興建計畫需進行環境修復，同時允許公民和利益團體提起訴訟以強迫進行額外的分析或者延宕計畫，以致增加了成本。[59]儘管加州採取了一些步驟來減少建築限制——例如挑戰獨棟住宅區劃（single-family housing zoning）——仍有公司的報告指出，在加州都會區同類員工的薪資，超出了美國其他地區吸引人才所需的工資水準。[60]

很難想像加州會在美國的半導體（或是其他關鍵科技）產業復興中缺席，但是加州的法規架構添加了更多的考驗。我們希望加州本身相對疲弱的競爭態勢，不致減損了美國整體高科技產業復興的機會，但是在加州經商便利性的問題，可說對全世界都會造成影響，這一點可能在地方或州的政治層面都還沒有被充分理解。

改善美國晶片供應鏈韌性的新公共措施

取得更好的數據

隨著嵌入式半導體成為經濟活力和生活的核心，我們發現如今我們在半導體的處境，非常類似於一九七〇年代初期在能源方面的處境。直到能源危機出現前，美國咸認能源系統基本上主要是私營部門消費者和生產者的專屬領域和責任。聯邦政府甚至沒有蒐集到適當的供需統計數字。當雙重的能源危機來襲時——那些圍繞著原本被視為純粹商業議題的國家安全與社會利益問題開始顯現——我們海外的敵人，是最先知道如何利用危機的一群人。

一九七〇年代石油禁運的一個結果是（多少帶有爭議的）成立了日後成為美國能源部的機關。比較沒有爭議的是在能源部內部設立了能源資訊署，由國會授予權力強制美國能源產業的主要參與者提供各種燃料和技術的能源貿易和價格數據。這個具有商業敏感性的數據，接下來由獨立機關專業管理，用以建立適合公眾使用且全面的能源統計資料庫、預測模型和技術性的政策分析。[61]

能源資訊署改善美國能源市場透明度的成功，應該成為美國目前具戰略重要性的半導體產業資訊缺乏的借鏡。作為一個國家，如果我們要應對全球供應鏈風險，以及中國可能操縱這種依賴性取得戰略優勢的競爭挑戰，美國行政部門的政策制定者和國家的立法機關——事實上，基於前面歸納的理由，還包括各州的政府——必須掌握更充分的資訊，以作出涉及這個領域的複雜決策。

構成半導體供應鏈各個環節的詳細細節，我們實際上所知甚少——特別是原料的取得和半導體的類型。半導體產業建立了精細的機制，利用全球在成本差異、經濟規模、勞動力、資本品質、定價、技術相對優勢以及物流結構等差異來獲取利益。不過這些改進的動作多半是分散進行，並針對市場力量作出回應。因此，對政策制定者——或是市場參與者本身——而言，並沒有好的辦法去了解整個供應鏈中「誰是關鍵角色」，也無法針對不友善實體可能的擁有或控制問題，輕易作出供應鏈風險的分析。對數據更好的掌握，有助於半導體技術出口管制的決策制定，並減緩短中期全球供應鏈中斷的問題。

我們已嘗試過的做法有哪些？未來有什麼選項有助於我們建立更好的供應鏈資訊能力？現有的美國政府公共交易資料庫——例如提供美國商品出口商特色的年度數據的國際貿易署現代版出口商數據庫（Exporter Database，簡稱ＥＤＢ），或是美國人口普查局所追蹤的商品出口——它們都未能把數據細分到可供半導體業利用的具體類別。多邊的經濟機構數據，例如國際貨幣基金同樣也無法對半導體供應鏈的具體項目提供比較好的洞見。

美國商務部在二〇二一年九月發起了「自願的」半導體資訊請求書（request for information，簡稱ＲＦＩ），在兩個月時間內向全球主要製造商和消費者徵求商業數據，目的是為了提供資訊來規劃和設計計畫，以獎勵國內半導體製造設備的投資，並回應當時晶片短缺的問題。

這份請求書包含下列的資訊：

- 公司在供應鏈的角色描述
- 公司提供的技術節點、半導體材料類型和裝置類型
- 二〇一九年到二〇二一年估計的年度銷售額
- 積壓訂單最嚴重的產品——包括屬性、銷售、製造地點以及封裝和組裝的地點
- 每項產品的前三大客戶
- 最主要產品的預估交貨前置時間
- 訂單出貨比（bill-to-book ratio）
- 進貨（inbound）、在製品（in-progress）以及出貨（outbound）的存貨
- 關於調配可售晶片的公司策略問題
- 關於增加產能所需措施的問題[62]

由於國內晶片採購商和國外合夥供應商對這項徵詢的反應冷淡，[63]我們無從得知它回覆的成功率，美國商務部最後發布了一個非常籠統的調查結果摘要。[64]

取得更詳細數據的另一種方式是透過行政命令，實際對半導體相關的材料、設備和技術祭出需要申請許可的要求。重要的是，這個要求不是為了阻礙供應鏈的轉移，而是為了提供

可見度和數據。即使是本來就會獲准進行的項目，光是作為交易紀錄的許可本身，也能提供寶貴的可見度，讓我們了解有什麼商品或技術在移動、移動到哪兒去、移動給誰。

當然，對於這個在全球供應鏈大規模移動的複雜產品，它的出口許可在文書作業的負擔可能讓業者心生抗拒。而且在過去，特別是在出口管制被認為作用不大的情況下，放棄取得這類資訊以促進市場交易的效率或許還更有價值。不過鑑於如今升高的國家安全顧慮——一方面西方半導體公司有被受政府補貼的中國公司取代的風險，另一方面西方國家政府因為對這些中國公司經濟的依賴性，有受人擺布的風險——天秤已經開始傾斜，傾向支持取得更完善的資訊，作為擬定出口管制和加強供應鏈韌性政策的基礎。

確實，美國商務部已經透過所屬的工業和安全局（Bureau of Industry and Security，簡稱BIS）獲得不少半導體相關出口的資訊。因此即使沒有向企業提出額外要求，它也可將現有資訊多加利用，更廣泛分享給跨機構的合作夥伴，包括情報單位以及國會（不過必須是較概要性、不具有商業敏感的形式）。尤其是在中國「軍民融合」政策的時代，這類的出口資訊對中國獲取任何能力的分析都很重要。對於中國實現產業政策目標的程度、有哪些科技已經被中國軍方或安全部門所取用，我們必須有清楚的了解。這類的資訊也有助於我們進行技術的淨評估，藉以比較西方和中國的能力、評估各自趨勢，勾勒相對的進展速度。簡單來說，這類的資訊將有助我們萃取出這項全球化的、複雜的供應鏈在經濟、軍事和戰略上的影響。為了幫助政府從這類的分析中受益，**商務部應該有系統地分享更多資訊給其他部門機關。**

這類資訊的精密化——不管是由商務部，或是透過美國政府另一個適當的跨機關合作，甚或透過公家—私營合作的安排——值得投入更多關注。透過許可取得資訊代表的只不過是數據冰山的一角，而且全球化的供應鏈除了有中斷的風險之外，還可能有供應產品滲透和貪腐的問題。舉例來說，隱瞞企業的擁有權或控制關係相對容易——從風險管理的角度來看，即使我們掌握了參與實體的一些基本資訊，供應鏈的連結細節依舊不透明。儘管商業數據整合者從現代經濟活動中收集和交易所謂的「數位廢氣」（digital exhaust），從而提供了大量的資訊，但有效的分析工具仍不普及也無法大規模應用以深入回溯或前推任何供應鏈來追蹤其交易的環節。現有的工具也無法讓我們理解供應鏈中各實體之間和之中的非明顯關聯（nonobvious relationships）。

或許收集和傳播全球半導體供應鏈資料最全面的民間工作是來自「世界半導體貿易統計」（World Semiconductor Trade Statistics，簡稱WSTS）這個獨立機構，此機構由來自半導體產業組織的代表所組成的執行委員會運作。WSTS從產業成員收集每月度的資料、進行檢查和彙整，並參與產業研討會來分享世界產業預測。它的產品包括涵蓋全球半導體出貨量的月度「藍皮書」，[65]以及彙整藍皮書資料提供視覺化呈現的「綠皮書」。WSTS也公布一份年度的「最終用途」報告，以及半年一期對當前和未來兩年的產業預測。這些資訊只能透過訂閱來取得。[66]

同屬民間部門的美國半導體產業協會也開發了對國家安全不可或缺的多層級晶片供應鏈分析能力，不過這些資料是限閱。

在數據和分析上已經有一些進展；《晶片法案》撥款二十三億美元給商務部以發展全球半導體供應鏈的全面性報告，其中包括對中國公司的曝險以及美國國內的弱點。這筆慷慨的資金——幾乎是能源資訊署美國能源數據年度預算的二十倍——應可構成美國政府數據融合和分析中心的核心，直接交由單一機關、專業的承包商，又或者是聯邦政府資助的研發中心（federally funded research and development centers，代稱ＦＦＲＤＣｓ）來運作。這樣一個數據中心，應該蒐集和消化如今所有可以從商業數據整合者和市場研究公司取得的相關資訊。它不只要取得這些資訊，還要運用最新的數據分析法、模型建構和決策支援工具，以提供高品質的分析來協助聯邦的決策。**美國政府必須將自身打造為分析專業知識和理解這些複雜議題的中心**，也需要有能力作出符合公共利益的獨立結論。而民營部門的分析可在這個公共的基線之上接續提供補充。

最後，從商務部在二〇二一年秋季嘗試蒐集這類敏感商業數據所遭遇的抗拒，甚至包括來自友好國家的抗拒，我們應該學到教訓，特別去考量如何讓這樣的資料中心可以互利共贏，得到國際合作夥伴的接受，因為他們是資料中心賴以成功的關鍵。就這層意義來說，也為了讓美國更有效應對朝向「志同道合國家以集團為基礎的貿易和技術分享模式」一邁進的劇烈過渡，比較合適類比的能源數據機構，應該是多邊組織ＯＥＣＤ轄下的國際能源署（ＩＥＡ）。類似於美國能源部底下能源資訊署的角色，國際能源署收集、分析和傳播ＯＥＣＤ成員國和自願觀察國詳細的能源供需統計。同樣成立於一九七〇年代能源危機的陣痛期，國際能源署代表的是主要石油消費國的利益——並透過它使用的數據達成更廣泛的使命，在地緣政治動盪時期來協調會員國的石油儲備和聯合調撥——國際能源署以具體工具為共同利益服務，召集志同道合國家的做法，應可做晶片比照的參考。

晶片儲備和延展庫存管理

ＩＥＡ對於石油儲備和協調調撥的做法，是否也能適用於緩解半導體供應鏈的劇烈錯位？ＩＥＡ會員國的其中一項資格條件是必須持有相當於九十天淨進口量的原油戰略儲備，一方面可以降低供給中斷造成實際的經濟和價格衝擊，同時也降低供應國或其他意圖破壞能源供應鏈的參與者可能操控地緣政治的影響力。

結合公家和民間的晶片儲備，可為最可怕、破壞力最大的供應鏈風險——封鎖、戰爭或是天災打斷如台灣這樣的關鍵夥伴對美國的供給——提供緩衝，這是個可提升全球半導體供應鏈韌性的模式。即使如此，仍有一些複雜的考量，需要我們採用更精巧的做法。

第一個複雜問題是，想在管道中斷前預先儲備精密的高端半導體，有一些相當具體的挑戰。由於這個尖端晶片只來自台灣的台積電，一旦衝突發生便無法取得，因此這類晶片在敵對情勢爆發或是天災發生時，便會實際從供應鏈上消失。但是這類晶片的儲備也非常昂貴，一方面是基於它的市場單價，另一方面是它們的價值反映在新穎的程度——儲存去年最好的邏輯晶片只會保證它們貶值（而且，充其量只代表在衝突期間，你能得到是去年的技術）。

因此，在供應鏈中斷的事件中，維持關鍵電子系統運作較為合理的儲備目標，是把重點放在更廣泛商品化的成熟晶片設計。然而，即使這麼做也有其短處。原油的戰略儲備運作良好是因為原油有很長的保存期限，而且不是什麼特別專業化的產品。但是半導體是高度多元的產業。光是一家晶片公司如德州儀器，就生產一萬八千種類型的晶片，整個產業無論什麼時間都有二十多萬到三十萬個生產線在運作。即使把排名前五十名的晶片類型納入戰略儲備，到底能有多大效益也是不清楚的（但很值得進一步研究）。記憶體晶片的儲備或許比邏輯晶片更加可行，因為記憶體晶片產業更傾向由可互換的供應商來提供符合標準規格的商品化晶片（參見第六章）。當然，這樣的現實也讓記憶體晶片供應鏈被切斷變得較不可能。

除此之外，這些構想還沒有提到這項儲備工作運作起來在後勤物流上的挑戰，特別是當它交由非專業的公部門實體來負責的時候。作為比較，我們可以回想一下美國對關於個人保護和一般醫療設備的儲備——這是在小布希政府的晚期，國會為流行病疫情作準備而建立的——它因為有其他政治和預算更優先的事項出現，結果維持不善，幾乎沒有按時間補充。

不過，上述的這些困難並不必然代表為供應鏈設置緩衝就是不可能的。

舉例來說，**關鍵系統商業組件的「使用壽命採購」（lifetime buys）**是航空產業行之有年的做法，以應付飛機在使用壽命期間替換零件停產無法取得的問題。[67]通常來說，使用壽命採購是在某個特定組件已經計劃停產的情況下被動採取的措施。不過，鑑於我們對複雜的全球供應鏈的依賴，對半導體零組件採取更主動的做法似乎是明智的選擇，雖然它可能會需要成本或是效能上的權衡。舉例來說，美國國防部採購武器系統和其他軍用電子產品，已開始用「系統的使用壽命」為基礎預先取得一些晶片組。國防部在這方面的計畫似乎仍不完備，因為它通常是根據和平時期的服役年限，而不是戰時可能的需求激增情況（也就是說，在反覆補充美國精準導彈和其他軍火的過程中，一旦開火，現有和平時期庫存數量很快會消耗完畢，如在烏克蘭的情況）。不論如何，主動的儲備是國防部武器載台應該廣泛採取的原則。對其他關於安全和關鍵基礎設施，例如通信系統和電網，也應該研究預先購買使用壽命晶片儲備的可行性。

第二個複雜問題是利用民營企業潛在知識（latent knowledge）的價值、借力使力。美國政府沒有管理半導體或半導體輸入品庫存的經驗，而晶片公司有，這是他們正常運營的一部分。當然，他們的動機是把這類庫存降至最低以節省保管成本。不過COVID-19疫情顯示了低庫存和即時生產與配銷的模式在系統性的市場中斷時可能會相當脆弱，對公家和民間部門都有負面影響。[68]因此，美國政府既然認知到防止半導體出現這類問題具有公共利益，**就應該鼓勵民營企業採取延展庫存管理的策略，對超過正常時間的半導體庫存提供新的稅賦減免**——例如對庫存超過四十五天提供百分之二十五的減稅——對象包括在汽車、航空、國防、機具和電子等關鍵產業的晶片消費和晶片整合公司。這個策略是朝建立供應鏈緩衝目標前進的一個方法，它將在全球嚴重中斷的情況下多爭取決策的時間，而且它可在規模可縮放的情況下進行，無需發展新的政府能力或是進行強硬的干預。

除了單純的民營庫存管理之外，我們相信還有其他新方法將私人的供應鏈專業知識和更廣泛公共韌性的目標相結合。全靠政府的儲備方式很可能會失敗，因此有人建議**一個有限的「智慧」緩衝（a limited "smart" buffer）**，**由公私營夥伴合作運作**。一個獨立的，或是透過聯邦政府資助的研發中心簽約的經營者，在正常市場條件下定期買入和賣出大量經常交易的晶片——也就是說，這是個晶片交易所，其數億美元規模的庫存在售出之前都是屬於美國政府的財產。這樣的交易所每天的運作可以提供波動的民營市場一些流動性，並藉由套利或管理費給予經營者回報。不過在嚴重的供應鏈危機發生時，這些庫存將轉而為政府的國防或關鍵基礎設施所用。由於這個提議比當今石油或糖等商品運作的公共儲備或是交易所複雜得多，它在不斷演變的半導體市場的動態值得進一步研究。

最後需要考量的或許是**在重大供應鏈動盪期間對晶片的分配和可能的配給措施預作規劃**。一方面，政府可以基於缺乏知識和專業而乾脆不承擔這個責任。另一方面，在過去的危難時刻，美國政府機關曾經援引緊急權力，參與原屬民營領域的稀缺貨品的製造和配送——結果是好壞參半。有這樣的歷史經驗，在危難情況下，訴諸一個事前以扎實數據、精細建模和縝密規劃為基礎的計畫，當然遠遠要好過在危機中依賴隨機應變和在壓力下作出的猜想來倉促下決定。基本的優先序框架應該是要力求可預測、可執行、可以防禦。國防和國家安全的應用（例如彈藥的補給和更換易於戰鬥耗損的軍事和海軍資產、感應器和通信系統）應列為晶片分配優先名單的首位，其次為民間經濟需求如民間關鍵基礎設施系統、緊急和重要醫療設施、飛航安全以及網路安全功能。對關鍵系統整合商下達「認識你的供應商」的指令（再加上其背後兩到三層的依賴關係）將是收集這類數據的一個起點，鑑於供應鏈風險管理已經成為焦點，它同時也會是有價值的一個步驟。同樣重要的是，我們的領導者應該開始就美國國家安全晶片優先順序在危機期間如何分配，進行全國高層級的討論：這樣議題的對話和利害關係人的參與最好在真正有需要之前就開始。

總之，有多種中程方法可用來增加美國提高本土供應鏈占比在商業上獲得成功的機會，同時有其他可行步驟可減低我們必須持續依賴外國友好夥伴的風險。在這部分，如後續幾章所示，我們需要對與台灣和中國的具體關係作密切的檢視。

不過隨著一些重要的半導體相關資金和稅收措施在美國的頒布實行，我們應可在十年後回頭看到在本土產業回流和供應鏈風險減低這兩方面的具體進展，因為針對今日如《晶片法案》這類重大政策倡議的評估，正是依據這兩項重要的需求進行。證明它的成功不只對半導體安全重要，同時也是一份責任，讓美國納稅人看到透過這些以國家安全之名、用新興且非傳統的公私營夥伴模式所作的努力，究竟得到什麼回報。這些努力的實施需要有所節制，並對起草者的意圖抱持信心。保障半導體供應鏈不能單靠一次性的立法。就像前國務卿舒茲（George Shultz）會說的，半導體事業和國家安全的交集，並不是一個可解決的問題（a solvable problem）——而像是一個「要持續努力」的問題（a "work-at" problem）。除了半導體以外，還有其他關鍵技術可能在未來需要我們持續努力。如今第一步立法行動的落實將至為重要。

註釋

* 福特博士在本文表達的任何看法和所作任何描述僅代表個人觀點，不必然是美國政府或其他機構任何其他人的觀點。福特博士對本章共同作者所作貢獻表示感謝，但這位共同作者要求不公開姓名。

1. Hyunjoo Jin, "Automakers, Chip Firms Differ on When Semiconductor Shortage Will Abate," Reuters, February 4, 2022.
2. Bindiya Vakil and Tom Linton, "Why We're in the Midst of a Global Semiconductor Shortage," *Harvard Business Review*, February 26, 2021.
3. "China Stockpiles Chips and Chip-Making Machines to Resist US," *Bloomberg*, February 2, 2021.
4. 編按：原書此處僅提及China chip designers，而實際上設計工具的需求者為設計商；製造設備的客戶則是晶圓廠。
5. 這種情況的晶片出口包括美國整合製造商（如英特爾）的銷售，以及無廠晶片設計商（如高通），其晶片實際在第三國製造。美國國際貿易委員會（USITC）最先在安全與新興技術中心報告的貿易數據；參見Saif M. Khan, "US Semiconductor Exports to China: Current Policies and Trends," CSET, October 2020.
6. Antonio Varas, Raj Varadarajan, Jimmy Goodrich, and Falan Yinug, *Government Incentives and US Competitiveness in Semiconductor Manufacturing* (Boston, MA: Boston Consulting Group and Semiconductor Industry Association, September 2020).
7. TSMC, "TSMC Announces Updates for TSMC Arizona," press release, December 6, 2022.
8. See Samsung, "Samsung Electronics Announces New Advanced Semiconductor Fab Site in Taylor, Texas," press release, November 24, 2021; and Intel, "Intel Announces Next US Site with Landmark Investment in Ohio," press release, January 21, 2022.
9. Lisa Wang, "GlobalWafers Plans US$5bn Texas Fab," *Taipei Times*, June 29, 2022.
10. GlobalFoundries, "GlobalFoundries and Qualcomm Announce Extension of Long-Term Agreement to Secure US Supply through 2028," CISION, August 8, 2022.
11. Micron, "Micron Announces $40 billion Investment in Leading-Edge Memory Manufacturing in the US," press release, August 9, 2022.
12. Kevin Xu, "Globalization Is Dead and No One Is Listening," *Interconnected* (blog), December 12, 2022.
13. Varas et al., *Government Incentives*, 2020.
14. NIST, *CHIPS for America: A Strategy for the CHIPS for America Fund* (Washington, DC: US Department of Commerce, September 6, 2022).
15. The White House, *National Security Strategy* (Washington, DC: The White House, October 12, 2022).
16. Patricia Zengerle and David Shepardson, "Factbox: US Congress Poised to Pass Long-Awaited China Semiconductor Bill," Reuters, July 28, 2022.
17. John VerWey, *No Permits, No Fabs: The Importance of Regulatory Reform for Semiconductor Manufacturing*, CSET Policy Brief, October 2021, 20.

18. Hideki Tomoshige and Benjamin Glanz, "What Environmental Regulations Mean for Fab Construction," CSIS, July 2022.
19. NEPA要求聯邦機構考量擬議行動的環境後果並告知大眾他們的決策過程。NEPA規定了可能的三個環境分析級別：(1)分類排除（由個別機構提出的例行性行動，與白宮環境品質委員會進行協商；目前不適用於半導體晶圓廠）；(2)環境評估（需要大約十八個月考量整體潛在的環境影響，通常結果是某程度要求減緩或監測）；(3)全面環境影響報告（包括詳細報告和公開審查程序，在不確定的時程下，可能為時數年才會完成）。
20. US EPA, "FAST-41 Coordination—Fixing America's Surface Transportation (FAST) Act," last updated September 27, 2022.
21. US Department of Homeland Security, "Portman, Hagerty, King File Bipartisan Amendment to NDAA to Improve Permitting Process for Key Technologies Impacting National Security," November 2021.
22. The White House, "FACT SHEET: CHIPS and Science Act Will Lower Costs, Create Jobs, Strengthen Supply Chains, and Counter China," August 9, 2022.
23. The White House, "The Biden-Harris Permitting Action Plan to Rebuild America's Infrastructure, Accelerate the Clean Energy Transition, Revitalize Communities, and Create Jobs," accessed May 16, 2023.
24. VerWey, No Permits, No Fabs, 20.
25. US Chamber of Commerce, "US Chamber Comments on the Department of Commerce Strong Domestic Semiconductor Industry RFI," March 2022.
26. Phillip Singerman, Sujai Shivakumar, Gregory Arcuri, and Hideki Tomoshige, "Streamlining the Permitting Process for Fab Construction," CSIS, August 29, 2022.
27. VerWey, *No Permits, No Fabs,* 18.
28. McKinsey & Company, "Sustainability in Semiconductor Operations: Toward Net-Zero Production," May 17, 2022.
29. 這項法案撥款五百萬美元給美國環保署至二〇三一年九月三十日，「以支持提升企業氣候行動承諾和減少溫室氣體排放計畫的標準化和透明度」。Matt Hamblen, "Chips Fabs Face EPA Review of Their Emission Targets in Budget Bill," Fierce Electronics, August 11, 2022.
30. US EPA, "Per- and Polyfluoroalkyl Substances (PFAS): Proposed PFAS National Primary Drinking Water Regulation," last updated May 9, 2023.
31. 經濟創新團體（Economic Innovation Group）在二〇二二年十一月調查美國選民，百分之六十六的受訪者說移民制度需要重大改變或澈底變革（包括百分之八十一的共和黨員和百分之五十七的民主黨員）。Kenneth Megan and Adam Ozimek, "US Perspectives on Skilled Immigration: Results from EIG's National Voter Survey," Economic Innovation Group, November 14, 2022.
32. Will Hunt and Remco Zwetsloot, "The Chipmakers: US Strengths and Priorities for the High-End Semiconductor Workforce," CSET, September 2020.
33. 這些領域包括生物能源、人本技術設計、雲端運算、氣候和地球科學、地球系統科學等等。

34. 同一份經濟創新團體二〇二二年的調查報告中，包括百分之六十的共和黨員、百分之七十二的獨立人士和百分之八十三的民主黨員支持更多專業移民。

35. 這個法案唯一的教育條款被列為「開發與運用支持產業部門所需教育和技能訓練課程，並確保美國可打造和維持可靠及可預期的人才輸送管道」。

36. 例如，它指示內政部長和勞工部長進行研究，設計大學部和研究所教育課程以支持關鍵礦物供應鏈，包括為高等教育機構教員提供職務獎助。

37. US Congress, Space, Science and Technology Committee, *H.R. 4521, United States Innovation and Competition Act of 2021*, 117th Congress, 2021-2022.

38. 美國商務部長吉娜・雷蒙多表示，《二〇二二晶片和科學法案》的實施將有「附加條款」，而眾議院議長南西・裴洛西則告訴記者，「真正重要的……是有護欄來確保晶片投資受益的是美國工人，而不是外國公司。」根據這個法案與建半導體製造設施，將適用《戴維斯—培根法案》（Davis-Bacon）現行薪資要求。參見Jeremy Dillon, "Congress Nears Passage of Innovation, Research Bill," E&E News, July 25, 2022.

39. 作為需求勞工相對組成的參考，台積電指出它在二〇二〇年的五萬七千名員工中，大約六千人是「管理人員」、兩萬八千人是「專業人員」、還有五千名「助理人員」、一萬八千名是「技術人員」。專業人員和管理人員一般都擁有碩士以上學歷。參見TSMC, 2020 *Corporate Sustainability Report*, 2021.

40. 可退還所得稅抵免額等於合格總投資額的百分之十，投資低於二十億美元的設施每個新增淨工作崗位抵免兩萬美元，投資額超過二十億美元的設施每個新增淨工作崗位抵免三萬美元，或納稅公司抵免三千萬美元，以較低者為準。Arizona Commerce Authority, "Qualified Facility," accessed May 16, 2023.

41. Arizona Commerce Authority, *Qualified Facility Tax Credit Program: Calendar Year 2021 Annual Report*, April 29, 2022.

42. Compiled from Annual Reports from 2013 to 2021, as available here: Arizona Commerce Authority, "Qualified Facility," accessed May 16, 2023.

43. Arizona House Bill 2321, Qualified Facilities, Fifty-Fifth Legislature, 2021.

44. 這項擴充案得到亞利桑那州商務局的支持，其總裁兼執行長珊卓・華森在參院撥款委員會作證時表示，HB2321法案將提升該州的競爭力。與此同時，這項法案受到美國保守派聯盟（ＡＣＵ）的批評。在美國保守派聯盟基金會二〇二一年對亞利桑那州的評比中，「合格設施稅賦減免」（ＱＦＴＣ），特別是HB2321法案，被批評是提供「競爭優勢給特定產業和企業，同時把稅賦負擔轉嫁給不受政府青睞的其他納稅人」。參見American Conservative Union Foundation Center for Legislative Accountability, *Ratings of Arizona 2021*, 13, 24.

45. Samsung, "Samsung's $17 Billion Investment in a New Facility Will Boost Production of Advanced Semiconductors," press release, November 24, 2021.

46. Austin Chamber, "Property Tax," 2023.
47. 「德州企業基金（TEF）對考慮新計畫的公司提供『協議達成』補助金，條件是其德州廠選址與其他外州廠選址有競爭關係。這筆基金對新計畫可為該州經濟帶來重大資本投資和新就業機會的公司，可發揮以績效為基礎的獎勵作用。」獎勵的金額通常和預期創造的就業數量掛勾。參見See Texas Economic Development, "Texas Enterprise Fund," 2023.
48. Office of the Texas Governor, "Governor Abbott Announces New $17 Billion Samsung Manufacturing Facility in Taylor," press release, November 23, 2021.
49. "Incentive Package to Lure Samsung to Taylor Is the Biggest in Texas History," *The Dallas Morning News*, December 29, 2021.
50. Office of the Texas Governor, "Governor Abbott Announces Texas Instruments' Potential $30 Billion Investment in Sherman," press release, November 17, 2021.
51. Brad Johnson, "Texas Instruments Plans $30 Billion Investment in Sherman Semiconductor Facility," *The Texan*, November 17, 2021.
52. See, for example, Bethany Blankley, "Group Calls on Governor, Legislature to End Texas Enterprise Fund, Cut Taxes Instead," The Center Square: Texas, February 2, 2021.
53. Gov. DeWine's statement: Mike DeWine, Governor of Ohio, "Governor DeWine Highlights Historic Investments in Capital Budget Bill," June 14, 2022.
54. Ohio Legislative Commission, Ohio HB 687, *Ohio Revised Code—Grants to Foster Job Creation*, Section 122.17, div. (A)(11)(a)(ii), 2.
55. Intel, "Intel Announces Next US Site with Landmark Investment in Ohio," press release, January 21, 2022.
56. 在加圖研究所二〇二一年的排名中，經濟自由度評分最高的五個州是（由高到低）佛羅里達州、田納西州、新罕布夏州、南達科他州和愛達荷州。經濟自由度分數最低的五個州是（由低到高）紐約州、夏威夷州、加州、奧勒岡州和紐澤西州。參見William Ruger and Jason Sorens, *Freedom in the 50 States*, 6th ed. (Washington, DC: Cato Institute, 2021), 36.
57. Lee Ohanian and Joseph Vranich, "Why Company Headquarters Are Leaving California in Unprecedented Numbers," The Hoover Institution Economics Working Paper 21117, September 2022.
58. 例如，在舊金山—奧克蘭—柏克萊都會區的年均非農就業成長，要高於住房單位和許可總數的增加。這個問題也持續存在於紐約，當地在大蕭條後同時期的就業成長要遠高於住房數量的增長。參見Eric Kober, "The Bay Area: The Land of Many Jobs and Too Few Homes," Manhattan Institute, March 25, 2022; and Emily Badger and Quoctrung Bui, "Cities Start to Question an American Ideal: A House with a Garden on Every Block," *New York Times*, June 18, 2019.
59. Ethan Varian, "Governor Newsom is Blasting CEQA: What Is It and Why Does It Matter?," *The Mercury News*, March 6, 2023.
60. 美國許多主要半導體公司所在的加州聖荷西，有百分之九十四的住宅土地被劃分為獨立式單戶住宅。相較之下洛杉磯的比例是百分之七十五，西雅圖則是百分之八十一。加州立法機關針對這個議題已通過多項法案：SB8號法案限制地方政府阻止住宅計畫以及以縮小分區來限制住宅密度的權力；SB9號法案允許在單戶住宅區興建最高達四個單位的住房；SB10號法案放寬了交通樞紐地區的分區規劃，並限制城市利用《加州環境品質法》阻擋興建計畫的能力。

61. 如今美國的能源資訊署有大約三百名的員工和大約一點二五億美元的預算。

62. Bureau of Industry and Security, Office of Technology Evaluation, US Department of Commerce, "Notice of Request for Public Comments on Risks in the Semiconductor Supply Chain," September 24, 2021.

63. 韓國產業界和政府對競爭力影響的關切可參見如下描述：Shin-Young Park, "US Pressures Samsung, Chipmakers to Disclose Key Internal Data," *The Korea Economic Daily*, September 26, 2021.

64. US Department of Commerce, "Results from Semiconductor Supply Chain Request for Information," January 25, 2022.

65. 藍皮書按照收入列出了兩百零五個半導體產品類別，按單位列出了兩百四十一個產品類別，其中五十七個類別按照美洲、歐洲、日本、中國，還有亞太／所有其他地區分列。WSTS所收集的數據包括但不僅限於按地理位置的總帳單、地區增長率和各自產品的總成長率。

66. 除了WSTS之外，私人諮詢公司和投資銀行也定期為投資人發布半導體業最新統計數字。這類的分析多半著重在毛利率和營業利潤的趨勢，而非供應鏈的預測和透明度，不過Nathan Associates和高德納諮詢公司（Gartner）也提供半導體市場占比和需求和公司庫存水平的私人分析。

67. 例如可參見下文所描述的動態：Chris Wilkinson, *Obsolescence and Life Cycle Management for Avionics*, Federal Aviation Administration, DOT/FAA/TC-15/33, November 2015.

68. James Timbie, "National Security Supply Chain Resilience," Hoover Institution, National Security Task Force December 2020 Report.

第四章　美國國內半導體科技的長期競爭力策略

艾德琳・列文（Edlyn V. Levine）
唐・羅森伯格（Don Rosenberg）

美國首要的國家利益不僅是維持安全的半導體供應鏈，同時要追求包括設計、軟體工具、製造設備、材料、製造及先進封裝——再加上使用晶片的各種先進產品——等各方面能力的領先。

美國的長期經濟活力、全球科技領先地位以及軍事嚇阻能力，都需要推動半導體和其他關鍵技術的前沿發展，並將這些技術突破轉化為商業上的成功。美國在這兩個領域的成功將令它的全球貿易和技術合作夥伴受惠，並更廣泛地造福人類。

本章要詳述美國和其夥伴可採取哪些步驟，來促進半導體整體技術進步，並提升美國從這些發明中獲利的能力。

*　　*　　*

預測未來最好的方法就是發明未來。

——艾倫・凱（Alan Kay）

科技如今是現代超級強權競爭的主戰場。現在，一個國家將其意志強加於另一個國家的能力，已經擴及到國家運用其技術資產、控制高科技供應鏈，以及發展創新來推動經濟成長和影響地緣政治的能力。

在二十世紀，美國建立了豐富的創新生態系，其原則是將基礎科學的重大突破轉化為工程問題的解決方案。自由資本主義結合了科學研究、製造、自由企業、技術勞動力以及法治（包括對智慧財產權的有效法律保護），創造了一套成功方程式。二十世紀戰爭的迫切需要，進一步催生了科學的創新，並展示了強健的研究—產業基礎的重要性。舉例來說，在二次大戰期間製造業和研究機構構成了美國的「民主兵工廠」，與納粹德國的工業巨頭法本公司（IG Farben）和聯合鋼鐵（Vereinigte Stahlwerke）正面對決。相較之下，英國製造業則顯得捉襟見肘，必須把一些新發明，例如對雷達科技極關鍵的多腔磁控管（cavity magnetron）出口到美國，以充分發掘它的軍事潛能來為戰爭效力。

到了二十一世紀，這座「民主兵工廠」已搖搖欲墜。COVID-19疫情暴露了美國科學和技術產業危機：它們無法供給個人防護設備、醫藥和呼吸器激增的需求。[1]這個失敗是幾十年來美國工業基礎被侵蝕的後果。供應先進科技的商業實體為了利用市場效率的優勢，很早就外包製造業到低成本的地點，進而孕育出複雜且地理分散的供應鏈。我們在半導體、關鍵原料、光子學、航太產業、生物科技、核子材料、能源生產、能源儲存等等領域，都清楚看到這個現象。

美國製造業的萎縮和供應商網絡的分散令人深感憂慮。這些配套資產（complementary assets）的流失，不僅降低了美國產業基地在危機期間對激增產能的供給能力，同時允許其他國家以直接拒絕提供關鍵技術作為施展影響力的手段，任意擺布美國。然而，高科技製造業的分散，最迫切的憂慮是美國失去未來的技術優越地位和經由科技推動的經濟成長。

這種擔憂源自一個原則，也就是創新型的國家透過新技術**創造**價值（create value）的能力，並不必然會轉化成這個國家把這些發明擴展成有意義、具市場競爭力之產品來**捕捉**價值（capture value）的能力。要透過創新獲取價值，必須掌控擴展規模所需要的「配套資產」。這些資產包括資本、先進的製造能力、供應商網絡以及具高度技術的工作力。除此之外，某些先進技術領域的價值創造，只有透過實驗和製造之間的交互作用才能實現，這讓保持強健製造業的國家具備了競爭優勢。[2]

如今，沒有任何高科技產業像半導體這樣，對美國科技領導地位有如此重要的戰略性意義。就如第二章所述，半導體的製造生產程序可說是史上最複雜的，包含了成千上萬的步驟，在高產量下還要達成近乎原子級的精準。它涉及物理、化學和工程的複雜性，具體呈現了創造性的研究連結創新的製造形成的良性循環；這種良性循環對半導體的進展至關重要。

本章將評估，美國在當今複雜技術和地緣政治現實下，為達確保可透過掌控半導體等關鍵科技來保證戰略自主性的目的，有哪些長期政策可供選擇。特別是我們能如何從新興科技獲取價值（亦即將其商業化）來確保美國持續的科技優越地位和經濟競爭力。

定義美國的政策目標：透過關鍵技術的控制達成戰略自主

技術和經濟導致的權力移轉是在數十年間發生的，而且它是為了達成國家目標，在多個政治週期持續採行促進成長的政策結果。中國的崛起是政治和產業部門長期協調以達成經濟和戰略目標的最新例子，和中國要在二〇四九年取得全球領導地位的民族主義目標相一致。相對之下，我們已看到最近幾十年的美國政策缺乏目標，而僅專注於短期選舉週期的政治需求。

為了確保美國長期掌控自身在半導體方面的命運，有必要做重大的轉向——摒棄短期的、被動的政治行動，轉為長期的、明確的戰略目標，搭配上具有長期一致性的政策措施。

本章提議，美國在未來二十五年必須把尋求**戰略自主性**當成戰略目標：藉由科技優越性和經濟領導地位來保護和捍衛美國——及其全球合作夥伴——的主權、自由和生活方式。

一個國家掌控其自身命運的能力取決於它對關鍵技術的掌控。先進技術對於維生和關鍵經濟基礎設施（諸如能源、食品分配、通信、醫療保健還有維生系統）和國家安全與武力投射（如指揮管制、通信、監視、導航和計時、先進常規武器系統、電子戰和太空系統）至關重要。由於半導體是上述所有領域的核心促成技術，控制半導體是達成戰略自主的關鍵。

控制關鍵技術代表了四件事。首先，控制，必須在任何情況下保證可取得這些技術，不論是在和平時期、國際危機，抑或是戰爭狀態。不應讓任何敵國有能力藉由拒絕或限制美國取得關鍵技術——不管是產品本身或是它的供應鏈——而將其政治意志強加於美國。

第二，控制意味著當敵國威脅美國或夥伴的利益，美國可選擇拒絕該國取得關鍵技術。然而，拒絕對方取得美國和夥伴技術，國內科技產業需付出代價，因此它應該只能偶一為之。重要的是，對於要施予震懾的國家，拒阻其取得的做法必須有充分的可信度和影響力。

第三，控制包括了在危急時期回應一項科技需求激增的能力。這項能力影響了製造中心的選址：製造中心如不是位於國內或是夥伴國家，在危機期間獲取管道在地理上較容易被切斷。供應商和具備技能的勞工通常也和製造中心位在同一地區，圍繞著製造中心成長的科技生態系也有助於促成知識外溢（knowledge spillovers）。

第四，控制代表具有能力領導關鍵技術在未來幾代的發展（價值創造）以及商業化（價值捕捉）。這二者都是實現長期國內經濟成長和維持不對稱的科技領先地位所需要。美國要做到這一點，將需要新的政策來改進國內半導體產業在製造、規模經濟以及智慧財產的弱點，這些政策包括：

- 半導體業的製造和研究緊密相連。沒有研究，製造將過時無用；沒有製造，研究則是無處可通的空中樓閣。半導體技術需要持續不斷的研發，讓新能力轉化成可製造的產品，而製造端也需要持續不間斷的反饋，來完善和擴展研究的結果。
- 基於先進半導體製造的高固定成本和高進入門檻，規模經濟是半導體商業成功的關鍵。能為大型的、資本密集的公司創造有利環境的國家，將因大規模生產帶來的效率提升，而更容易獲取新發明的價值。

- 半導體製造業高度依賴商業機密的保護，可能也特別容易受害於商業機密的竊取或是智慧財產權的不當盜用。如今半導體的創新者——不論是在美國、台灣、韓國、日本或荷蘭——都是在智慧財產保護薄弱的環境下運作，這是因為中國和其他國家以強制或非法方式挪用其他國家發明的技術。

在考量透過關鍵技術控制達成戰略自主所需政策時，我們不能忽略在未來二十五年世界可能並不和平、將會出現戰亂不斷的現實。俄羅斯入侵烏克蘭，還有中國一再威脅軍事侵略併吞台灣，都突顯了這種可能性。任何戰時的成就都需要科技上的優勢和擁有國內製造基地的穩健經濟。因此，今天採行的長期政策，必須更有利於美國為所有可能出現的軍事衝突作準備。

為何美國的科技領導地位不再穩固？

為了制定有效的政策，我們需要對二十世紀末期和二十一世紀初期的產業政策有所理解：如果我們不檢視導致美國半導體製造業與領導地位空洞化的政策，新的努力只會重蹈過去失敗政策的覆轍。

近來美國的政策制定極其短視近利。即使是最新且相對有企圖心的《二〇二二年晶片法案》（全名「二〇二二年為生產半導體創造有利獎勵〔Creating Helpful Incentives to Produce Semiconductors, CHIPS〕和科學法案」），在許多方面也是難逃這種弊病：它在短短五年內提供數百億美元的政府補貼（分配可能是依據政治動機考量更勝於市場驅動），以及一些有時限的稅收減免——但依舊未處理許多根源性的因素，例如幾十年來導致製造外包的整體稅收制度、貿易和法規環境。美國參議院在參眾兩院通過《晶片法案》的同一天通過了《二〇二二年降低通膨法》，對企業祭出了百分之十五的懲罰性稅收，反映出政策缺乏遠見的問題。歷史經驗告訴我們，《晶片法案》仍不足夠且緩不濟急，至於《降低通膨法》則有一部分對美國利益帶來反效果。

如今美國僅占了全球半導體製造產能的百分之十二，外包的組裝和測試更只剩百分之二。[3]這些數字顯示美國原先在半導體整個產業價值鏈所具有的領先地位，已經大幅衰退。在一九五〇年代和一九六〇年代，在萌芽、成長和初期成熟的階段，半導體是由美國獨占的天下。從相對優勢的天真角度來看，必然會認定一開始如此強大的國內產能，會讓美國半導體業維持長期主導地位。但是這種觀點忽略的事實是，國家規模的產業政策有能力左右全球市場：其他國家了解半導體產業的戰略重要性，採取強制的政策來扭轉全球產業的分配，讓自己的國家得利。隨後美國半導體製造基礎的流失，正是美國的政策失敗，和其他國家如日本、台灣、南韓和中國的政策成功相加的結果。

跨國公司在其中運作的自由市場格局，是由世界各國政府積極的行動和政策所打造。中國如今在市場新崛起的力量，由於它龐大的規模、在依賴半導體的全球價值鏈裡的關鍵角色，及其扭曲市場的政策，而格外引人擔憂。

公司評估和選擇新的生產基地，主要根據的是基礎設施的可用性（包括電力、水源還有電信）、稅務政策和獎勵措施、法規的障礙與許可的時程、和客戶距離遠近、毗鄰產業的存在與否、當地勞動力，以及分銷管道的取得。[4]其他的因素——資金取得途徑（包括債務融資和外國投資）、反壟斷法規、智慧財產權的保護，還有限制性措施如出口管制、關稅、禁運和簽證限制的影響——也變得越來越重要。這些因素提供了政策制定者參考依據，以為製造商創造有利的環境。

如今的現實是半導體在美國的製造和封裝不具有經濟上的競爭力——主要是因為美國的政策制定者在無意之間使得這類資本密集的製造業在美國無利可圖。正如一位半導體業的高層主管說的：

> 我樂於在美國製造這個產品。但是我擔心我沒辦法……。這和工資高低沒有關係。整個工資的負擔只是晶圓廠的百分之十。我把工廠移往亞洲，我也可能有百分之十的產品被人偷走……。〔問題在於〕其他的一切。稅務、基礎設施、人力訓練、許可、醫療保險。上一家提案想在長島設廠的公司搬去了台灣，因為他們被告知在缺水季他們的用水得排在高爾夫球場的後面。[5]

簡單來說，在亞洲競爭對手和合作國家的產業政策，加上美國自身政策的失敗，造成美國半導體製造業環境的空洞化。

透過半導體領導地位達成美國戰略自主的政策

基於如上所述，我們相信美國長期半導體政策應包含下列構成元素：

- 擴大創新的規模並培養國內配套的製造活動，以**提高價值的捕捉**和研究的商業化。
- 減少對不可靠競爭國家的依賴並分散地理風險，以**強化國家安全和經濟安全**。
- 投資美國和半導體先進製造緊密相關的突破性技術研究能力，以**擴大價值的創造**。
- 透過反制中國系統性竊取美國及其夥伴技術的行為，**強化全球智慧財產權專用機制**。

貫穿製造、研究和智財權保護的政策核心原則，是確保美國（和它的合作夥伴）在價值創造和價值捕捉的領先地位。[6]在未來二十五年成功的衡量標準，應該包括美國半導體產業在晶片製造和組裝及測試方面所占全球市場比例的增加；在設計和製造設備維持市場的地位；以及在美國與夥伴國家合作的公司投資的數量。

一、提升價值捕捉的政策

捕捉新科技的價值對經濟成長很重要。新技術的商業化會帶動更多國內的公司、供應商和消費者網絡、就業機會，以及整體的GDP成長。從歷史上來看，美國一直得益於它捕捉創新價值的能力：個人電腦、蜂巢式網絡和裝置還有社群網絡，創造出了全世界幾家最大也最有價值的公司。

近來美國科技政策幾乎完全只關注在透過研發基金來推動價值創造（儘管仍嫌吝嗇）。然而，成就重大發明所需要的資源和環境，和取得它們的市場價值所需要的資源和環境截然不同——缺乏政策焦點已經導致美國從新發明捕捉價值能力的萎縮。

不令人意外，許多美國發明家感慨，雖然他們率先發明了一項新技術，但所有的利益都被——例如，來自中國的——競爭者或模仿者拿走了。太陽能光電產業和鋰電池產業是中國最明顯的兩個價值捕捉案例；在美國的艾森豪時代，彩色電視機是日本價值捕捉的一個例子。英特爾的第三號員工，同時最後也成了第三任執行長的安迪・葛洛夫很貼切地說到，要捕捉價值，一項新科技或一個科技產業「需要有一個有效的生態系統，在裡頭，技術訣竅不斷累積，從經驗再汲取經驗，供應商和客戶之間發展出密切的關係。」[7]

創造這些生態系，應該是價值捕捉政策要追求的目標。價值捕捉主要取決於兩個因素：第一，要有能夠取得擴大創新規模所需配套資產的能力；第二，智財權保護制度要有足夠的強度以保護創新。

如今半導體業是在全球智慧財產保護制度薄弱的情況下運作，這主要是因為中國和其他國家意圖取得戰略性科技所致。儘管如以下討論所述，美國迫切需要反制中國和其他國家，並強化智慧財產權專用的機制，然而要提高美國對創新的價值捕捉——不論創新是來自美國或其他地方——最好的辦法仍是透過擴增美國國內的配套資產。

半導體業的配套資產包括先進的原型設計基礎設施，高複雜度的製造設施、封裝設施、生產和度量設備、數位設計工具、電子級材料（electronics-grade materials）的獲取，以及下游系統整合者。沒有這些配套資產在國內存在，想要將新的創新擴大規模生產並捕捉價值的美國公司，就會被吸引到國外。[8]要讓價值捕捉的天平倒向有利於美國的這一邊，就需要一些有利於資本密集的半導體製造、封裝、設備生產和材料加工等產業的國內政策。

有幾個既有的政策選項，可透過增加如製造等國內配套資產來提高價值捕捉。這些選項包括稅收、法規、反托拉斯、補貼、移民，還有產業共同體（industrial commons）。同樣非常重要的智慧財產權問題，會在隨後全球智財權保護的部分討論。

稅收

現行美國稅法完全談不上具備全球競爭力，它結構上偏向不利資本密集事業，特別是對製造商而言。現行稅法要求公司把資本投資的扣除額分攤到多個年度。舉例來說，興建一座半導體晶圓廠相關的資本支出——其金額以數十億美元計——不能立刻從應納收入稅額中扣除，而是必須分散在三十九年的時間內分攤。[9]由於通貨膨脹和金錢的時間價值，這導致延後扣除的實際價值隨著時間而減低，導致製造商的課稅所得被高估。這樣的結果是稅制有利於勞動成本高而資本支出低的服務業，而對於需要高成本支出和低勞動成本的公司則形成了稅收懲罰。為此，我們建議：

- 美國政策制定者應該允許公司在採購的第一年，扣除百分之一百的資本支出，以消除對半導體製造等資本密集產業的稅收懲罰。

跨國半導體公司評估晶圓廠和封裝設施的可能地點，會基於國家和地方的稅收來考量。外國政府包括中國、越南和泰國，都提供了慷慨的所得稅減免甚至是免稅期，來吸引全球性的半導體公司在當地高資本支出的製造計畫。[10]在中國，稅收和其他獎勵措施（土地、補助金等等）可占擁有一座新晶圓廠百分之四十的總成本回收——遠遠超過包括美國在內的其他國家。[11]我們的建議如下：

- 美國的政策制定者應該評估《二〇二二年晶片與科學法案》所通過百分之二十五稅賦減免的有效性，並考慮延伸或擴大稅收減免，打造美國在興建半導體晶圓廠和封裝設施上具有稅收競爭力的環境。這類的稅收獎勵措施應該也延伸到涵蓋國內用於奈米製造的半導體設備，包括蝕刻、沉積、微影製程和計量工具。

半導體是研究密集型的科技，需要公司每年大量投資於研發工作以維持其競爭力。二〇二一年，美國半導體業將其營收的百分之十八點六重新投資於研發活動。[12]美國稅法允許研發的稅賦減免，以鼓勵企業付出必要的支出來支援研發工作。但是許多人認為研發的稅收減免對公司太過複雜，小型企業往往很難申請到。[13]整體而言，美國研發的稅收優惠競爭力比不上其他經濟合作發展組織的國家。[14]此外，現行法律要求公司將研發成本在五年時間內分攤抵銷——因而降低了美國企業研發環境的全球競爭力。因此我們有如下的建議：

- 美國的政策制定者應當永久取消稅法中五年研發成本攤銷的規定，並簡化研發稅收減免制度。

最後，美國整體的企業稅率將是吸引跨國公司生產力成長投資的最大決定因素。如果缺乏一個具有全球競爭力的經商稅收制度，就算排除了對製造業的稅收偏見、給予晶圓廠稅賦的減免並提供更慷慨的研發減免，長期而言都不會有效。在《減稅與就業法案》於二〇一七年通過之前，美國法定的企業稅率是百分之三十八點九，在OECD國家當中是最高的。《減稅與就業法案》將企業稅降為百分之二十一，並取消了被證明對礦業、運輸、倉儲以及製造業有不符比例影響的替代性最低稅（alternative minimum tax，簡稱AMT）。[15]即使如此，在通過《減稅與就業法》不到五年的時間裡，國會通過《二〇二二年降低通膨法案》，恢復了替代性最低稅，並建立其他措施，例如對美國企業帳面收入課稅。歷史證明，為了增加政府的收入而提高企業稅，對經濟成長是最不利的，因為它對企業如製造和研發的這類生產力增長投資有抑制的效應。[16]我們的建議如下：

- 美國的政策制定者應該取消在《降低通膨法》所通過的替代性最低稅和額外增加的企業稅，因為過去歷史已證明，它們會降低國內製造業和其他跨國企業的投資意願。美國應該具國際競爭力的企業稅制，接受較低的法定企業稅，例如《減稅與就業法》中採用的百分之二十一的稅率。

法規和許可

美國要維持半導體技術全球競爭力，需要有能力快速打造成熟晶片及興建下一代晶圓廠設施。《晶片法案》包含了對晶片製造和封裝的聯邦補助和稅收減免——但是對減輕國內半導體業者的監管負擔未帶來任何幫助。

當今聯邦和州政府核發許可的速度緩慢到令人髮指。依據聯邦《潔淨空氣法》，有兩個許可程序和半導體業最為相關：施工許可和營運許可。這些許可通常由州政府和地方層級發給，但需要經過美國環保署的審查。這些新設施的許可程序最長可達十八個月，這對於一個以時間為決勝因素的競爭產業是難以承受的。[17]一項最近的研究針對「綠地」（greenfield，指從頭開始全新建造）晶圓廠設施的分析顯示，在美國，一座新的晶圓廠從興建到生產的時間，於過去三十年間已經增加了百分之三十八——明顯比其他地區，特別是台灣和中國要多出許多。[18]

加快許可程序和法規的支持，對美國增加國內半導體製造能力有其必要。這對於吸引外國公司在美國設廠尤其重要，因為他們在總部的母國往往容易接觸決策的制定者來創造較有利的監管環境。同時，美國公司於半導體製造的前沿領導地位已不再，更突顯改革的必要性。我們的建議如下：

- 美國環保署對於依據《晶片法案》興建的綠地晶圓廠、封裝廠和設備製造設施，應該建立一套快速、簡化，且透明的許可程序，並將許可核批的時間限定在三個月內。這個加速以便於未來設施興建的程序應該考慮永久採行。聯邦、州和地方許可規定重複多餘的部分，應將其檢出並移除。

化學品、材料和氣體的充足供應，對國內晶片生產和確保美國產業供應鏈韌性都至為重要。半導體業的材料供應商經常面對甚至比晶片廠設施更嚴格的監管規範。舉例來說，原物料供應商除了製造設施的興建許可外，還需要處理採礦許可。台灣一家提供晶片製造特殊氣體的供應商估計，在美國興建一家工廠要比在台灣貴五到六倍，部分原因就是這些法規的壁壘。[19]這個估算在二〇二三年一月台積電的財報電話會議上得到了呼應，台積電的財務長說他們在亞利桑那的設施興建成本超過了在台灣的四到五倍。[20]

美國環保署額外的法規可能限制了國內晶片製造所必須化學品的生產、供應和使用。受到環保署規範的化學品例子包括N—甲基吡咯烷酮（N-methylpyrrolidone，簡稱NMP）、八甲基環四矽氧烷（octamethylcyclotetra-siloxane，簡稱D4）、四溴雙酚A（TBBPA）、氫氟碳化物（hydrofluorocarbons）、異丙基化磷酸三苯酯（phenol, isopropylated, phosphate [3:1]，簡稱PIP〔3:1〕）——這些對半導體製造、性能和安全都很重要。[21]近來美國環保署依據《毒性物質控制法案》（Toxic Substances Control Act，簡稱TSCA）所作的評估，可能會增加美國製造商取得上述化學品還有其他相關半導體生產材料的限制，這也將增加國內供應鏈的不確定性以及中斷的風險。美國環保署對於半導體設備常用化學品異丙基化磷酸三苯酯的限制，就是最新的一個例證。[22]

這些法規的限制導致國內晶片製造所需化學品、材料、氣體的生產趨於零——如今，這些必需品在美國幾乎全數仰賴進口。[23]美國在這些關鍵礦物上依賴的許多國家並沒有同樣的環保標準，儘管是在地球的其他地方，但同樣持續損害環境。找出一個可以在國內進行且對環境安全的方式來生產和使用這些化學品、礦物和氣體，將對環境有利，也對美國經濟和供應鏈的韌性有利，更可以減少把破壞環境的製作流程外包所帶來的地理外部成本（geographic externality）。我們有如下的建議：

- 要解決迫切的供應鏈需求和強化國內關鍵化學品、原物料、氣體的供應，美國環保署應該對管制物質提供短期的豁免或例外規定。在此同時，我們應該提供發現和開發替代性的、對環境友善的取代材料和流程以資金或者獎勵機制的支持，並將其列為優先要務。

反壟斷的法規

在半導體業，規模很重要。實現規模經濟，對管理製造半導體的天價成本有非比尋常的重要性──例如一座新的晶圓廠前期資本就高達兩百億美元。要讓擁有並營運一座晶圓廠在經濟上可行，由大量製造的元件來分攤生產成本以壓低單位成本是其中關鍵。

在半導體業，經驗也同樣重要。「從做中學」或「學習曲線」這些經濟概念，把每單位成本的降低和生產每個後續單位需要累積的學習經驗聯繫起來。[24]這種學習，對於晶片製造的複雜高科技製造流程尤其重要。依照經驗法則，經驗或產量每累計一倍，單位成本就可以降低百分之二十到三十。[25]這種規模和經驗的結合，可以為公司帶來決定性的競爭優勢：一個主宰市場份額的公司可以更快速累積經驗，並因此維持它相對於對手的成本優勢。市場的支配力量還能幫助公司累積他們研發所需要的人力資源和資本。

目前的反壟斷法規沒有充分考量到快速發展的科技業中動態的競爭關係。[26]反壟斷法的執行也未考量到公司對先進技術發展、國家安全和經濟競爭力的重要性。[27]大型科技公司的拆分可能導致的缺點包括：研發經費和相關運作支出及資本支出（例如研發實驗室的擁有、員額配置和運作）所需的市場支配力減弱；受益於規模經濟的學習效率因此降低；人才、產能和資產等也往往在公司拆分時淪為犧牲品。而且，一家公司的科學人才、機構知識和技術資產一旦流失，基本上就不大可能再恢復。

反壟斷法從二十世紀後半到二十一世紀對美國科技公司的執行，導致了美國公司對其他國家受保護的公司與產業競爭能力大幅降低。這種慘烈的負面影響在美國科技業中以電信設備業最為明顯。一百年來，美國領導全球電信業的科技發展、設備製造以及硬體創新。AT&T、西部電氣（Western Electric）、國際電話及電報公司（ITT）以及朗訊（Lucent）曾經主宰全球市場，但是美國司法部的反托拉斯行動削弱了這些公司，打擊國內產業，甚至使其不復存在。有說法認為：「若不是美國政府咄咄逼人的反壟斷政策，美國至今仍執世界電信設備牛耳。」[28]美國喪失電信業的優越地位，也讓它在5G和6G的網路基礎設施方面失去了經濟上先行者的優勢，也因此加深了中國的華為和中興崛起對美國國家安全的憂慮。

更多這類反壟斷法的執行，可能會摧毀美國產業的創新能力，以及美國經濟從創新捕捉價值的能力。美國政府作勢要拆解大型矽谷科技公司——其中一些是從事前沿的半導體設計和應用——此舉將對美國半導體業的全球競爭力造成類似的危害。同樣令人擔憂的還有商業競爭的監管機構近來對收購和合併所採取的做法。收購往往是把研發結果轉化為商業實作的工具。事實上，有相當比例的新創公司正基於這個理由，期待被既有的大公司收購。我們有如下的建議：

- 美國的反壟斷政策應該考慮一家公司對美國經濟競爭力、國家安全以及創新的影響，認知到一家公司的市場支配力對於發明和擴展新技術能力，以及與其他國家受保護產業相競爭能力的重要性。對創新原則所作反壟斷評估的方法和衡量標準需要改良，讓負責監管的官員有效評估全球市場，以及其做法對美國科技領導地位的後續影響。

反壟斷法的執法對公司之間的技術合作可能造成的寒蟬效應，也同樣值得留意。美國國會在一九八四年通過的《國家合作研究法案》（National Cooperative Research Act，簡稱NCRA）允許相同產業的公司組成聯盟，進行前競爭性（precompetitive）研發合作。但是這個法案並沒有擴及到把差異化的產品推入競爭市場所需要的研發活動，但事實上這類合作對研發活動可能非常有必要。相對之下，在日本，寬鬆的反壟斷法執法以及對電腦和半導體產業的豁免，促成了日本產業在一九七〇年代和一九八〇年代的崛起。[29] 最後，美國為了對日本的進展作出回應，通過了對產業研發聯盟「半導體製造技術聯盟」（SEMATECH）的反壟斷豁免。因此，我們有下列的建議：

- 對於半導體業因應《晶片法案》可能進行的產業合作，美國國會應該通過類似的反壟斷豁免。這個豁免規定應該延伸到前競爭性研發的範疇之外，同時國會也應該考慮永久實施這項豁免。

補貼

國家向偏好的特定公司提供鉅額補貼，是扶植國內龍頭企業的重商主義標準手法，中國也不例外。這個做法成功培育了中國像華為這類的科技巨頭。話雖如此，補貼的效率極差，常常出現貪腐，也已經導致中國公共資金災難式的浪費——事實上，政府的補貼依據的常常是政治站隊而非實際的市場競爭。[30]傳統上，美國習慣擁抱自由市場競爭，因此政府對補貼產業缺乏興趣。現有的預算考量，也讓美國完全沒有跟中國競爭產業補貼規模——或可稱為是補貼政策的「登頂之戰」——的政治意願。

在這樣的脈絡下，美國政府必須謹慎考慮，如何將稅收以最好的方式補貼給產業，既要避免政治徇私扭曲市場，也要避免因為人為扶持不具競爭力的機構而讓納稅人白白蒙受損失。

為了達到效果，需要確保補貼是以具有市場競爭力的方式把納稅人的錢提供給廠商，這可以透過由美國政府來扮演客戶的方式達成。創造具有市場競爭力的方案，需由政府來降低產業的需求風險，好讓業界可以專注於因為開發其需求裝置、基礎設施或產能而需要面對的技術風險。如此一來，補貼可以催生建設未來半導體創新的價值捕捉所需要的配套資產。

此種顧及需求端的方法，美國太空總署（NASA）在「商業軌道運輸服務計畫」（Commercial Orbital Transportation Services，簡稱COTS）中曾經使用過，它促使了具有全球競爭力的、商業化的太空產業在美國興起。COTS也要求企業籌募私人資金以得到NASA

的補助——此舉背後的邏輯是：私人資金並不樂於投資不具競爭力的事業。[31] 考量到這一點，我們的建議如下：

- 獎勵半導體製造產能和其他配套資產回流本土的補貼政策——例如《晶片法案》裡的晶片製造獎勵方案——應該以符合市場競爭的方式來給予。要求爭取補貼的公司募集額外的私人資金以補充納稅人的錢即可達成。美國政府可以擔任客戶，採購補貼政策所開發之能力，以進一步降低私人投資風險，例如透過商業採購協議，購買國防、能源，或其他關鍵基礎設施現代化所需晶片。

《晶片法案》的補貼也包括資助相當數量的研究基礎設施。目前為止大部分研究相關的《晶片法案》補貼提案，都著重在使得既存於世界其他地方的半導體晶片製造設施回流美國。然而，展望未來，補貼也應該放在興建下一代原型設計基礎設施，此為克服重大創新壁壘所不可或缺。如今，新半導體元件發明和規模化的相關成本與花費時間大幅增加，有許多情況甚至非創新者所能負擔。美國政府可以利用補貼來減低開發新的先進基礎設施的風險，它可為美國創新者在國內對自身發明的價值捕捉帶來不對稱的優勢。我們的建議如下：[32]

- 與其把納稅人的錢投資在複製對美國創新者和新創公司而言成本難以承擔的既有原型設計設施，美國商務部不如利用《晶片法案》提供資金給全國半導體技術中心，以興建新半導體裝置擴展規模所需的下一代數位和實體網絡基礎設施。這種新基礎設施，應該採取在全美各地建立新的探路者晶圓廠（pathfinder fabs）和設施網絡的形式來促成技術進步，例如利用雲端原生（cloud native）、全晶片模擬環境（full-chip simulation environment）、人工智慧支援的設計能力以及具高產量實驗（high-throughput experimentation）的數位對映（digital twins）。這項支出的目標應該是為美國所有規模的公司降低晶片設計和原型設計的成本。

若補貼未能提升產業的經濟競爭力，則其效用將隨著時間推移而變得有限。除了稅收和法規的問題之外，美國的高勞動成本，對半導體供應鏈封裝部分的競爭力也特別有影響，因為這部分需要高的人力資源。如今全球半導體封裝僅有百分之五在美國進行，相對之下有百分之四十四是在中國，百分之二十九在台灣。[33]因此，提供技術發展的資金以提升封裝設施自動化，是另一個有效運用《晶片法案》已撥交用於封裝補貼之預算的方法。如前面第二章所述，由於電晶體二維縮減的速度趨緩，先進封裝技術也將是未來十年提升半導體裝置效能的關鍵推動力。也因此，讓封裝在美國成為經濟上可行的生產活動，是戰略之必要。我們的建議如下：

- 美國商務部應該使用《晶片法案》中「全國先進封裝製造計畫」的資金來協助自動化生產的技術開發，讓每個員工輸出效率有效增加一到兩個數量級。應該鼓勵因應製造獎勵計畫而興建的美國封裝設施採行這些先進技術，以確保達到經濟上可行的、長久的持續運作。

技術勞動力

技術勞動力（skilled labor）是有效價值捕捉的一個重要的配套資產。而美國半導體業目前勞動力短缺的問題有些值得憂心之處。[34]不論如何，在像美國這樣的市場經濟裡，人們對勞動力短缺的感知，往往取決於雇主能提供的薪酬和感受到的發展機會。[35]

如第二章所提到，美國半導體業要跟高薪資的美國網路科技巨頭（如亞馬遜、Google、Meta）、其他科技公司以及華爾街的金融公司，相互競爭工程人才。這場艱苦的競爭——還得加上海外那些容易取得且熟練度越來越高的低成本勞動力——導致了美國半導體工作機會的離岸外包。國內這類型勞工的需求缺乏導致了勞動力的逐漸消失。在國內半導體勞動力的需求端問題解決之前，投入更多的錢在供應端以增加「供應管道」——例如，典型的人力發展政策建議會主張增加更多的電機工程師和材料科學家——並不能有效建立國內的人才隊伍，因為這些具有技能的工作者自然轉向更高薪酬的工作。

因此，如果美國想要擁有需要熟練技術勞動力的國內產業，就必須為這個勞動力付出更高的薪資。鑑於世界其他地方可以取得成本較低的勞動力，期待半導體公司付高出許多的薪水給美國工程師並不是具有市場競爭力的選項。相較之下，美國政府可以對戰略產業工作者提供個人稅收獎勵措施，用直接的方式提升他們的報酬。這個方法類似於荷蘭政府依據「知識移民」簽證計畫提供的稅收獎勵：持有這個簽證的高技術移民可以享有百分之三十的收入免稅，讓荷蘭的科技公司可以提供更高的實際收入（take-home pay）。[36]我們的建議如下：

- 美國政府應該為半導體業和其他戰略產業提供以工作者個人為導向的稅收獎勵，以提高其實際收入。

稅收的例子突顯了美國勞動市場需要解決的另一個面向：高技術移民。如今美國可以採取更多措施，將進入我們國家受教育的人才留下來。美國的大學在世界上數一數二，因此自然會吸引全球最優秀的科學和工程學生。這些國際學生當中，許多人尋求由政府資助、與研究訓練相關的高等學位——以電機工程領域而言，有百分之六十一在美國大學就讀的研究生拿的是臨時簽證。[37]不過這些學生畢業後，在短暫的「選擇性實習訓練」（Optional Practical Training，簡稱OPT）工作期限後，除非能拿到雇主協助提供的長期簽證，不然只能回到自己的母國。想要留在美國的高技術學生，比實際能留下來的要多。

美國應該提供這些國際學生畢業後留在美國的途徑，確保美國產業能爭取到全世界最創新的年輕技術人才。儘管有跨黨派的支持，高技能移民法案的立法努力仍然因為移民政策所涉及的更廣泛政治問題而受阻。例如，豁免科技畢業生在簽證人數限制之外的修正案，在修訂版的《二〇二三年國防授權法》中就被排除了。我們的建議如下：

• H1-B簽證應該提供給所有在美國經認證的大學完成科學或工程畢業課程的國際學生，並免除簽證的人數限制。

產業共同體和科技中心

矽谷崛起成為科技和創新的中心是機緣巧合、出乎美國政府的規劃外。不過矽谷已成為其他國家的模範，政府的規劃和設計均試圖複製其經驗。科技中心（technology hub）由地理上集中的科技公司組成，彼此相鄰追求前沿技術的創新。這些科技中心對於提升公司生產力以及新技術被發明和規模化擴展的效率方面，有著廣為人知的好處。[38]

科技中心往往得益於有利的政府政策、吸引領先的研發型大學和職業學校，以及上游供應商和下游客戶共同進駐。這種地理上的集中，形成了技術的交流、供應商的連結、技術勞動力和知識外溢效應，讓科技中心化身為創造財富的強大引擎。舉例來說，台灣的新竹科學園區，已經演進成為全球最有生產力的中心之一：根據一項估計，園區內進駐公司的生產效率，要比在園區外的公司生產效率高出百分之六十六。[39]另一個成功的例子是越南的西貢高科技園區，它在二〇〇六年成功吸引一座英特爾封裝工廠進駐；五十八個公司隨後跟進，為園區帶入了二十點三億美元的資本。

不出意料，科技中心的創立是許多價值捕捉政策共同作用的結果。台灣、新加坡、南韓、越南和中國成功的科技中心政策，多數都著重在創造有利的企業環境讓大型科技公司進駐，為較小型公司的遷入預先鋪好道路。這些政策包括有利的稅收和法規環境、共同基礎設施開發，以及訓練本地人才的公私合營勞動力發展計畫。

相較之下，美國聯邦政府的政策很少著眼於創建科技中心。在考慮這類的政策時，國會往往選擇提供補貼，而不是創造有利的商業條件。舉例來說，《晶片法案》授權提供一百億美元的納稅人稅金來創建二十個科技中心，但是並未解決「如何建立基礎商業環境，讓這些科技中心更有吸引力」的問題。針對特定產業的補貼措施，過往歷史上並未成功讓本地經濟升級，且往往流於政治分贓（而非根據經濟因素分配）。[40]相較之下，美國政府應該採取著重打造有利商業環境的做法，透過稅收、監管以及立法的改革，來減少創業的障礙並增加商業和製造業的活動。這一類的做法應該可類比於世界其他地區——包括中國在內——曾經有良好成效的經濟特區，在一九八〇年代中國政府為了達成經濟成長的廣泛目標，對國家控制的價值觀作出了務實並且有選擇性的讓步。為達成這個目標，我們的建議如下：

- 美國聯邦政府應當協調各州與地方政府，實行創造有利商業環境的政策，以利於設立可選擇性加入的科技中心。在這些有地理範圍限制的科技中心，將實施稅收和監管改革，以實現有效的價值捕捉，這些改革——例如加速環境評估或是允許特定工作簽證——在全國層級不大可能立法通過。藉由實驗和先導計畫（pilot project）鼓勵對建立這類科技中心的立法進行持續的微調。

全球技術標準

全球標準組織對半導體下游特定技術產業的發展方向，扮演關鍵的角色。這些組織從眾多技術選項中選擇，從而定義全球可互換操作性（interoperability）的路徑。由於選擇特定技術可能對既有市場領先者的供應商製造有利的條件，參與標準的制定對私營公司有商業上的重要性。

在全球標準組織中協調參與如今日益成為涉及國家安全的問題——因此美國和其合作夥伴的公司保持出席是很重要的。近年來中國的公司受政府的鼓勵甚至是指示，對全球標準制定的參與度大幅增加。利用這些協調，中國的公司和個人可以在標準機構中成為占多數的成員，並因此發揮極大的作用——往往會選擇有利中國供應商的技術路徑。

電信標準化機構「第三代合作夥伴計畫」（3rd Generation Partnership Project，通稱3GPP）就是中國強力參與國際標準制定的顯著例子。3GPP近來著重於5G和6G的電信標準，對上游半導體供應商將帶來影響。中國公司參與3GPP且擁有投票權的會員數目，近年來已增加超過一倍，如今是美國投票會員數的兩倍。[41]日益增加的影響力讓中國得以導引全球電信產業未來技術發展的方向。如果美國和其合作夥伴不作出回應，全球開放社會的公司將不得不遵守中國的技術標準。或者另一種情況是，如我們第一章的模擬情境所設想的，可能發展出兩套全球技術生態系，但是如此一來，對全球通信和貿易至為重要的無縫可互換操作性將不復存在。

有多個政策選項可以提升美國和合作夥伴在全球標準制定的協調參與。我們的建議如下：

- 政策制定者應該考慮獎助研發投資在下一代技術的開發和申請專利，並納入未來的標準；藉由將參與標準制定作為接受補貼和稅收減免的前提來鼓勵產業參與；針對中國公司積極參與的標準機構，應取消限制美國參與的出口管制，或者規定例外情況；對與其他公司合作參與知名全球標準制定機構的美國公司提供反壟斷豁免；加強專利擁有者的權利，對於他們對全球標準所作的重要技術貢獻，應給予合理的、以市場為依據的投資回報。

二、強化國家安全與經濟安全的政策

讓配套資產回流本土來提升美國的價值捕捉和商業化能力固然重要，但強化美國國家安全和經濟安全還需要考量更多其他面向。相較於冷戰時期西方和蘇聯集團微乎其微的經濟聯繫，如今自由世界與專制政權間的關係緊密糾纏：民主國家三分之一的進口貨品來自於專制政權，民主國家每天與極權國家貿易超過一百五十億美元，而專制政權國家占了全球國民生產毛額（GDP）的百分之三十一，其中光是中國就占了百分之十七。[42]

這些數字反映出，美國和其他開放社會如今已經對威權國家發展出經濟上的重大依存關係。中國對關鍵供應鏈的進一步整合已經製造了沒有其他供應商可替代的咽喉點（choke point）。舉例而言，中國是許多化學品、關鍵礦物和金屬近乎壟斷的生產者——當中許多對半導體裝置和其他如航太、藥品還有能源產業相當重要。[43]這些依賴性強化了中國，讓民主國家不論在平時或戰時，都暴露於遭受報復的風險中——日本在二〇一〇年釣魚台撞船事件，以及澳洲在二〇二〇年要求對COVID-19的源頭進行獨立調查時都曾體驗過。

緩解對中國經濟依賴的路境需要嫻熟、技巧純熟的領航。中國已經採行了一個與西方世界不對稱脫鉤（asymmetric decoupling）的計畫，投資數百億美元以達成半導體和其他科技的自主。中國不對稱脫鉤的特點，在於增加西方和美國對中國的依賴，同時逐步斷絕中國對西方的經濟依賴。[44]為了達成戰略自主，美國必須一方面降低在關鍵經濟領域對中國的依賴，一方面同步儘可能強化其於全球貿易的整體韌性。除了前面的提到價值捕捉政策——長期而言，它將全球供應鏈重新轉向美國——之外，美國必須運用更多全球貿易、投資、經濟准入和合作夥伴關係等政策籌碼，按自己的方式戰略性地，同時也是選擇性地和中國脫鉤。如此一來，這樣的脫鉤做法應當可以減少美國對中國在關鍵領域的依賴，並且維持與西方國家某種程度的貿易（和依存關係）。

鼓勵美國產業的協調行動

個別企業的行動對自由民主政體和威權國家之間的競爭可以產生重大影響。公司在奉行自由民主體制的自由市場環境、法治和政府的民主問責體制中獲益。[45]作為回報，公司遵守法律和規範，依獲利繳稅，但除此之外，通常不認為自己需要為國家服務。在此同時，從過去歷史來看，民主國家的政府對於是否鼓勵全球化和企業資產外移到包括中華人民共和國（中共）在內的威權國家，政策始終曖昧矛盾。

多年來中國強勢的政策吸引外國公司，推動了美中經濟的交融。為了進入中國廣大且利潤豐厚的市場，美國企業樂於遵從中國的政策轉讓智慧財產權、搬遷製造業工廠，並與中國公司建立合資企業。進入中國市場讓許多美國公司大發利市，同時也讓美國消費者取得廉價科技產品。結果是中國經濟重要性益發顯著，進一步增加了美國企業立足中國的誘因。

從整個一九八〇年代、一九九〇年代到二〇〇〇年代，美國企業加強與中國經濟整合的行動得到了美國政策制定者的支持。外界普遍相信鄧小平的市場改革是政治改革的先兆，最終將促成中國的自由化。也因此，美國公司進入中國市場的財務利益符合美國整體的政策目標。

一直到最近，人們才能逐漸接受，自由市場並不必然導向自由社會。自習近平二〇一二年上台之後興起的威權主義，大幅限縮個人自由，包括對維吾爾人的奴役、對民主香港的鎮壓、粗暴的COVID-19封鎖措施、對中國科技產業的打壓，以及對台灣自決的威脅。西方為中國經濟成長添加的柴火，不但沒有增加自由，反倒助長中國崛起，成為對全世界開放社會最大的實存威脅。

美國聯邦政府迅速地理解了中國的威脅，進而促成了美國政策的轉向。如今美國的優先要務是減少對中國市場的經濟曝險，並制止美國的技術和產業流向中國。在過去六年，這個政策轉變之快速，導致政府政策和美國企業的財務利益出現錯位不協調的情況。在幾十年的寬鬆政策之後，毫不意外，美國企業已經在中國建立大量投資和依賴關係，而中國本身如今也在全球市場份額中占據要角。光是就半導體而言，中國購買超過百分之五十的全世界半導體零組件，[46]來自中國晶圓廠的收入如今也占了美國半導體設備製造商總收入的大約三分之一。[47]要減緩這樣的風險需要幾年的時間，同時也需要巧妙地制定和執行政策，才能讓美國商業活動從中國移轉出去，且在過程中不致對美國企業造成損害。

至關重要的是，必須讓美國企業的財務利益和美國的政策目標協調一致。我們必須創造條件，讓美國企業為爭取最大利潤而樂於在國內——而不是在海外——打造產能和商業聯繫紐帶。我們的政策必須讓有助價值捕捉（製造）和價值創造（研究）的資產從中國搬回美國，同時還得擴大美國公司的市場領導地位。要取得全球市場領導地位，政策必須提升美國技術進入中國和世界其他地區的程度。當然，中國會繼續嘗試以不當挪用和逆向工程（reverse engineer）竊取美國的技術——但是他們的嘗試將因為這類型活動在經濟上缺乏效率而受阻，況且不論如何，如本章稍後要討論的，它會受制於美國積極的貿易和智財權保護政策。[48]

如今美國的政策似乎正好相反：透過出口管制來切斷來自中國的需求端，同時又補貼資本密集的供應端打造過剩的產能，這種危險的政策組合可能讓美國半導體業過熱，最終走向萎縮。光是在二〇二二年，銷售的放緩加上美國出口管制的加強，就讓美國半導體公司在全球市場上失去了一點五兆美元的市值。[49]美國聯邦貿易委員會、司法部和國會，對大型美國網際網路公司和消費科技巨頭——其中有些是美國半導體在國內最大的客戶——額外的反壟斷情緒，可能進一步抑制市場上對美國半導體技術的需求。

美國的政策制定者和產業界應該攜手合作，避免政策與商業利益衝突，從而鼓勵企業活動與國家安全目標協調一致。與其威脅將美國科技巨頭公司拆分，美國政府應該與這些公司建立夥伴關係，運用他們強大的市場支配力讓製造業回流。這樣的做法利用了半導體公司對客戶的優先考慮，以及大型美國客戶塑造供應鏈的強大力量——這在台積電二〇二二年財報電話會議中得到了例證：台積電董事長劉德音提到，在美國和日本興建台積電晶圓廠的計畫，是受到客戶需求所驅動。[50]考量到這些因素，我們有如下的建議：

- 為促成美國企業活動與美國國家安全協調一致建立誘因。舉例來說，與其威脅拆分大型科技公司，美國政府應該與他們建立夥伴關係，利用他們的市場支配力，鼓勵他們把供應基地多元地分散開來。

對抗中國對進入其市場制定的強制要求也同樣重要。針對中國對美國企業投資類型的要求，美國政府應該進行審查，並在必要時將其列為非法，例如強制的合資企業、財務方面的承諾，以及在中國進行研究和製造的承諾。目前為止，美國公司衡量在中國流失的智慧財產和技術，都是觀察在中國營運的短期利潤來作評估——也就是說，評估在中國做生意的短期好處，是否大於被迫作出技術轉移這個已知的且重大、長期的壞處。美國政府如能對這類活動作出嚴格規範，或將它列為非法項目，將可避免美國公司為了在中國做生意而妥協接受北京脅迫性的規定。這類措施的目標應該是：最終迫使北京允許商業活動（例如在中國銷售技術產品），而無需伴隨合資企業、強迫智慧財產轉讓以及建立配套資產（如製造業）等要求。

我們的建議如下：

- 跨機構的美國外資投資委員會（Committee on Foreign Investment in the United States，簡稱CFIUS）應該審查並限制對中國和其他威權國家的海外投資——例如建造製造中心、研究中心、合資企業和金融投資，特別是當這些國家要求以這類對外投資作為進入其國內市場的條件的時候。

最後，我們可以對企業稅制作出改變，使得美國政府的長期利益和美國產業行動之間更加協調，透過足夠強大的誘因來鼓勵在前沿技術的研究，還有製造所需要的長週期投資。為達成這個目標，我們的建議如下：

- 美國政策制定者對於研發稅收的減免，應該把著重於半導體這類關鍵新興技術的公司，與沒有國安目的的公司區分開來。此外，美國的政策制定者應該把資本利得稅區分開來，以提供更大的誘因來鼓勵真正的長期投資，例如五年或十年的投資，而不是當前僅僅一年的投資。

出口管制

在這一章，我們提出了和本書其他觀點相反的論調：我們相信使用出口管制來限制取得美國科技只能偶一為之。近來出口管制被美國政府廣泛應用，試圖切斷中國取得關鍵技術的管道。這些管制往往針對技術的咽喉點——也就是說，少了這些技術，中國無法在實現特定先進能力上取得進展。極紫外光微影製程就是其中的一個咽喉點：ＥＵＶ是商業量產七奈米以下半導體所必須。[51]控制ＥＵＶ的取得，截至目前為止成功防止了中國發展製造前沿晶片的能力。然而，像ＥＵＶ這樣具有獨特性和複雜性的技術屈指可數，不足以佐證運用出口管制的正當性。因此，使用出口管制來減緩中國的腳步雖然廣受讚譽，但它通常無法促成美國商業利益和美國政策目標協調一致。而且，雖然它可能為美國創造短期的戰略優勢，但這個方法長期而言有可能削弱美國的經濟地位——主要基於三個理由。

首先，今日使用的出口管制，將削弱未來為了對抗中國軍事行動而採行的所有出口管制或制裁的力道。美國並沒有壟斷先進技術和熟練工程師。相對應的供應鏈將伴隨出口管制而出現——包括中國國內以及與中國貿易的夥伴間——以取代原本主要由美國公司提供的技術。中國回應美國出口管制的脫鉤做法已經是現在進行式：自二〇一九年五月被美國商務部列為實體清單之後，華為迅速轉換了它的供應商基地，在同一年十二月推出了不含美國組件的新手機。[52]

對美國更有利的做法，是發展一種策略，可以最大限度地把美國技術滲透到中國市場，同時又採取措施避免此技術被中國的公司挪用（後續會進行討論）。這個做法會強化美國的地位，允許美國在未來嚇阻中國的挑釁行為時，以出口管制和禁運作為最後手段。有人可能會主張，「現在」就已經是這樣的「未來」。不過，美國出口管制的短期戰略優勢和美國長期的經濟發展有所衝突。相對之下，中國已經藉著把它的科技——包括它的稀土、電池、磁鐵和太陽能板——滲透到美國的消費、科技、能源和國防市場，成功建立起美國對它的依賴。短期的出口管制可能會加速不對稱脫鉤的情境，在這個情境中，中國對美國的科技依賴較低，而美國則仍非常仰賴中國的出口貨品。

第二點，出口管制可能削弱美國半導體公司的市場地位，並損害美國可靠技術供應者的名聲。前面已經討論過的中國市場規模，在這裡同樣適用：當美國政府切斷來自中國的銷售收入，等於是切斷了美國公司的現金流，而它對維持技術發展和規模經濟這兩個競爭優勢都至為重要。

現行出口管制法律的單邊本質，將令外國供應商從美國公司手中取走更多的市場份額。類似的情況發生在《一九七九年出口管理法》（1979 Export Administration Act）頒行後十年的期間：在出口管制法令執行之後，美國資本設備供應商的全球市場的占比，從原本的百分之九十到一九八〇年只剩下百分之五十，流失的百分之四十份額被日本供應商取得。[53]美國出口管制法律的管理效率低下，加劇了市場的流失，並且留下美國技術的取得不可靠、許可的決定冗長且淪於武斷等等的負面名聲。[54]歷史將自我重複——除非日本、南韓、台灣、新加坡和荷蘭這類的國家願意加入美國陣營，將中國封鎖在整個全球半導體生態系之外。

第三點，咽喉點科技終究只是人為的概念，在時間上和國家的科學家、工程師、設備、技術生態系不斷發展的複雜性緊密聯繫。這並不是說複製既有的複雜技術很容易——它是一個浩大的任務，而且從經濟觀點來看極缺乏效率。不過，比起其他任何國家，中國具有的優勢讓我們可以相信，他們最終將能夠重新創建出因出口管制而無法取得的技術。重新創建既有技術——不管它有多麼複雜——都要比開拓新能力簡單，這是一大優勢所在。中國受益於來自西方的大量技術移轉，他們也將繼續學習來自西方的技術，必要時不惜使用非法手段。中國以網路竊取智慧財產、硬體的逆向工程，以及雇用台灣和西方人才而知名。還有最後一點，中國願意付出巨大的財務成本來獲取技術的獨立——在實施出口管制的情況下，中國更有動機採取這個行動。[55]

因此，使用出口管制來限制取得美國科技，理應只能當成強加政治意圖的最後手段。在實施出口管制之前，我們應該透過經濟分析來判定出口管制對美國科技產業的長期影響。尤其當一個技術被認定為易於複製，就**不應該**加以管制，否則受管制國家只需設法挪用或是迅速將此技術本地化（indigenize）即可解套，反倒損害美國產業的市場份額。總言之，我們的建議如下：

- 節制使用出口管制。相對地，採用本章建議的政策，推動美國技術最大程度滲透全球市場，並推動強有力的專有性（appropriability）制度來保護這些技術不被竊取。如果要使用出口管制，務必只限使用在與安全直接相關的，最敏感、最難以挪用的技術。

外國投資

如第一章模擬情境分析所示，不論未來全球貿易以何形式流動，美國都將因為身為更大的全球經濟體的一部分而受益。外人直接投資（foreign direct investment，代稱ＦＤＩ）透過綠地投資（greenfield investments）——從無到有興建設施並進行營運——和合併與收購（mergers and acquisitions，簡稱Ｍ＆Ａ），來增加美國的經濟活動。透過ＦＤＩ，外國公司對創造國內就業、提升勞動力技能、資助研發，以及促進國內產業和服務業發展作出貢獻。大約有七百九十萬美國人受僱於外國公司，累計至二〇二一年底為止，這些公司已投資超過五兆美元——光是在二〇二一年一年裡投資就達到四千零五十億美元。[56]

綠地投資形式的ＦＤＩ，因為讓供應鏈關鍵環節回流本土，而有潛在增加全球經濟韌性的額外好處。最近的一個例子是台積電在亞利桑那州興建五奈米晶圓21廠。這個設施預期的產能相對較小，計畫啟用後每個月產出兩萬片晶圓。[57]然而，它在北美洲的存在，使得全球經濟在取得尖端的邏輯晶片的地理上更加多元化。這種多元分散在今日格外重要，因為如今百分之九十二的尖端（低於十奈米）產能都位在台灣。[58]台積電的ＦＤＩ代表的是短期內提升美國國內尖端製造能力的最穩當做法。

美國也應該和台灣其他半導體公司合作，例如聯電、日月光和聯發科，好讓他們的晶圓製造和研發設施多元分散。不過，這個合夥關係要想成立，首先得在資本效率和法規監管的便利性方面提供具商業吸引力的投資環境。如今，實際的情況卻是恰恰相反。台積電最近證實，「因為相當程度的興建成本和計畫不確定性，使得在台灣興建同樣的先進邏輯晶圓廠，相較於在鳳凰城資本密集程度低了許多。」其中一些因素包括「計畫的規模和成本因聯邦的法規要求而增加；……額外的工地準備和新的基礎設施費用；以及……州和地方對興建、設施和公共事業的稅收」。[59]除非這些成本因素改變，否則即便半導體公司想要尋求在全球地理上的多元分散，美國在爭取FDI上仍然不具備競爭力。

因此，吸引夥伴國家的綠地外人直接投資，特別是美國國內缺少的先進技術和製造能力，應該是首要工作。[60]而且本章其他地方的政策建議也有利於吸引綠地的外人直接投資，包括將資本支出的稅收負擔降到最低、執行有針對性的財務獎勵措施、改善國內基礎設施、促進技術勞動力發展，以及改進監管環境。我們的建議如下：

- 我們應尋求制定政策以提升財務環境、改善基礎設施、加強人力發展，以及簡化監管環境，以提高來自夥伴國家的綠地外人直接投資進入美國。這對吸引來自全球半導體公司的FDI尤屬必要。

從歐巴馬政府到川普政府，人們日益擔心投資和購併美國公司的FDI所牽涉的安全問題。特別是中國藉由投資控制美國公司董事會，或甚至直接收購美國公司而取得新科技的立足之地，或是強化其力量並控制一項戰略性科技。[61]為了對抗這些舉措，美國國會在二〇一八年通過了《外國投資風險審查現代化法》（Foreign Investment Risk Review Modernization Act，簡稱ＦＩＲＲＭＡ），這項法案加強了跨機構的ＣＦＩＵＳ審查ＦＤＩ的程序。[62] 雖然這項立法導致來自中國的收購申請減少，但保護美國利益的整體效應仍有待確定。[63]

最終，ＣＦＩＵＳ審查程序面臨著困難的任務，既要保護美國國家安全利益，同時要促進傳統上開放的美國投資環境為美國公司和他們的員工帶動商業機會。ＣＦＩＵＳ拒絕外國投資美國科技新創公司，限制了這些公司獲取資金來擴大規模，以及以被收購的方式成功退場的機會。此外，ＣＦＩＵＳ的審查程序並不透明，導致來自友好司法管轄區（例如台灣）的外國公司在尋求收購美國公司作為廣泛在美國投資活動的一部分時產生不確定性。提高透明度、增加協商機會，以及提供來自夥伴國家的外國投資人更多確定性，將可以提高美國科技新創公司吸引擴大其創新規模所需資金的能力。因此我們有如下的建議：

- ＣＦＩＵＳ對入境投資的審查程序應該更加透明，與來自夥伴國家的可能外國投資者積極地互動和協商。來自夥伴國家的ＦＤＩ應該予以鼓勵，來自威權國家對美國國家安全構成威脅的外國投資則應該要嚴格限制。

軍備和國防採購

所有現代武器系統都包含半導體裝置。許多國防錄案計畫（programs of record）發展複雜而昂貴、具有長服役壽命的載台。這些載台雖然是現代作戰能力所必需，美國國防部仍然應當輔以可快速且廉價生產的大量、新式的小型、模組化、廉價、可消耗的武器系統。執行空中或海上任務的自主或半自主無人機，和由士兵發射、配備感應器的導彈，都是屬於可大量生產、模組化的廉價系統，這類系統的採購和服役年限，較能夠符合商用半導體和消費科技產業的快速創新週期，讓美國國防部可受益於規模經濟和經濟中其他領域的尖端創新。

短期的重點應當是快速提高武器生產，特別是近來為了供應烏克蘭戰爭所需，已經出現了庫存耗損——因為就目前而言，武器製造商處於停滯狀態。[64]烏克蘭對抗俄羅斯的戰爭進一步展示了半導體技術對先進作戰能力的重要性，以及部署大量小型而廉價的武器與精準導引飛彈策略的有效性。烏克蘭部隊對抗俄羅斯軍依賴的是彈簧刀無人機（Switchblade drones）、刺針防空飛彈（Stinger antiaircraft missiles）、下一代輕型反坦克武器（NLAWs），以及標槍飛彈（Javelin missiles）。這些武器系統都包含了大量的半導體。[65]在此同時，俄羅斯則傳出部隊的裝備捉襟見肘：俄羅斯缺乏國內的半導體製造能力，因此在美國及其夥伴實施出口禁令的情況下，無法取得精準導引彈藥所需的半導體。[66]

在台灣問題上，美國從烏克蘭戰爭得到的教訓是要利用如今半導體供應的優勢。不只是美國保有本身軍火的庫存量，台灣也應該以今日的先進能力武裝自己，就像烏克蘭在被入侵之後所做的一樣。用以半導體推動的先進武器來武裝台灣，將可為台灣人民形成真正的「矽盾」（與一般形容的「矽盾」正好相反：通常人們把在台灣的半導體產業稱為矽盾，但是它既無法嚇阻中共總書記習近平的入侵，也不是影響美國防衛立場的決定性因素）。在美國和台灣都有許多人提倡利用先進半導體武器的「豪豬」戰略。[67]關鍵在於，在美國供應商不斷累積訂單的情況下，如第五章所述，有必要和台灣的國防、電子和半導體公司結盟，擴大規模進行先進武器的共同生產、武器的共同開發，以及武器在台灣島內的部署。我們的建議如下：

- 透過與台灣的公司建立夥伴關係，擴大規模進行台灣島內先進武器的部署、共同生產和共同開發，為台灣建立真實的「矽盾」，盡可能提高潛在侵略者入侵台灣所需付出的代價。與台積電及台灣重要的半導體產業結盟，以供應這些新型防衛系統最先進的半導體裝置。

三、擴大價值創造的政策

所謂價值創造，是發現新的科學原理和發明新的技術，令這些原理和技術奠定未來產業的基礎，並提升人類福祉。提升半導體價值創造的政策包括增加基本和應用科學的研發經費、興建和維持研發基礎設施，以及教育下一代的先驅科學家和技術人員。為了改善納稅人對此的投資報酬率，這些工作必須緊密配合前面所提及先進製程和製造導向的價值捕捉活動。

研發經費

在美國，聯邦研發經費占GDP的百分比數十年來一直在下降。儘管經費的絕對數字有所增加，然而美國政府在二〇一七年只花費百分之零點六二的GDP在研發上（相對之下，一九六四年的峰值是GDP的百分之一點八六）。[68]一般人都知道，在基礎科學和應用科學中因好奇心驅動的研發，對價值創造和未來GDP成長，扮演最根本的角色，因此聯邦在研發強度的預算減少一直是令人關注的問題。

在二十一世紀與中國的大國競爭背景下，資助價值創造的研發工作比以往更加重要。然而聯邦預算——有超過百分之七十三投入各種類型的社會保險——並沒有反映出這個對GDP成長至為關鍵的活動的重要性。[69]這種怠忽最終會導致經濟與和地緣戰略的死亡螺旋：越來越多的GDP被分配到社會服務，越來越少的經費分配到價值創造，如此將導致經濟停滯和創新活力的死亡，而這種創新精神曾為許多美國人創造巨大的繁榮。如同研究所形容，美國聯邦預算「不是專心致意的大國競爭者……的投資戰略」。[70]我們的建議如下：

- 美國國會應當增加並維持聯邦在基礎和應用研究的研發經費，同時擴展既有領域（如傳統半導體〔conventional semiconductors〕）和前沿領域，例如未來可補充目前主流邏輯晶片的超CMOS元件。

研發基礎設施

增加半導體元件的研發經費是美國價值創造所勢在必行，但光是如此仍不足夠。純研發計畫有助美國研究群體探索未來的運算趨勢，包括利用自旋（spin）、鐵電性

（ferroelectricity）、鐵磁性（ferromagnetism）、相變態（phase transformation）等物理現象的新興裝置，以及用在半導體電晶體通道的氧化物、氮化物、碳和硫屬化物等新材料。然而，如果沒辦法得到把這些新興裝置和材料整合在先進CMOS架構的製造設施，美國的創新研究將無法轉移到商業環境，也可能將被迫送至海外設施進行測試和拓展。

目前美國並不擁有代工廠等級的設施供進行探索式的研究。過去由美國政府資助的設施，已經印證了它們的重要性，例如在一九八〇年代的「金屬氧化物半導體實施服務」（Metal Oxide Semiconductor Implementation Service，簡稱MOSIS）計畫和二〇一五年國家科學基金會的國家奈米科技協調基礎設施計畫（National Nanotechnology Coordinated Infrastructure，簡稱NNCI），但是他們無法處理如今在先進和探索式半導體科技的研究需求。[71]

一個由聯邦政府支持興建和營運的國家級設施（或設施網絡），是美國價值創造以及最終價值捕捉的關鍵因素。[72]這樣的設施涵蓋了尖端製造、成熟製程以及封裝能力，其任務是促成快速、高產量的實驗。這類設施的建設應該與科技中心的產業相結合，也應該利用既有基礎設施和方法，例如使用三百毫米（也就是現代商用規格晶片尺寸）研究試驗線，還有大幅減少成本和增加實驗學習週期的先進技術。這些先進技術可能包括模擬流程的數位對映，以創造與實驗設施耦合的虛擬環境；使用機器學習來識別新的實驗和流程，以及發展可應用各種操作條件的先進、可客製化工具組。[73]

在這一章我們已建議利用《晶片法案》補助款興建這類的基礎設施來提高價值捕捉。儘管如此，應該把更多的研發經費分配給興建和營運普遍可以使用的半導體研究基礎設施——

而不只是特定的研究專案計畫——以保障美國本土的研究能力。我們的建議如下：

- 分配一部分研發預算，來興建和營運新能力和研究的基礎設施，而不僅是用於研究計畫。

教育

美國要想維繫以新發明來創造價值的能力，下一代科學家、工程師和技術人員的訓練就非常重要。

量化科學的教育必須儘早起步。美國公立教育體系在K-12系統往往無法充分培養數學和科學的能力，讓學生認真考慮在大學和往後尋求相關領域的職涯。矯正K-12系統欠缺科學素養和準備不足的窘境並不是大學的責任。相反地，解決之道應該是改革美國公立教育體系，讓K-12學生與推動未來經濟和國家安全的高科技產業有更多接觸。具體的改革不在本章的談論範圍內，不過，必須認知到國家要為下一代作好充分準備，這是我們想要強調重點。我們的建議如下：

- 在K-12的教育中增加學生與高科技產業（包括半導體在內）的接觸，改革K-12教育讓學生在數學和科學受充分訓練，有能力和全球同儕競爭大學或職業學校入學資格。對於尋求半導體相關領域大學學位的人，要增加他們就業的路徑並提高需求方的吸引力，例如以半導體為重點、由產業界合作夥伴資助，類似美國國防部的SMART獎學金（SMART Scholarship，SMART代表科學、數學、和研究轉化〔Science, Mathematics and Research for Transformation〕）的獎助計畫——要求接受者在畢業後為獎學金提供者工作一定年限，而且一畢業之後就提供工作職缺。

四、強化全球專用性體制的政策

價值捕捉在強大的專用性體制（appropriability regime）下會得到提升，專用性指的是知識和創新得以受保護而不受模仿者侵害的有效性。[74]專用性的強弱取決於法律保護效力和創新本身的性質（它是內隱的還是明文規範的；是容易或者難以複製的）。當今全球專用性體制薄弱，主要是源於在全球的範圍內保護技術和創新的法律本質上難以執行。過去幾十年來，美國技術經由合法的（但是強制性的）或非法的管道移轉到其他國家的公司，這種情況十分氾濫。其中尤以中國為甚，透過一系列的做法和政策，系統性地把美國的智慧財產轉移至其國內。北京方面支持透過侵入美國商業網絡竊取智慧財產的做法，也都有紀錄可循。

美國的創新和價值創造，不應該最後變成中國的經濟成長和軍工複合體（military-industrial complex）的助力。然而，轉移技術（例如，為了進行生產的目的）到中國，是美國創新者如今奉行的模式。許多美國公司由於害怕受到報復或失去商機而沒有提出不公平貿易行為的問題。[75]美國發明的技術如今交由中國公司生產有許多知名例子，包括電池、電信設備、太陽能光電，以及越來越多的半導體。中國一再違反雙邊和多邊的貿易協定，而美國和其他國家透過正式的貿易爭端解決機制試圖解決爭議，但處理始終緩慢且無效。

對抗中國系統性竊取美國技術的行為，以及建立強大的全球專用性體制，是確保未來科技領導地位和戰略自主性的當務之急。美國也必須確保它國內智慧財產權的優勢不致於持續被前述的因素所削弱，如此才能激勵創新者承擔開拓新技術的風險、付出所需的多年辛勤。

貿易

美國逐漸改採單邊行動來對抗中國的技術竊取行為。多半時候，單邊行動是以限制措施的形式進行，包括出口管制、限制與特定外國公司進行商業往來的「美國商務部實體清單」、CFIUS對收購的更嚴格監管，以及《國際緊急經濟權力法》（International Emergency Economic Powers Act，簡稱IEEPA）的擴大適用。舉例來說，拜登政府採取了全面性的出口管制措施來限制半導體技術和能力移轉到中國。[76]

總結來說，矯正全球貿易需要美國採取大膽行動和堅定領導。世界貿易組織原則支持自由貿易，不允許歧視原籍國的貿易壁壘。在這個體系下，美國沒有資源可以阻止中國不公平的技術移轉做法。因此，美國必須採取行動建立對抗中國的有力槓桿，包括與全球合作夥伴建立統一陣線，迫使中國改變其行為。與其被動地、戰術性地一一回應中國，美國應該要全面改革全球貿易規則，遵守並執行強而有力的專有規定、法治，以及其他經濟規範。

在定義全球貿易的明確目標之後，美國應該採取戰略性的、積極且堅定持續的行動，來改造全球貿易體系的整體樣貌，確保夥伴國家間有效而強力的協調合作。我們的建議如下：

- 這一屆以及後續的美國政府，應該與合作夥伴建立同盟，共同分享美國對改革全球貿易議程的願景；然後這個同盟應該戰略性地形塑全球貿易，並對抗中國扭曲市場的行動。如第五章的討論，美國首先應該把重點放在與包括台灣在內的合作夥伴簽署貿易協定，以建立更強大的貿易關係。

美國從不曾對進入美國的外國公司設定要求，然而這卻是中國的例行做法：如果一家外國公司想在中國銷售產品，其產品的一小部分必須是在中國製造，而且必須和中國的公司（往往是國營事業）建立合資企業，同時ＩＰ也須強制移轉。美國如若採取相對應的同等政策，將違背自二次世界大戰後奉行的自由市場原則，而且有必要進行嚴肅的經濟分析，評估是否必須對進入美國市場設定條件，以保護美國利益，並鼓勵外資和本國資金對美國及其志同道合的夥伴進行投資。然而，在中國最近的行動之後，有幾個理由讓我們必須考慮實行這類的政策。

首先必須關切的是中國奪取科技產業的掠奪式行為。舉例來說，中國政府的補貼政策、它受保護的國內市場，以及國家主導的資本獲取，直接促成了中國在光電產業的主導地位。這些政策讓中國新興的光電製造商得以在承受巨額虧損的同時造成全球的供應過剩、傾銷產品到出口市場，並壓垮全球的競爭對手。中國的太陽能電池產量在全球市場占比，光是在二〇〇六年到二〇一三年之間，就從百分之十四增加到了百分之六十。[77]美國對此所回應的禁運措施，事後證明為時已晚，而且漏洞百出、形同虛設。

第二個擔憂是某些中國產品在美國或夥伴市場的銷售，對國家安全造成的影響。這個擔憂導致美國和其他國家對華為和中興的設備實施禁令。舉例來說，在二〇二一年十一月簽署立法的《安全設備法》（the Secure Equipment Act），禁止華為、中興和其他任何被視為國家安全威脅的公司在美國取得網路設備的執照。[78]儘管如此，中國仍然可以用其他的產品，將它專制的觀點出口到世界其他國家。舉例來說，國安專家和政策制定者就關切數百萬計的美國青少年免費提供數據給中國的社群媒體平台TikTok。[79]而美國處理這些問題的能力，用「雜亂無章」來形容都還算是好的。

內隱知識

強制的智慧財產權移轉和竊取行為雖引發嚴重關切，不過擁有高度技術的科學家和工程師的內隱知識（tacit knowledge），往往才是技術進步的關鍵。美國和其他西方國家數十年來訓練了在STEM領域的中國學生。一開始，中國很擔心會出現系統性的人才外流，因為最有天分的中國青年才俊都將流失到外國。[80]不過美國對留住中國和其他國際學生缺乏齊心協力的努力，化解了中國的這層擔憂。

來自競爭對手國家的外國學生在美國大學研究關鍵科技——或是競爭對手國家的外國人在美國關鍵科技的公司上班——如今被一些人視為是國家安全的風險。[81]不過，粗暴的做法

（例如禁發學生簽證給中國學者，或禁發工作簽證給技術熟練的中國科學家和工程師）將切斷美國大量的人才供給。相反地，美國應考慮在校園和公司該如何接納這些中國學生和工作者，提供機會給想要逃離習近平統治下日益威權而不自由政權的人們——就如過去逃離蘇聯的科學家們一樣。[82]我們的建議如下：

- 採取一套以證據為憑的篩選流程，查核與中國軍方、安全單位或影響力組織有明確聯繫的人。除上述的人員之外，應該允許——並鼓勵——獲許可入境就學或就業的個人永久移居美國。如此的做法可以讓美國維持其對全球和中國人才最強大的吸引力，並使得北京對人才流失到西方國家的擔憂成為事實。

在此同時，中國建立了「千人計畫」，以豐厚的獎勵來吸引海外的人才，[83]並且向台積電這類的國際科技公司強力挖角，儘管這類的招募行動違反台灣的法律。[84]美國專家和頂尖研究人員因為具有高價值的隱性知識，而被北京當局和中國的公司利用來進行技術移轉——從美國頂尖大學的教職員參與「千人計畫」，[85]到美國企業和與中國國防產業基地有密切聯繫的中國大學進行合作，[86]都是鮮明的案例。有鑑於此，我們的建議如下：

- 美國應該要求涉及關鍵技術和領域的廣泛美國公民，在赴中國旅行之前取得出境訪問或訓練許可，以管制內隱知識不致外流到中國。類似的措施在最近商務部工業和安全局實施的新出口管制中進行：他們要求美國公民必須取得許可，才能「在某些位於中華人民共和國的半導體生產設施支持〔積體電路〕的開發或生產」。[87]

鼓勵美國創新者

對美國的創新者來說，如果國內智慧財產權受侵害，強大的全球智慧財產權保護政策也毫無意義。因此美國政府必須確保國內智慧財產權政策健全、具競爭性，以鼓勵美國創新者為發明新科技投入具風險、困難，且耗費時日的工作。

過去二十年來，美國持續走在限制和貶抑專利的方向，幾乎在各個領域都削弱了美國智慧財產權的政策。其中值得注意的變化包括：限制侵犯智財權行為禁令救濟的可用性——特別是對僅涉及許可而非製造的實體；削弱借助軟體發明的智慧財產權，以及透過更廣泛審查判決來削弱美國聯邦法院在專利案件的角色。

美國最高法院在eBay Inc. v. MercExchange, L. L. C.及其後相關的判決幾乎澈底侵蝕了專利權基本核心的排他權（the right to exclude）。這一系列的案例如今讓專利所有者幾乎不可能阻止已被證明侵犯專利的行為者繼續侵權。這些司法判決鼓勵了所謂的「有效侵權」（efficient infringement）行為，讓公司可以把賭注押在專利訴訟的費用、干擾、資源消耗，以及結果的不確定性上面，萬一真的被追究責任時，才去支付跟一開始就願意支付版權費的未侵權者同樣的費用。

美國專利法可保護的主題也受到限制，抽象的概念因Alice Corp. v CLS Bank International這類案例而被排除。範圍的限縮讓原本受保護不被竊取或挪用的發明如今可以自由取得。這種限制和中國的情況形成明顯對比，中國對並不新穎或顯著的發明也發給專利。中國判定專利合格的做法遠比美國的做法務實：中國的專利機構「中國國家知識產權局」並不測試抽象性（模糊的概念），而是鼓勵審查者對發明的提案作整體審查，並專注在它的技術解決方案。其結果是，中國的專利環境比美國更為有利：最近一項研究顯示「超過一萬兩千件在中國和歐洲獲得專利授權的案例，在美國卻基於法定標的（statutory subject-matter）的理由遭到拒絕。」[88]

在美國，對智慧財產的保護受到多種形式的削弱。美國的反壟斷法將專利視為壟斷，而不是憲法規定的有限排他權，從而剝奪了專利的正當法定權力。法院更進一步削弱專利權，認為專利隨著含有專利權的產品銷售而耗盡，因此限制專利擁有者有選擇回收投資成本方式的自由。國會多年來專注在關切所謂的專利訴訟濫用問題，最終通過了有利於侵權者而非發明者的修正案，並且給執行專利權增加更多的負擔。試圖削弱標準必要專利相關的價值與權利的趨勢令人格外憂心，因其將危及行動通信的技術領導地位，並且把標準的管控權拱手讓給中國。國會還設立了新的專利審查委員會，允許任何人對已發出的專利提出挑戰，從而使得專利所有人阻止侵權的努力變得更加曠日廢時。這個單位幾乎一面倒地宣告所有專利無效，即使地方法院已經認定專利有效。

美國對智慧財產權的支持減弱的情況，在拜登政府期間持續加速，拜登政府不顧貿易夥伴的反對，支持在COVID-19疫情期間放棄世界貿易組織《與貿易有關之智慧財產權協定》

（Trade-Related Aspects of Intellectual Property Right，簡稱TRIPS）的義務。這個做法傳遞強烈訊息，顯示美國對智慧財產權的強力保護正在下降。

在美國，保護商業機密也漸漸不再是反制不當挪用的有效工具。依賴商業機密以保護其創新不被他人取得及利用的公司，對這種功能減弱的情況特別感到憂心。半導體的開發和製造是最主要的例子。這類複雜而資本密集的領域所需要的專業知識和多年經驗，遠超過人們在專利申請表格上所能描述的；這類型的智慧財產是最典型的商業機密。然而，如今美國的法律偏向對商業機密僅提供極為有限的保護，過去用於防止員工跳槽將商業機密帶給競爭對手的競業條款等做法，大多也都被禁止了。

所有這些變化和其他種種都帶來了一種不安定感，並導致傳統投資者不樂於去鼓勵新的技術發展——從而扼殺了美國的創新。許多有價值的創新在美國已不再能夠申請專利，但是卻能在其他地方卻可以，包括中國在內。[89]

相較之下，中國已經認知到，強化其專利系統和法院執行專利權的能力，對鼓勵國內創新至為重要。單就從二〇〇〇年開始，北京方面已經對智慧財產權系統進行了大幅的改革，包括專利法的四次重大修訂和商業機密法的兩次重大修訂，同時技術轉移法和合約法也作了大幅修訂。與美國正好相反，中國法院在所有成功案例中提供了將近百分之百的禁制救濟；中國也加強了對借助軟體的發明以及其他領域的保護；此外中國還設立了四個國家知識產權上訴法院和一個國家知識產權終審法院。中國的公司如今已躋身全球十大專利申請者之列。國家專利機構「中國國家知識產權局」雇用了數萬名審查員並加速專利申請的授權時間。中國專門的知識產權法院提供快速的裁決並即刻發布禁制令。事實上，美國公司如今經常在可選擇司法管轄區的情況下向中國法院提出訴訟，以取得在美國無法取得的中止侵權禁制令。

過去二十年來，智慧財產權在美國日益低落，在中國則得到強化，這個事實充滿諷刺意味。對美國智慧財產權的侵害，不僅幫助了中國經濟和技術實力的崛起，同時將持續削弱美國發展新技術的能力。為了重新取回科技創新的領導地位，美國必須重視並保護智慧財產權，採納鼓勵創新者的法律和政策，最終建立一個對智慧財產權更整合一致、更具戰略考量的做法，以提升美國的戰略利益。為達成這個目標，我們的建議如下：

- 應使美國智慧財產權的制度現代化，令其更加有效率、具競爭力，而且穩定。這需要(a)釐清和穩定專利授權標準，以推進各類型高科技產業，確保美國不致在競爭上落居下風；(b)對所有類型的智慧財產權侵權案件，提供中止侵權的禁制救濟；(c)在美國專利商標局內部建立團隊，負責處理智慧財產和戰略競爭力之間關係；(d)及時任命美國的智慧財產官員；(e)確認與美國透過貿易和「友岸外包」（friend-shoring）建立深層關係的國家有健全的智慧財產權制度，以避免重蹈美國公司在中國智財權保護的覆轍。

達成戰略自主

美國建國之初，開國元勳漢彌爾頓（Alexander Hamilton）說過：「預見或定義國家緊急狀況的範圍或種類是不可能的。」[90]美國因崛起的中國試圖重塑對其有利的世界秩序，而面臨前所未有的挑戰。中國在科學和工程領域的積極追求——包括卓越自主的半導體產業——充分體現技術的優越是改變全球權力平衡的手段。如果美國想要確保其人民的持續自由和繁榮，就必須維持領先地位；為了維持全球領導地位，美國就必須和中國爭勝，也因此必須增強它預測未來的能力——或者，更準確地說，必須去發明未來，並擁有未來。

季辛吉（Henry Kissinger）在他的《論中國》（*On China*）一書中，借用西洋棋和圍棋的比較，來類比西方和中國戰略學說的差異。西洋棋重視全面的勝利，而圍棋則耐心累積戰略的優勢。他寫道：

> 棋手輪流在棋盤的任一個空點上落子，一邊建立優勢地位，一邊努力包圍和吃掉對方的棋子。在同一個棋盤上不同區域，有多個競逐同時在進行。隨著棋手執行戰略計畫和回應對手，雙方的局勢在每一步棋中累積出變化。在一場精彩的對弈結束時，棋盤上布滿了彼此交錯的勢力範圍。雙方優勢的差距往往微乎其微，在不擅長下棋的人眼中，究竟誰勝誰負未必能一眼就看出。[91]

我們的未來將以美國和中國勢力的不斷演進和彼此交錯為特徵。達成長期的戰略自主將需要美國和其合作夥伴耐心累積對中國的相對優勢——就如同圍棋的棋手一樣，而不是像西洋棋手尋求決定性的勝利。要實現這個目標，必須持續採行與促進美國經濟成長、技術發展以及提升國家安全相符的政策。在本章建議的政策——涵蓋價值捕捉、強化經濟安全、提升價值創造，以及強化智財權保護——都和建立美國未來數十年實力地位的目標一致。

註釋

1. Rowan Moore Gerety, "Unmade in America," MIT Technology Review, August 14, 2020.
2. 台灣的富士康和台積電等公司示範了「製造」如何成為推動設計和大規模製造方面創新的關鍵因素。富士康被評定為全世界五十大創新公司，其專利組合涵蓋的技術範圍廣泛。台積電獲得超過兩萬五千個美國專利，在美國專利商標局的專利授權率達百分之九十八。參見TSMC, "Comment Regarding USPTO Request for Comments on Discretion to Institute Trials before the Patent Trial and Appeal Board, Docket No. PTO-C- 2020-0055," US Patent and Trademark Office Comment, December 3, 2020.
3. Semiconductor Industry Association, *2021 State of the Industry Report*, September 2021.
4. Juan Alcacer and Kerry Herman, "Intel: Strategic Decisions in Locating a New Assembly and Test Plant (A)," Harvard Business School Case Study 713-406, September 2012 (revised December 2013).
5. Vaclav Smil, *Made in the USA: The Rise and Retreat of American Manufacturing* (Cambridge, MA: MIT Press, 2013).
6. David J. Teece, "Profiting from Technological Innovation: Implications for Integration, Collaboration, Licensing and Public Policy," *Research Policy* 15, no. 6 (1986): 285-305.
7. Andy Grove, "How to Make an American Job before It's Too Late," Research Gate, January 2010.
8. PIE Commission, *Report of the MIT Taskforce on Innovation and Production* (Cambridge, MA: MIT Press, 2013).
9. Erica York, Alex Muresiano, and Alex Durante, "Taxes, Tariffs, and Industrial Policy: How the US Tax Code Fails Manufacturing," Tax Foundation, March 17, 2022.
10. Alcacer and Herman, "Intel: Strategic Decisions."
11. Antonio Varas, Raj Varadarajan, Jimmy Goodrich, and Falan Yinug, *Government Incentives and US Competitiveness in Semiconductor Manufacturing* (Boston, MA: Boston Consulting Group and Semiconductor Industry Association, September 2020).
12. Semiconductor Industry Association, *2021 State of the US Semiconductor Industry*, September 2021.
13. US Government Accountability Office, *Tax Policy: The Research Tax Credit's Design and Administration Can Be Improved*, GAO-10-136 (Washington, DC: November 2009).
14. OECD, *Science, Technology and Innovation Outlook 2021: Times of Crisis and Opportunity* (Paris: OECD Publishing, 2021).
15. Curtis P. Carlson, "The Corporate Alternative Minimum Tax Aggregate Historical Trends," US Department of the Treasury Office of Tax Analysis, Working Paper no. 93 (Washington, DC: 2009).

16. Alex Durante and William McBride, "Reminder that Corporate Taxes Are the Most Economically Damaging Way to Raise Revenue," Tax Foundation, August 4, 2022.
17. President's Council of Advisors on Science and Technology (PCAST), *Report to the President: Ensuring Long-Term US Leadership in Semiconductors, Executive Office of the President*, January 2017.
18. John VerWey, "No Permits, No Fabs: The Importance of Regulatory Reform for Semiconductor Manufacturing," Center for Security and Emerging Technology, October 2021.
19. "Public Comment 12: Jing He Science Corporation," submitted to the Bureau of Industry and Security, April 2, 2021.
20. 在回應一名分析師提問時，財務長黃昭仁提到：「我們無法提供台灣和美國具體成本差距的數字，不過我們可以和你分享成本差距的主要原因是建築物和廠房設施的興建成本，在美國一座晶圓廠它的成本可能是台灣一座晶圓廠的四到五倍。高興建成本包括了勞動成本、許可成本、職業安全和健康法規的成本、近年來的通貨膨脹成本，以及人員和學習曲線成本。因此，海外晶圓廠的初始成本要比我們在台灣的晶圓廠高。」要注意這並不代表整體的成本差異，因為一座晶圓廠大部分的資金成本是在於設備，而不是建築物本身。參見TSMC, "Q4 2022 Taiwan Semiconductor Manufacturing Co Ltd Earnings Call," January 12, 2023.
21. US Department of Commerce, Bureau of Industry and Security, "Risks in the Semiconductor Manufacturing and Advanced Packaging Supply Chain," Federal Register 86, no. 48, 14308-14309, March 15, 2021.
22. Semiconductor Industry Association, "Comments of the Semiconductor Industry Association (SIA) on Regulation of Persistent, Bioaccumulative, and Toxic Chemicals Under TSCA Section 6(h); Phenol, Isopropylated Phosphate (3:1); Further Compliance Date Extension," December 21, 2021.
23. Marc Humphries, "Critical Minerals and US Public Policy," Congressional Research Service, June 28, 2019.
24. Walden Rhines, *Predicting Semiconductor Business Trends after Moore's Law* (New York: Springer International Publishing, 2019).
25. Martin Reeves, George Stalk, and Filippo Scognamiglio, "BCG Classics Revisited: The Experience Curve," Boston Consulting Group, May 28, 2013.
26. David J. Teece, "Towards a Dynamic Competition Approach to Big Tech Merger Enforcement: The Facebook-Giphy Example," TechReg Chronicle, December 2021.
27. Aurelien Portuese, "Principles of Dynamic Antitrust: Competing through Innovation," Information Technology and Innovation Foundation, June 14, 2021.
28. Robert D. Atkinson, "Who Lost Lucent? The Decline of America's Telecom Equipment Industry," *American Affairs Journal* 4, no. 3 (Fall 2020).
29. David B. Yoffie, *Strategic Management in Information Technology* (Hoboken, NJ: Prentice Hall, 1994).
30. Michael C. Munger and Mario Villarreal-Diaz, "The Road to Crony Capitalism," *The Independent Review* 23, no. 3 (Winter 2018/19).
31. NASA's Commercial Crew & Cargo Program Office (C3PO), *NASA Systems Engineering Handbook*, SP-2016-6105 (Washington, DC: NASA

Headquarters, 2016).
32. Richard A. Gottscho, Edlyn V. Levine, Tsu-Je King Liu, Paul McIntyre, Subhasish Mitra, Boris Murmann, J. M. Rabaey, Sayeef Salahuddin, Willy C. Shih, and H.-S. Philip Wong, "Innovating at Speed and at Scale: A Next Generation Infrastructure for Accelerating Semiconductor Technologies," ResearchGate, March 2022.
33. Varas et al., *Government Incentives.*
34. Will Hunt and Remco Zwetsloot, "The Chipmakers: US Strengths and Priorities for the High-End Semiconductor Workforce," Center for Security and Emerging Technology, September 2020.
35. David Leonhardt, "The Myth of Labor Shortages," *New York Times*, May 20, 2021.
36. Government of the Netherlands, Tax Department, "Knowledge Migrant Visa Program FAQs," accessed May 23, 2023.
37. National Center for Science and Engineering Statistics, "Survey of Graduate Students and Postdoctorates in Science and Engineering, Fall 2021," Table 4-20a, January 2023.
38. Gary P. Pisano and Willy Shih, "Restoring American Competitiveness," *Harvard Business Review*, July-August 2009.
39. National Research Council, *21st Century Manufacturing: The Role of the Manufacturing Extension Partnership Program* (Washington, DC: National Academies Press, 2013), 302.
40. Matthew D. Mitchell, Michael D. Farren, Jeremy Horpedahl, and Olivia Gonzalez, "The Economics of Targeted Economic Development Subsidy, Mercatus Center at George Mason University," November 21, 2019.
41. Yll Bajraktari et al., "Final Report: National Security Commission on Artificial Intelligence," National Security Commission on Artificial Intelligence, 2021.
42. *The Economist*, "Confronting Russia Shows the Tension between Free Trade and Freedom," March 19, 2022.
43. Congressional Research Service, "Critical Minerals and US Public Policy," June 28, 2019.
44. *The Economist*, "China Courts Global Capital on Its Own Terms," December 11, 2021.
45. David J. Teece and Bruce R. Guile, "Reinterpreting Adam Smith for Today's Economy," *California Management Review*, August 15, 2022.
46. Rhines, *Predicting Semiconductor Business Trends*, 86.
47. *The Economist*, "The American Chip Industry's $1.5trn Meltdown," October 17, 2022.
48. Ben Thompson, "Chips and China," Stratechery, October 17, 2022.
49. *The Economist*, "The American Chip Industry's $1.5trn Meltdown."
50. 在回應一名分析師對亞利桑那晶圓21廠計畫的提問時，台積電董事長劉德音回答說：「我們在美國的客戶，他們都想要在這座晶圓廠下訂單。我的意思是說，這是來自我們客戶的需求。我們也相信，有許多……的商機在那裡。」參見 TSMC, "Q2 2022 Taiwan Semiconductor Manufacturing Co Ltd Earnings Call," July 14, 2022.
51. Saif M. Khan, "Securing Semiconductor Supply Chains," Center for Security and Emerging Technology, January 2021.
52. Rhines, *Predicting Semiconductor Business Trends*, 86.
53. USITC, *Global Competitiveness of US Advanced-Technology Manufacturing Industries: Semiconductor Manufacturing and Testing Equipment*, Publication 2434, 1991.
54. USITC, *Global Competitiveness.*
55. Thompson, "Chips and China."
56. Global Business Alliance, "Foreign Direct Investment in the United States," 2022.
57. Anton Shilov, "TSMC Rumored to Increase Capacity of Arizona Fab," Tom's Hardware, March 4, 2021.
58. Varas et al., Government Incentives.
59. TSMC, "Comments in Response to the Commerce Department's Request for Information on the Implementation of the CHIPS Incentives Program, 87 FR 61570," Federal Register Number 2022-22158, 2022.
60. 先進半導體之外的其他例子可能包括：稀土加工、電池、核相關組件、大型變壓器，以及現代造船業。
61. Michael Brown and Pavneet Singh, *China's Technology Transfer Strategy: How Chinese Investments in Emerging Technology Enable a Strategic Competitor to Access the Crown Jewels of US Innovation,* Defense Innovation Unit Experimental, January 2018.
62. Congressional Research Service, *CFIUS Reform under FIRRMA*, February 21, 2020.
63. Richard Vanderford, "Chinese Investors Still Leery of US Acquisitions after Oversight Changes," *Wall Street Journal*, April 14, 2022.
64. *The Economist*, "Despite Ukraine, These Aren't Boom Times for American Armsmakers," October 20, 2022.
65. William Inboden and Adam Klein, "A Lesson from the Ukraine War: Secure Our Semiconductor Supply Chains," The Hill, May 22, 2022.
66. Zoya Sheftalovich and Laurens Cerulus, "The Chips Are Down: Putin Scrambles for High-Tech Parts as His Arsenal Goes Up in Smoke," *Politico*, September 5, 2022.
67. James Timbie and James Ellis, "A Large Number of Small Things: A Porcupine Strategy for Taiwan," *The Strategist* 5, no. 1 (Winter 2021/2022): 83-93.
68. Mark Boroush, "Research and Development: US Trends and International Comparisons," NSB-2020-3, Science and Engineering Indicators, January 15, 2020.
69. Drew DeSilver, "What Does the Federal Government Spend Your Tax Dollars On? Social Insurance Programs, Mostly," Pew Research Center, April 4,

2017.

70. Michael Brown, Eric Chewning, and Pavneet Singh, "Preparing the United States for the Superpower Marathon with China," Brookings, April 2020.
71. Center for E3S, "2021 NSF Workshop on CMOS+X Technologies," accessed May 23, 2023.
72. Sankar Basu, Erik Brunvand, Subhasish Mitra, H.-S. Philip Wong, Sayeef Salahuddin, and Shimeng Yu, *A Report on Semiconductor Foundry Access by US Academics* (Washington, DC: National Science Foundation, 2020).
73. Gottscho et al., "Innovating at Speed and at Scale."
74. Teece, "Profiting from Technological Innovation."
75. Office of the United States Trade Representative, *Findings of the Investigation into China's Acts, Policies, and Practices Related to Technology Transfer, Intellectual Property, and Innovation under Section 301 of the Trade Act of 1974*, March 22, 2018.
76. US Department of Commerce, Bureau of Industry and Security, "Public Information on Export Controls Imposed on Advanced Computing and Semiconductor Manufacturing Items to the People's Republic of China (PRC)," October 2022.
77. David M. Hart, "The Impact of China's Production Surge on Innovation in the Global Solar Photovoltaics Industry," Information Technology & Innovation Foundation, October 2020.
78. Valerie Hernandez, "Have the Huawei Bans Achieved the US's Intended Goals?," International Banker, September 2022.
79. 大篇幅的討論可見：Niall Ferguson, *Doom: The Politics of Catastrophe* (London: Penguin Press, 2021).
80. William Sweet, "Future of Chinese Students in US at Issue; CUSPEA Program Nears Its End," *Physics Today* 41, no. 6 (June 1988): 67-71.
81. White House Office of Trade and Manufacturing Policy, "How China's Economic Aggression Threatens the Technologies and Intellectual Property of the United States and the World," June 19, 2018.
82. Joyce Barnathan, "The Soviet Brain Drain Is the US Brain Gain," *Bloomberg*, November 3, 1991.
83. Brown et al., "Preparing the United States."
84. Matthew Strong, "Taiwan Finds More than 40 Cases of Illegal Recruitment by Chinese Companies," *Taiwan News*, September 16, 2016.
85. Bill Chappell, "Acclaimed Harvard Scientist Is Arrested, Accused of Lying about Ties to China," NPR, January 8, 2020.
86. Glenn Tiffert, ed., "Global Engagement: Rethinking Risk in the Research Enterprise," The Hoover Institution, July 2020.
87. US Department of Commerce, Bureau of Industry and Security, "Public Information on Export Controls."
88. Lia Zhu, "Experts: China Outpacing US on Patent Eligibility," China Daily, June 23, 2020.
89. Kevin Madigan and Adam Mossoff, "Turning Gold into Lead: How Patent Eligibility Doctrine Is Undermining US Leadership in Innovation," *George Mason Law Review* 24 (2016-2017): 939.

90. Alexander Hamilton, James Madison, and John Jay, "Federalist No. 23," in *The Federalist Papers*, edited by Jacob E. Cooke (Middletown, CT: Wesleyan University Press, 1961), 154.

91. Jeffrey Goldberg, "Henry Kissinger on the Assembly of a New World Order," *The Atlantic*, November 17, 2016.

第五章　透過半導體深化美台合作

祁凱立（Kharis Templeman）
梅惠琳（Oriana Skylar Mastro）

台灣是全球半導體供應鏈一個密切、可信賴的合作夥伴。美國和台灣應尋求以半導體產業深化台灣與其他相同領域全球夥伴之間，企業對企業、研究、學術、個人以及民間的聯繫，促進台灣的繁榮與穩定。

這個戰略包括積極推動台灣半導體公司在美國的製造、設計和聯合研發等活動；跨境工作者的所得稅減免；雙向的半導體實習計畫與學術交流；半導體供應鏈資訊分享和韌性規劃，以及在台灣的國防產業合作生產。

憑藉著台灣在半導體的特殊優勢，以及美國在該地區持續的長期利益，這是建立更廣泛共享的民間和商業聯繫很有利的基礎，有助於深化美國對台灣的民主承諾——並嚇阻試圖終結台灣民主的力量。

* * *

我們的合作夥伴台灣在全球半導體具有關鍵角色，這個事實對美國而言既是機遇也是風險。美國促進台灣穩定和繁榮，並且維護與我們相同價值觀的生活方式，這方面的利益早在台灣的晶片巨頭崛起之前已然存在。同時，這些利益也將比任何商業週期或供應鏈的格局更為持久。

如本報告所主張，半導體是美國、台灣和中國未來關係的核心關切議題。過去兩年來，美國媒體的專欄評論和智庫報告數量，很可能超過之前十年的總數；這種關注一方面是源自中華人民共和國對台灣所展現的言行態度，另一方面也是因為美國大眾和政界對半導體的興趣激增所致。與此同時，美台關係並不僅僅關乎晶片。在這方面，美國不應該用交易的觀點來看待台灣。他們必須理解，台灣人也會注意聆聽美國人的說法，並作出戰略上的反應。

美國和台灣的領袖應該務實面對這座島嶼所面臨的實際威脅，他們打造人們的能力和信心來回應、對抗脅迫並嚇阻攻擊。為達到這個目的，我們在半導體能力的共同利益可提供幫助。我們可以彼此學習，共同來擴展令全球夥伴稱羨的技術領導地位。我們可利用更高的共同利益，來建立實質的民間、商業，甚至是工作層面上的適當政府聯繫。同時我們也可以借助這樣的態勢發展，打破長期以來官僚主義的摩擦，改善我們經濟和安全關係的可互換操作性。

本章將說明，美國可從台灣打造半導體供應鏈全球領導角色——這遠超過台積電一家公司——的成功經驗學到什麼，同時，由於美國正面對與中國市場整合的緊張關係，以及持續增長的戰略擔憂，這些經驗也可說明台灣過去幾十年如何應對這些困局。最後我們也提出了藉由晶片的共同利益，進一步深化合作具體的機會，這將促進彼此的繁榮並提升嚇阻力量。

從台灣半導體產業的崛起中學習

台灣如何成為台積電這家全球最具戰略重要性的公司——以及其他十幾家半導體供應鏈重要參與者的所在地？[1]這答案包括了扶植、文化和機運（nurture, culture, and luck）。既然美國的尖端半導體製造的未來，如今是透過台積電在亞利桑那州的投資直接運作，在美國期待這項努力成功的人們，更應該去了解台灣本身的戰略基礎是什麼。同時，我們也不能因為晶圓廠已經興建了，就把新晶圓廠在美國的成功視為理所當然。

扶植

台灣半導體產業的開始可以追溯到一九六六年，當時美國的電子公司通用儀器（General Instruments）在高雄加工出口區成立了第一家半導體工廠。隨後加入的包括荷蘭製造商飛利浦和其他幾家外國電子公司。不過這些工廠專注在簡單的組裝而非先進的製造，同時他們和本地供應商在更廣泛的經濟領域上聯繫也很有限。

讓台灣電子工業走向今日道路的關鍵時刻是在一九七三年，當時台灣的經濟部成立了工業技術研究院（簡稱工研院）。工研院是政府出資的機構，旨在提供研發並為台灣的產業升級做出貢獻。一九七四年，工研院成立了電子工業研究中心（譯註：也就是現在的電子工業研究所，英文譯名為Electronics Research and Service Organization，簡稱ＥＲＳＯ）以發展電子製造的國內專業人才。電子工業研究中心的第一項計畫，是與美商美國無線電公司（ＲＣＡ）合作，設立積體電路示範工廠。電子工業研究中心派出了約四十名工程師赴美接受ＲＣＡ的訓練。回國之後，他們打造了台灣第一間積體電路製造設施，並於一九七七年開始運作。這四十名受訓人員中，許多人成了半導體產業界的重要人物，或繼續留在工研院工作，他們在未來幾十年對台灣發展電子製造能力扮演了重要的角色。台灣第一家半導體公司聯華電子股份有限公司（聯電），隨著ＥＲＳＯ分拆最初的工廠而在一九八〇年成立。

台積電是在一九八七年，隨著ＥＲＳＯ另一項以「超大型積體電路」（ＶＬＳＩ）技術為重點的計畫而正式登場。一開始台積電的投資有百分之四十八是來自台灣的國家發展基金，百分之二十八來自飛利浦，百分之二十四則是其他私人來源。從一開始，台積電就遵循純代工晶圓廠模式：它完全專注在製造客戶設計規格的晶片，避免嘗試自己設計晶片。這個先驅性的決定讓電子製造業無需自己興建昂貴的工廠，同時帶動了晶片設計公司在台灣擴展——而不僅僅是在美國矽谷蓬勃發展——從一九八六年的四家，到一九八七年底已經增加到四十家。相對的，這些公司的成長也帶動了「特殊應用積體電路」（ＡＳＩＣｓ）的快速進展，而台灣的業者很快就吸引了來自外國製造商（如索尼公司和超微半導體）和國內企業集團的大型投資。

在一九九〇年代，更多公司在台灣成立，填補製造流程的其他部分，這些公司的群聚為台灣建立了更加健全的供應鏈。工研院電子所把它的次微米（submicron）計畫拆分出來製作動態隨機存取記憶體（DRAM）晶片；新成立的公司稱為世界先進積體電路公司（Vanguard International Semiconductor Corporation），簡稱世界先進。到一九九五年，另外六家生產DRAM的公司也在台灣成立。到一九九〇年代末，台灣半導體業已有許多公司在晶片製造的至少一個環節中運作，包括設計、製造、封裝、測試在內。

除了公共研發基金和初始投資資本外，政府支援的部分還有土地和基礎設施的補貼、優惠的稅收減免，以及人力資本的投資。在一九八〇年，台灣的中央政府創立了新竹科學工業園區（如今稱為新竹科學園區），目的是想重現加州矽谷極為成功的民營企業群聚和互動模式。新竹科學園區由中央政府創立並一直經營至今，它提供入駐園區企業稅收的優惠，並為勞動力提供工廠、公園、學校等實體基礎設施。它的位置緊鄰台灣兩座頂尖工程大學：國立清華大學和國立交通大學，也靠近台灣最大的國際機場桃園機場。工研院的設施同樣也位在附近。在一九九九年，台灣半導體產業協會（TSIA）有四分之三的會員公司要不是位於園區，就是座落附近的新竹或桃園。在新竹科學園區的成功之後，在高雄（南部科學園區，最初在一九九四年成立，之後擴展到台南並於二〇〇三年更名）和台中（中部科學園區，二〇〇三年成立）又設立了新的科學園區。台積電正在兩個園區興建下一代晶圓廠。

台灣政府也提供了慷慨的稅賦減免給業界的公司。舉例來說，從一九九〇年到一九九四年，位在竹科的公司有效稅率僅有百分之一點五七，相較之下，台灣一百大的製造業公司是百分之十五點三，典型的中小企業則是百分之二十。[2]台灣也沒有資本利得稅。多年來半導體公司充分利用這個特點，允許員工以名目價格購買一定數額的股票，然後很快以高出許多的市價賣出。這提供了員工免課稅、無風險的紅利。最近，在二〇二三年一月，政府把公司研發支出投資可得到的稅收減免，從百分之十五提高到百分之二十五，最高可達營業稅總額的百分之五十。[3]

台灣也投資在低成本公立高等教育，為產業提供工程和管理人才的穩定來源。工研院的一些工作，尤其是在產業發展的初期，也協助發展了本土的高技能人力，並吸引台灣的海外人才回流——包括台積電的長期領導者張忠謀在內，他最初是在一九八五年從美國返回台灣擔任工研院院長。

文化

在台灣半導體產業成功的一個背後因素是它客戶服務的文化。不同於韓國以「財閥」（chaebol，即大型綜合企業集團）為經濟起飛時期的主要出口商，在台灣，中小企業構成了經濟成長的主幹。台灣的中小企業許多是建立在家庭或社區的網絡，特別擅長為先進經濟體的買家代工製造消費品。[4]當中最優秀的中小企業知道如何配合快速變化的消費者偏好，用便宜、快速而且可靠的方式為買家完成訂單。不僅如此，他們還跟更大的分包商網絡緊密相連，得以根據美國消費者的訂單大小迅速增加或減少生產。這種非正式網絡和轉包關係複雜的商業文化，最終複製到台灣的半導體產業裡。這也讓台積電一開始要做一家純代工晶片公司的決定，沒有外人想像的那般冒險；這類的商業模式在台灣經濟的其他部分已經有先例可循。

台灣本身的工作文化也在其他方面為這個產業注入了活力。台灣工作者的工時在世界名列前茅，且國家的勞動法規仍相對寬鬆。晶片的製造過程需要紀律嚴明、具備知識、可信可靠的勞動力，這個產業的企業在特別繁忙的時期向來能讓員工固定加班。[5]在這方面，台灣的半導體業領導者曾經抱怨美國的工作文化是在當地製造流程運作上的巨大障礙。[6]

在台灣的生活品質，包括在一九九〇年代的政治轉型，也讓它更能吸引海外台灣人回流，同時還解決了業界如何挽留人才的問題。這種差異和中國大陸之間特別明顯。如第八章所述，中國嘗試挖角半導體工程人才，利用台灣的專業人才來開啟國內產業。此舉在起步階段獲得一些成功，不過在過去五年，這種威脅逐漸消退。當初受到更大的獨立性、職權還有更高薪水所吸引的許多業界工程師，如今已經回到了台灣。[7]

機運

台灣半導體產業的領導者態度謙遜，包括台積電的領導者——這家公司按市值居全球十大公司之列——他們將與英特爾和三星的競爭比喻為賽馬，任何一個錯誤的投資或技術決定，都會使其踉蹌乃至屈居下風。如第二章所述，這樣觀點在台積電新近稱霸的過程中得到印證，台積電崛起的時機點，正好它的美國和韓國對手都各自在取得一連串成果後，於執行和戰術上出現失誤。[8]台灣的晶圓廠選擇在二〇〇九年全球金融風暴和經濟下滑的時刻，積極將資金再投入產能的擴充，因而在智慧型手機需求起飛時成功增加了市場的占比。台積電在艾司摩爾的極紫外光技術的應用取得重大突破，其他初期研發的合作夥伴則無法複製。[9]

此外，蘋果公司在二〇一〇年代初期對三星展開一連串曠日廢時的工業設計智慧財產權訴訟——三星為早期的iPhone提供了絕大部分的先進晶片——結果促成了蘋果這個新興消費電子巨頭和替代供應商台積電之間更密切的關係（並進行了大量的共同投資和風險分攤）。[10]另外，代工外包模式的供應商會刻意避免與客戶事業相競爭，這個模式深入台灣的骨血，正好在產業發展的關鍵時刻引發了共鳴。

今日的台灣半導體產業：群聚和成長限制

如今，台灣半導體產業在半導體晶片，特別是尖端邏輯晶片製造，占據了核心地位。圍繞台積電的經濟生態系已經成長為群聚的商業聚落，讓台灣成為全世界最多元的半導體供應鏈之一。半導體與其相關產業在物理上的毗鄰帶動了規模經濟的效應，比世界其他地方更加緊密地整合。好比在美國，人們應該也能理解到，光是靠一、兩家組裝廠並不足以撐起汽車產業——台灣的經驗說明用類似方式培養產業生態系的必要性，它可降低交易成本，並在政府短暫的補貼期之後，持續維繫它的全球競爭力。有鑑於台灣在晶片製造之外的供應鏈其他節點上也有快速成長的公司——例如在設計方面，這是美國公司如今的強項——彼此便有了雙向合作的機會。台美之間的半導體合作並不只是單邊的交易。

台灣生產和消費

台積電是台灣最大的半導體製造商，也是全球最大的單一業務（pure-play）半導體晶圓廠；它主宰了十奈米以下的晶片製造市場，同時實質上壟斷了五奈米尺寸和以下的邏輯晶片。比較不為人知的是聯電的強大實力，它是世界第二大的單一業務半導體晶圓廠（總體製造量全球第三大），著重在專業的成熟節點邏輯晶片（mature-node logic chips），例如在汽車和工業應用的晶片。這兩家公司雖然在中國都有業務，但絕大部分的生產都是在台灣進行。總體來說，全世界大約三分之一的邏輯晶片製造能力位於台灣島上。

台灣還擁有兩家主要的本土記憶體製造商——南亞科技和力積電——同時在吸引外國製造商投資上也相當成功。位在美國的美光是世界第三大記憶體晶片供應商，它大部分的尖端DRAM記憶體晶片是在台灣生產。在二〇二〇年，全世界百分之十五的記憶體製造能力位於台灣島上。

除了前端製造本身，台灣還擁有全球超過半數後段的半導體委外封裝測試（Outsourced assembly packaging and testing，簡稱ＯＳＡＴ）產業，這是晶片整合到終端產品所必須的。日月光科技是全台灣也是全世界最大的ＯＳＡＴ公司，光是它一家就占了全球百分之二十四的市場。

如前所述，台灣強大的半導體代工製造也促成了國內龐大且不斷成長的無廠設計產業。聯發科、聯詠科技、瑞昱半導體和奇景光電，按全球營收比例分居全世界無廠晶片設計公司的第四、第六、第八和第十大。特別是聯發科，它一直是美國高通公司在行動晶片領域的競爭對手，在二〇二二年安卓系統手機市場占比超越了高通（按裝置數量計）。總體而言，台灣占了全球無廠晶片市場的百分之二十一，僅次於美國。

在生產輸入物和原料方面，台灣的環球晶圓是世界第三大矽晶圓供應商，二〇二〇年的市占比為百分之十八。台灣四家最大的矽晶圓製造商——環球晶圓、中美晶、台勝科（與日本SUMCO的合資企業）和合晶科技——占了全球三分之一的市場。這也讓台灣成為僅次於日本的世界第二大矽晶圓製造國。

儘管台灣的實力雄厚，但它仍強烈依賴與國外半導體供應鏈的聯繫。台灣的無廠半導體設計公司和世界其他地區同類型的公司一樣，依賴美國和歐洲的電子設計自動化軟體工具；它的製造設施要依賴日本供應商提供的特種氣體、化學品和微影製程的光罩。台灣幾乎不生產在地的半導體製造設備，以致這些公司每年要花數百億美元——在二〇二一年為兩百四十億美元——從荷蘭、美國和日本進口工具。這樣的設備採購額和韓國及中國相當，也因此成為這些供應商的一個主要收入來源。

台灣的晶圓代工模式從本質上使得公司和全球的客戶緊密連結在一起。以台積電為例，它主要供應的是外國客戶。在二〇二一年，光是蘋果一家公司就占了它收入的百分之二十六，而美國市場整體而言則占了百分之六十四。在台灣本地的客戶只占收入的百分之十二點八，至於來自中國公司的收入則占了百分之十點三。[11]

就某方面來說，美國的政策制定者多半想到的是美國對台灣的依賴，但台灣同樣也依賴美國。這種依賴關係當然讓台灣成了美國企業的強大事業夥伴，這一點展現在作風保守的台積電願意投資於美國的生產能力以提供價值給他們的重要客戶（也就是蘋果公司）——儘管這給台積電帶來了更高的成本和相關的風險。回過頭來，台積電也期望給客戶的這個附加價值，能夠反映在產品在美國更高的單位價格。[12]

這種密切關係讓台灣成了美國管制關鍵技術時不可少的政策合作夥伴。台灣的半導體公司使用美國的技術，因此他們容易受到美國的出口管制或禁運的影響。舉例來說，在二〇二〇年，台積電終止了它和當時第二大客戶海思半導體（HiSilicon）的往來，這家公司是華為旗下的無廠半導體子公司。不過，基於當時台積電產品在全球的高需求，這個損失很快就由公司其他近五百個客戶所吸收。

國內議題

台灣半導體業的領導者經常會提到兩個在國內最迫切要解決的痛點：能源和人力的供應。

如前面所介紹，台灣長期使用科學園區模式來獎勵高科技的產業運作，包括透過政府協助供應土地、電力和水。儘管包括半導體在內的科技產業快速成長，他們仍面臨這些方面的限制。舉例來說，台灣最近經歷五十年來最嚴重的乾旱（旱情在二〇二一年六月結束），迫使台積電從廠區汲取地下水，或是從台灣其他地區以卡車載運供水。[13]雖然這些週期性的短缺會造成影響，但是基於回收和處理技術持續的進步，水在未來被視為是可以管理的問題；鑑於這些水資源投入對產生晶片的價值，投資這些處理能力是值得的。

更加值得關切的是可負擔的潔淨能源的取得和可靠性。需要格外留心的是用電問題，因其需求正出現快速成長——台灣資訊和通信科技（ICT）次級產業的用電量，自二〇〇〇年以來已經成長四倍，如今占了全台用電量的百分之二十一，比全部家戶用電量加總還要多。台積電本身據說在二〇二二年使用了全台灣近百分之十的電力，政府估計其用電量從二〇二〇年到二〇三〇年將增加三倍；整個產業有二十座新近完成或正在施工的新晶圓廠，在未來幾年還會有十幾座晶圓廠會在台灣興建。[14]同時，這項科技產業的需求都是集中在台灣北部，但台灣電力供應成長許多是來自南部地區，況且近來也時常出現停滯；台灣零碳的核能電廠在中央政府的政策決定或是地方壓力下陸續關閉，潔淨的替代發電則出現延遲。[15]結果是不定期的大停電——在二〇一七年八月發生過一次、二〇二一年五月發生兩次、二〇二二年三月又發生一次。

基於晶片製造高度的資本密集，它的獲利與設施的使用率有密切關係。此外，幾百道的製造步驟和晶圓廠內的精密儀器都需要高品質的電力供應。晶圓廠雖然有備用的發電機，但大停電在短期內需付出的成本十分高昂，而且業界對能否長期供應充分電力的憂慮，可能影響到他們較大型的投資。

此外還有技術勞工的問題，這是包括美國和中國在內，全世界半導體業共同擔憂的問題，只不過半導體在台灣經濟的重大角色，讓這個問題在台灣顯得格外急迫。台灣工程系所的學生多半已經進入半導體業，產業的僱員總數達二十九萬人。光是一家台積電，基於它著重前沿晶片的策略和上萬名的研發人員職位，據估計每年招募了全台灣五分之四符合資格的博士。一份二〇二二年的報告估計，這個產業有三萬五千個未補滿的職缺。考量到台灣不良的人口結構（低生育率和低移民率）和整體學生數下降，這個缺工的情況往後將更加嚴重。[16]

台灣的政府針對人力資源短缺的問題，已採取一些措施，由學術機構和半導體公司合作結盟，成立新的「晶片學校」來訓練新一代產業工作者。[17]台積電本身每年都在台灣直接贊助大約二十多個博士獎學金，由它的員工設計和教導大學課程，同時每年提供約三百五十個實習機會。如第二章所述，半導體產業在台灣被視為令人稱羨的工作，薪資待遇也高於本地標準，雖然以美國的標準仍然偏低（在台積電一名碩士學歷的工程師，平均起薪加上紅利大約是六萬五千美元）。[18]不過，這個行業可從更多女性投入工程部門人力而受益——美國DRAM製造商美光公司的報告表示其在台灣過去三年新聘僱的人員，有百分之四十四是女性，但是女性仍只占該公司在台灣總體勞動力的百分之二十二。[19]此外，和其他已開發經濟體的情況一樣，可能需要制定針對來自南亞和東南亞移民的額外措施，來彌補這個人力缺口。例如我們在第六章會提到，來自印度在台灣研讀工程的大學生人數出現成長；儘管如此，台積電在二〇二〇年新招募的大約八千名員工當中，只有兩百八十人是來自海外。[20]對於本地勞動力的擔憂，或許有助於鼓勵台灣半導體製造業在海外進行更多投資並加入合資企業（像是台積電在日本與索尼公司和汽車業的合資計畫）。

台灣的半導體業對其勞動力實際上還有另一個相關的憂慮——那就是中國企業對人才的挖角。和五到十年前相比，如今這或許已經不是大規模的問題，因為台灣年輕人對於在中國大陸工作和建立事業的興趣已經降低。不過在二〇一四年到二〇一九年之間，據報導有超過三千名台灣的高階層半導體工作者在高薪吸引下搬到了中國。[21]有鑑於中國產業界的雄心還有北京當局的大力支持，中國的挖角在行業頂尖人才方面仍是值得擔憂的問題，因此台灣政府已經逐步採取更多措施來保護自身的產業。[22]

例如台灣的投資委員會（譯註：今改制為經濟部投資審議司）自一九九〇年起便要求對外人直接投資、購併和收購高科技領域進行申請和審查；對中國超過五千萬美元的對外投資必須登記，政府還對可在國外使用的生產技術水平作出了限制（這也影響到了台積電在南京的晶圓廠）。[23]經濟間諜行為列為刑事案件，傳輸「國家核心關鍵技術」被判有罪者最高可處十二年徒刑。

針對中國對台灣半導體人才積極挖角的行動，台灣也開始作出反擊，包括突襲搜索在台灣半導體科學園區非法運作的中國公司；[24]對四十起中國企業非法挖角案件進行起訴；[25]限制在國內刊登廣告；對中國半導體的獵頭者（headhunters）處以五百萬台幣罰金（約相當十七萬美元）。[26]近期，台灣政府提出一項措施，要求接受政府某些形式援助的晶片公司員工（幾乎是絕大多數都是），前往中國旅行之前應得到政府許可；不過這項提案引發了台灣半導體公司的一些反彈，他們認為公司內部的商機機密保護協議才是預防技術竊取更重要的工具。

值得一提的是，美國政府如今也面臨類似的擔憂，要在半導體業商業自由和日益升溫的國安考量之間尋求平衡——這一點請參見第九章，將介紹美國工業和安全局在二〇二二年十月公布的出口管制中，對美國人在中國半導體公司工作所作的限制。不過我們可以說，台灣在這方面有更深刻的體驗可供我們學習。

來自未來的明信片：對台灣來說，經濟和安全向來一直相互關聯

第一章的情境分析指出，未來美國在可能的國際經濟關係中，會更加傾向於依據共同的價值觀和安全利益作出政策判斷和選擇。如果這樣的情況成真，它將和我們過去熱切擁抱全球化的歷史截然不同；與中國選擇性地脫鉤，代表著我們的一些領導企業要負新的責任，而美國的政策制定者和法規監管者也要接受原本並不熟悉的角色。錯誤可能發生，而且代價恐怕不小。我們能否從台灣目前為止的獨特經驗中學習？在台灣始終充滿著政治暗流的民主體制下，它是怎樣小心翼翼處理和自身最大安全威脅之間的重大經濟關係？

對「中華民國在台灣」（Republic of China on Taiwan）而言，經濟發展向來有著根本的安全顧慮。在一九四九年，中國國民黨在中國大陸垮台，政權狼狽逃往台灣，帶著它中華民國的體制和超過一百萬來自大陸的難民。從那個時刻起，它與領導中華人民共和國的共產黨之間，就陷入政治體制上無止境的競爭，其中，經濟成長是它政治正當性的關鍵之一。[27]在冷戰的初期，台灣是「自由中國」的同義詞：一個西方資本主義的孤絕前哨，隨時面對共產黨將跨越台灣海峽展開殺戮的迫切危險。隨著韓戰開始，美國的介入阻擋了入侵的立即危險，穩定和重振台灣的經濟就成了維護這個政權安全的首要任務。

到了一九六〇年代初期，為了擺脫對美援的依賴，國民黨的領導階層開始轉向以出口為導向的發展策略。它利用島內豐沛的勞動力和進入西方市場的優惠條件吸引外人直接投資，提升經濟成長率並儲備了外匯存底。其結果是受大肆宣揚的「台灣奇蹟」：在接下來的四十年間，台灣享有幾乎不曾中斷的快速經濟成長，而且貧富差異相對較低。同時它的出口價值鏈也逐漸向上移動：從一九六〇年代的紡織業和玩具，到一九七〇年代的鞋類和自行車，再到最後一九八〇年代的電子零件組裝和電腦硬體製造業。

這個快速發展讓數以百萬計的台灣人脫離貧窮，也讓這座島嶼成為工業的發動機。它同時也提升了台灣領導者的安全感。到一九八〇年代，這座島嶼僅有中國大陸百分之二的人口，國民黨政權的年度國防預算卻是整個中華人民共和國的一半。它的經濟成長使其得以投入資源在日益精良的本土國防武器生產，並向外國供應商採購最新一代武器載台——美國的F-16戰機、法國的幻象戰機和拉法葉級驅逐艦，以及荷蘭旗魚級潛艇。台灣的國軍和中共解放軍武器精良程度在一九九〇年代形成了巨大的鴻溝，中華民國部隊的各個領域在「質」方面都有極大優勢，足以抵銷中華人民共和國在「量」方面的優勢。

如今我們很容易忽略，不過從一九九〇年代初期的有利視角來看，當時台灣在兩岸關係上處於強勢地位。它的人均所得是大陸的二十倍。台灣的外匯存底排名世界第一。台灣的政治制度正在開放：這個進程在一九九二年實現了第一次自由且公平的國會直選，在一九九六年則實現了總統直選。

和我們的討論最相關的是，台灣的企業是全球經濟中靈活的競爭者，而中國的企業還在摸索市場原則。因此，當台灣的輸入成本增加——主要是在於勞動力和土地——許多台灣的代工製造業便開始尋找更廉價的代替品；把一些業務移往中國大陸，對兩邊來說都很有經濟上的道理。眾所周知，「海外華人」的資金和商業頭腦，在中國改革開放初期，對於將中國大陸連結到全球經濟有著非常重要的作用。比較少人知道的是，台灣的生意人——一般通稱的「台商」——在這過程中同樣扮演了核心的角色。他們把生產移到了中國沿海的經濟特區，特別是在珠江三角洲和福建省，同時也把台灣中小企業過去幾十年代工生產發展出的優勢帶入了中國大陸。[28]

台海關係和政黨政治

在政治環境惡化的同時，兩岸經濟關係卻持續加深。北京對李登輝總統（任職期間為一九八八至二〇〇〇年）充滿了疑慮，兩岸之間政府對政府的協商在一九九九年之後停止。台灣的法規條文依然對有興趣到對岸旅行、求學或進行文化交流的團體有著重重限制。二〇〇〇年台灣的大選，對中國抱持懷疑的民主進步黨候選人陳水扁當選總統，並未改善兩岸對話的政治環境。不過，在他的任內，經濟的整合**並沒有**減緩，反而持續加速。台灣在中國大陸的投資，在陳水扁的第一任期內每年皆成長百分之五十，在他二〇〇八年卸任時，兩岸之間的貿易量是二〇〇一年的九倍。

這些趨勢意味著，當二〇〇八年馬英九當選總統、國民黨重返執政時，台灣的經濟已經和中國緊密交錯。這時，兩大政黨對經濟整合問題開始出現分歧。在馬英九總統執政下，國民黨的戰略性做法是「透過中國走向世界」（to the world through China）。馬政府對兩岸關係的核心目標，是透過深化處理兩岸關係的制度和法條框架，協助政府機關「趕上」經濟現實。依照馬英九的說法，這有助於消除經濟關係中許多浪費成本的權宜作法，把台灣經濟和中國經濟增長的引擎更緊密地連結在一起，讓台灣進一步受益。

這個做法一個顯著的例子是實施兩岸定期的商業航班。在馬英九上任後幾天之內，他的代表就與中國的對口進行建設性的協商；二〇〇九年，雙方已經建立了法規框架，首次允許大陸和台灣城市之間的商業航班直航；即便到今天，人們仍可以在台北市區搭上飛機，在不到兩小時內抵達上海。

相對之下，民進黨開始大聲疾呼主張平衡發展：試圖減低過度依賴中國大陸經濟帶來的安全風險，將台灣企業的經濟夥伴、客戶和生產基地分散到區域內的其他國家。這個立場在二〇一二年的大選中吸引力有限，馬英九打敗了民進黨的蔡英文，贏得連任。不過在馬英九的第二任期，公眾輿論開始轉向對中國更加懷疑的方向。這個變化伴隨著人們擔憂中國對台灣經濟更廣泛層面的影響，台灣包括半導體製造業在內的最先進產業都可能因為移到大陸生產而「空洞化」的經濟風險也開始浮現。以更近期來說，北京在外交事務上更加強勢、更傾向民族主義的做法，包括黨總書記習近平權力的更加集中、香港「一國兩制」模式的消亡，以及中國對台灣日益加深的敵意，都讓台灣民眾的態度出現更進一步的改變。

隨著二〇一六年蔡英文贏得大選，民進黨重返執政。同時民進黨也首次贏得國會的過半多數，讓它無需國民黨或其他反對黨的同意，就得以通過立法。民進黨把這次的勝利解釋為選民的付託，去落實它所提出的兩岸經濟戰略：平衡策略對抗中國。民進黨領導人多半認為台灣過度依賴中國市場，而為數眾多的台灣企業將至少一部分的生產移往中國大陸，已經形成嚴重的國安漏洞。從這個觀點來看，持續的經濟整合將給予北京更多的經濟籌碼，可用在強制性的政治目的；它同時還會幫助北京挖角人才，利用台灣員工建立台灣企業的競爭對手，削弱兩岸關係中台灣長期具有的經濟優勢。

台灣政府對台海威脅升高的回應

意識到這樣的威脅，蔡政府在不傷害自身經濟活力的情況下，尋找各種方式化解這些弱點：它並沒有單方面撤回任何馬政府時代的協議，而是試圖把新的貿易和外交倡議導往其他方向，特別是傳統的民主夥伴美國和日本。舉例來說，蔡政府的「新南向政策」提供獎勵給將生產基地從中國移到東南亞和南亞其他地點的企業，同時蔡政府也尋求與美國及其盟國還有世界的合作夥伴簽署自由貿易協議（FTA）或其他正式的合作協議。然而，儘管有這些努力，中國（包括香港在內）依舊是台灣百分之三十九（按價值計算）出口貨品的直接目的地。[29]

蔡政府面臨的問題之一，是政府對於大企業集團如台積電的商業決策影響力有限，對主要投資在中國大陸的企業如富士康（鴻海）的影響力更小。它不能迫使這些公司把投資、人事和客戶市場從中國大陸轉移出去。相反地，政府需要想辦法端出獎勵政策，來鼓勵那些可能因為非政治原因而已經展開的生產轉移。

對民進黨有利的是，有多重因素都朝同一個方向推進，使得中國對台灣製造業來說不再具有那麼強的吸引力。這些因素包括快速成長的勞動成本和比較不利的法規和稅收環境；智慧財產權流失顧慮的增加、同時間中國本地合作夥伴變成直接競爭對手的趨勢；還有最重要：美中貿易緊張的升高，以及複雜的供應鏈針對目標市場而來的安全與韌性憂慮。

台灣的半導體產業如今位處這些長期安全憂慮的核心。台積電、聯電、聯發科等公司嶄露頭角扮演產業中的關鍵參與者，令台灣引以為傲，然而它們持續的成功，也越來越被視為重要的國家利益。廣義的高科技產業在台灣國內生產毛額的占比為百分之十八，相當驚人。[30]台灣在COVID-19疫情期間，儘管有幾個月幾乎與世界完全隔絕，經濟依舊持續成長，全是因世界對台積電和其他公司所供應半導體的巨大需求。

許多台灣人已經開始用冷硬的安全術語來專門形容台積電是保護台灣不受解放軍入侵的「矽盾」（或「護國神山」）。在這些人的想法中，台灣有如此具備戰略重要性的公司存在，加上美國和中國的產業對台灣生產的先進半導體極其依賴，所以兩邊都有動機去維持現況。中國不敢攻擊台灣，因為此舉將冒著摧毀重要晶片來源的風險，而台海一旦發生任何衝突，美國——先不論其他更大範圍的外交或政治算計——將不得不出面干預來防衛台灣，以保護自身晶片的取得。從這個角度來看，台灣的普遍民意傾向於不支持台積電把它最先進的生產，移到其他在戰略上不像台灣那麼險峻的國家。就算撇開分散生產會不利於台灣經濟的想法，這樣做也違背國家的核心安全利益。

在另一方面，民進黨政府仍熱切期望與美國、日本和其他西方合作夥伴和盟國，有更緊密的合作，藉以提升半導體供應鏈的安全並限制中國在產業的參與。美國官方外交政策的優先順序經常反覆變化，美國政策制定者和智庫領袖對半導體激增的興趣，讓華府上下更廣泛地注意台灣的議題──關於台灣的新聞社論和專欄報導，在過去兩年內的數量可能超過之前十年的總和。作風保守的美國行政體系，經常會猶豫是否和台灣進行更廣泛的互動，半導體議題帶來的難得陽光令他們積極振奮──甚至還擴及與半導體或關鍵供應鏈並無太大關聯的領域。

從台北的角度看，跨國制定下一階段晶片開發、生產「友岸外包」以及先進生產基地離開中國大陸的計畫，很有可能得到支持，特別是如果民進黨能夠繼續執政的話。由於台灣的官方外交空間受中國的強大經濟實力鯨吞蠶食，台灣在全球的互動中並不吝於展示它在半導體供應鏈的優勢。富領袖魅力的台積電創辦人和前董事長張忠謀，從二〇〇六年起，多次代表「中華台北」出席亞太經合會（APEC）的高峰論壇（少數台灣有代表出席的多邊論壇），其後於二〇一八年起再次以相同的身分出席。在COVID-19疫情期間，中國施壓西方廠商限制疫苗在台灣發放時，曾經一度傳出以晶片換疫苗的可能方案；台積電、富士康和民間的慈濟基金會，後來推動採購並捐贈一千五百萬份輝瑞BNT疫苗（Pfizer-BioNTech vaccines）。[31]隨後，在立陶宛政府允許在首都維爾紐斯設立「台灣」代表處之後，中國封鎖對立陶宛的進口商品，台灣則宣布在立陶宛的兩億美元投資計畫，其中包括半導體研發和製造的夥伴關係。[32]

美台半導體合作維持台海穩定

我們應如何思考台灣半導體產業、美國在此領域的利益，及其對台海嚇阻行動的影響？美國和台灣的政策制定者可以採取哪些步驟，運用我們在半導體的共同利益，實質改善彼此的能力和信心，以面對一個充滿意圖的敵人？重要的是，在進行這些步驟的資訊環境中，惡意勢力可能藉由操縱文字或政策行動，來扭曲改變敘事。

從台北看晶三角

如前面所討論的，台灣咸認美國對台灣先進半導體的依賴會使得美國更有可能防衛台灣。推動這種「矽盾」理論的人認為台灣的晶片產業可以有效嚇阻入侵，因為試圖以武力奪取台灣會對中國和全球的經濟造成災難性的損害。[33]這種想法有一些現實上的基礎。全球先進晶片的生產，台灣占了百分之九十二，而中國使用的半導體有超過百分之九十若不是從外國進口，就是由外國廠商製造。在二〇二一年第一季度，台灣出口到中國的商品有超過百分之五十是半導體（其中大部分是供組裝或再出口使用，這是牽涉中國就業和政治敏感性的關鍵領域）。[34]基於這些理由，很多人主張美國應使用武力保護取得台灣半導體的管道，就和過去為保護原油取得而採取的做法一樣。[35]事實上，台積電的張忠謀也曾形容台灣的晶片產業是「護國神山」，這個用詞在台灣廣為流行。[36]這種思考框架可能暗示，美國透過產業回流來保障其供應鏈的行動，可能有出乎預期後果，傳遞了美國不關切台灣自身安全的訊號，因而減少對中國的嚇阻作用。

另一方面，有人認為台灣半導體的領導地位無法產生嚇阻作用，反倒是增加中國侵台的可能性。[37]中國的文獻充滿了關於半導體產業的戰略本質及其對國力和國家安全重要性的論述。[38]台灣產業的關鍵性，加上中國缺乏複製它的能力，只會加深這座島嶼對中國的吸引力。[39]如我們在第八章所詳述，中國投入了艱鉅的努力要打造國內晶片產業，預計從二〇一四年到二〇三〇年要投資超過一千五百億美元於半導體。[40]然而，其結果頂多只能說是成敗參半。儘管中國進口大量半導體製造設備，並在較不先進的晶片以及記憶體的生產上迅速取得了市場占比，但它尋求在半導體製造上自給自足的努力卻屢遭挫敗。[41]過去三年來，至少有六個中國的大型半導體製造計畫——總計獲得超過二十三億美元政府資金——宣告失敗。[42]在此同時，中國半導體產業仍依賴美國、台灣、南韓、日本和歐洲的供應商，而美國和夥伴的出口管制讓中國越來越難以取得關鍵的晶片生產設備和軟體。[43]有鑑於這些懲罰性的出口管制，再加上中國失敗的晶片投資，有些分析師預測中國達成晶片自給自足的目標不大可能成功，這就讓台灣對於中國實現科技雄心變得益發要緊。[44]

不過還有一個認知很重要，那就是控制了台灣並不必然代表控制了台灣的半導體業。半導體設備需由具有高度技能的工程師運作，並且由半導體製造設備的客服工程師進行維修（多數半導體設備來自美國、日本和歐洲）。即使中國能夠繼續管理台灣的半導體工廠，如果沒有設備商的協助，它恐怕也不可能維修工廠的設備。半導體科技需要持續改良讓它的價值極大化，而要達成新一代半導體技術，需要有能力執行先進研發工作的高技能勞動力。台灣的高層研究工程師和半導體行政主管，有許多都是在美國留學和接受訓練，他們是否還會留在中國統治下的台灣，目前仍未可知。更重要的是，如第二章所述，半導體晶圓廠的成功，關鍵並不是光靠技術能力，還取決於客戶的信任。一個中國掌控下的台積電可能無法得到全球客戶與現在同等的信賴。中國以武力奪取台灣，在最好的情況下，會導致全球的（供應鏈）中斷，但想藉武力攻台直接推進中國半導體領導地位或是晶片的自主性，則大有疑問。

半導體業在更廣泛的美中雙邊大國競爭中也顯得愈發重要。按照一名中國學者說法，華府之所以對於中國崛起以及同時間由半導體推動的新科技如5G和人工智慧的興起感到焦慮，原因就在於技術革命是權力更迭的關鍵因素。[45]美國嘗試鞏固國內半導體正是基於這種考量。[46]中國社會科學院的一位研究員徐奇淵甚至認為，中國可以借鏡美國，透過與其他國家建立關係來保障海外供應鏈的安全。事實上，徐奇淵特別指出他的研究發現「一國在某個產業鏈領域的全球競爭力、影響力，以及該國對這個產業鏈的完全自主可控、不依賴於對外國的進口，兩個方面難以**同時**兼得。」[47]

中國的分析師和媒體也試圖利用這種動態來刻畫美台關係利益交換的形象，甚至對台灣民眾散播疑美的論調。在這個脈絡下，中國的學者指出美國對台灣半導體供應的依賴，並推斷這種商業考量可能是美國防衛台灣的主要動機。[48]而且至少有一名中國作者聲稱，美國計畫一旦入侵行動發生，將先摧毀島上台積電的設備；搭配美國政府鼓勵台積電在美國本土興建新廠的做法，他們暗示美國並未致力於防衛台灣。[49]這類的論述具有侵蝕性，而令人不安的是，在選舉年的激烈政治氣氛下，台灣內部也出現了一些呼應的聲音——甚至還有見識淺薄的美國評論者同聲附和。

與台灣半導體業的諮商

美國本身在半導體供應鏈、與中國的科技競賽以及印太安全的政策，受到台灣的密切關注。而美國和台灣之間的經濟互動和協調，通常也被視為外交上合理公平的做法——這可見於美國國務院的「美台經濟繁榮夥伴對話」，或是基於美國所領導的區域性「印太經濟框架」（Indo-Pacific Economic Framework for Prosperity，簡稱ＩＰＥＦ）將台灣排除在外的背景而在二〇二二年成立的「台美二十一世紀貿易倡議」。然而，由於台灣在正式的國際外交上持續被孤立，台灣的商界長期以來始終避免在國外的政治參與，對地緣政治也完全採取謹慎迴避的態度。

如今情勢正出現變化，台灣的公司也必須改變。美國和台灣的半導體業和學術機構若針對供應鏈韌性、技術研發、製造能力以及人力發展建立合作機制，將對美國和台灣都有利。[50]台積電最近已成立了華盛頓辦公室。公司董事長劉德音是工程師出身（在美國受的訓練），如今需要（或許不是很情願地）處理地緣政治的議題。但台積電截至目前為止都成功應對這些挑戰。如果其他台灣的企業也能夠成功駕馭如今的動態地緣政治關係，將可為雙方都帶來好處。

台灣的工研院長期是西方和台灣科技公司之間的橋梁，或許可以藉由擴大任務來扮演互通管道的角色。自一九七三年由政府創立之後，工研院對培育新科技和新公司的成效良好（最成功的例子是台積電），同時它也進行廣泛的主題研究，包括半導體在內。[51]值得一提的是，台灣政府在二〇一九年在科技部底下成立台灣半導體研究中心（Taiwan Semiconductor Research Institute，簡稱ＴＳＲＩ），進行半導體的製造、設計和整合的研究；促進專業發展；並與產業界和學術界進行合作。[52]半導體研究中心的一個主要任務是與國際夥伴——特別是美國——進行合作，合作項目則包括聯繫研究社群、訓練勞動力人才，以及進行聯合活動。不管是在技術研究上，或是更廣泛的供應鏈韌性，以及關於地緣政治的期望與憂慮，台灣工研院和半導體研究中心都是美國合適的合作夥伴。

可能的一個美國合作對應夥伴，是美國半導體學院（American Semiconductor Academy，簡稱ＡＳＡ）倡議，這是一個全國性的半導體教育和訓練網絡，由從事半導體研究和教育的美國大學和學院教職員組成。[53]台灣半導體研究中心和ＡＳＡ的合作可提升美國和台灣雙邊的研發和訓練課程。台灣在二〇二二年在四所國內頂尖大學成立了四個「半導體學院」；這些半導體學院的其中一個目標，是提升台灣研究水準，並與美國的大學和半導體公司進行合作。[54]美國可以比照美國大學和企業間合作的類似機制，來建立與台灣半導體學院及相關企業的合作。

美國另一個參與合作的潛在機構是國家半導體技術中心（ＮＳＴＣ），它是依據《二〇二一財政年度國防授權法案》的《晶片法案》設立。目前政府已為ＮＳＴＣ撥款近一百一十億美元，它將是一個由美國商務部長負責設立的公私合營機構，參與者包括民營部門、美國能源部以及國家科學基金會，執行先進半導體技術的研究和原型設計，以強化經濟競爭力和半導體供應鏈的安全。[55] NSTC計畫執行製造、設計、封裝和原型設計的研究，並且推動人力資源訓練。台灣半導體研究中心和NSTC的任務有相當多重疊的部分，這兩個政府單位可以促進美國與台灣半導體產業和研究大學之間的合作。

聯合勞動力發展

如上面所述，人才已成為半導體科技維持領導地位的咽喉點。台灣和美國對於技術勞工短缺有同樣的憂慮。

聯合訓練課程，好比台積電在台灣為亞利桑那新廠美國員工所進行的訓練，提供了建設性的方法來深化美台關係，並協助兩國勞動力的發展。

在此同時，美國有全世界最好的大學，它們吸引全世界最優秀的學生來接受教育。美國政府和美國的大學，有獨一無二的機會與台灣合作進行人才的發展，目標是鼓勵晶片製造商如台積電、晶片設計商如聯發科，或其他公司，在美國進行研發工作並培養美國的學生。長此以往，這可能為台積電和其他公司在美國本土大規模量產其最先進技術創造必要的條件。

與美國大學合作也有助於這些公司更嫻熟於和外國畢業生共事，雖然這類工作者今天只占了台灣半導體勞動力的很小一部分，但是透過早期教育和訓練的接觸，可能提高他們日後對在台灣工作的興趣。

另一個策略結盟的機會在美國的國家半導體技術中心，如果妥善建立（參見第四章），它將可成為全球半導體研究中心。如果能夠鼓勵全球科技領導者如環球晶圓、聯發科、台積電和聯電（以及台灣以外的半導體領導業者，例如三星）以正式會員身分加入ＮＳＴＣ，將可望大幅加速從研發到製造的過程。

勞動力與文化的交流

儘管台灣的半導體業在矽谷已經有長期的聯繫和深厚影響，但在全國範圍仍可多加強教育的交流。於此，一個潛在的模範計畫是台灣晶片設計公司聯發科和美國普渡大學創立新晶片設計中心的倡議。[56]將台灣晶片設計者和製造公司與全美各地的工程課程配對，可帶來可觀的好處：學生可獲得產業經驗和潛在的工作機會，公司則得到工程人才的獲取管道。較不明顯的好處是，它還可能給台灣帶來政治和戰略上的利益，讓全美各地的政治人物和教育領袖關注到台灣的半導體產業。

我們須更關注於台灣學生在美國大學就讀的人數，扭轉其下滑的趨勢——這批人曾經是台灣打造晶片產業的奠基石。台灣學生在美國大學就讀的人數從二〇〇一年大約兩萬八千人下滑到COVID-19疫情前的兩萬四千人，再到二〇二一年的兩萬人——這個下滑的趨勢與國際學生到美國學校註冊人數普遍增加的情況呈明顯對比。[57]台灣科技業的資深人士會注意到，幾十年前他們剛從學校畢業進入職場時，往往有超過一半的同事畢業於美國的大學；如今的人數則要低了許多。要解決這個問題並沒有特效藥，一方面這反映了台灣國內學生的態度還有他們與世界互動的興趣，一方面則是呈現出美國學校課程之間的競爭問題。不過，還有一個可能會有成果的重點領域，即協助台灣的大學生進入美國的碩士課程，這些課程大部分需要學生自費，並且是美國大學系所的重要財源，因此若要提供這些名額，就需要台灣或是美國政府提供財務的支持。不過提供碩士層級的名額，將有助於台灣學生進入獲資助的博士研究課程。在此同時，在台灣的大學課程，也應該擴展並鼓勵英語授課的課程。

在另一方面，隨著美國學生進入中國越來越不容易，過去幾年台灣成為中文學習目的地的吸引力急速升高。「台美教育倡議」（The US-Taiwan Education Initiative）正在利用這個轉變，鼓勵美國學生到台灣的大學學習中文。[58]它和其他的倡議，像是工程、經濟、社會科學學生的暑期實習計畫，都可以進一步擴大。[59]

最後，隨著二〇二〇年香港的政治鎮壓行動，台灣對社會和政治議題相關的非政府組織（NGOs）的吸引力也越來越高。無國界記者（Reporters Without Borders）、自由之家（Freedom House）、國際共和學會（International Republican Institute）、美國國際民主協會（National Democratic Institute）和西敏寺民主基金會（Westminister Foundation for Democracy），最近都在台北設立辦公室。隨著中國線的外籍記者遭中國拒發簽證而被調到台灣，台灣外籍記者聯誼會的會員也增加了一倍。由美國主導、加強半導體業之外聯繫的倡議計畫應該把握這樣的趨勢，進一步把選擇台灣替代中國大陸的做法制度化。

定期評估半導體的共同弱點

定期評估美國和台灣在天然災害和地緣政治災難情境下的半導體脆弱性，可以揭示供應鏈需要處理的弱點，也有助於對潛在意外事件的復原計畫。評估工作可能包括供應鏈中斷和復原的桌上模擬演練，由美國和台灣的產業界共同參與。台灣半導體研究中心和美國國家半導體技術中心的夥伴關係，或許可以作為進行這類評估的體制架構。台灣半導體研究中心可由台灣產業界取得台灣半導體設施（以及台灣公司在美國和其他地點的設施）關於地震和其他天災脆弱性的敏感資訊，以及關於零組件、材料、服務等供應中斷的弱點。它同時也可取得復原的緊急應變計畫。美國國家半導體技術中心則可取得關於美國設施和供應鏈脆弱性的比較資訊，以及美國產業界和學術界的分析能力。這類供應鏈中斷的模擬和比對演習，已經開始在私營部門認真進行；透過更廣泛的分享和參與，它們將變得更加強大。

能源供應韌性的夥伴關係

任何能源政策都必須在能源系統的環境衝擊、可負擔性，以及更廣泛的經濟影響之間取得平衡，還要兼顧其架構的安全和可靠。這些需求在台灣也不例外。

在環境方面上，台灣民眾和世界其他地方的人同樣關切氣候議題，他們也積極關注基礎設施發展對本地環境造成的衝擊。作為一個民主國家，台灣的公民社會對能源政策制定的過程極具影響力。在此同時，美國的晶片買家和其他原始設備製造商同樣越來越關切他們海外供應商的碳排狀況，這也影響了台灣製造商採購潔淨能源的需求。

在經濟方面，能源成本和台灣產業的競爭力是主要的關切點——目前的電價結構可說是台灣對半導體業的補貼。台灣的石油、天然氣和電力仍由國家專賣，而且就和常見的情況一樣，在政治考量下這些事業常屬於虧損經營，這也令這些能源單位想要籌募充足資金進行新投資成了問題，特別是在台灣目前想做的潔淨能源轉型的時刻。

能源安全問題，如同在印太地區其他國家（包括美國）和歐洲一樣，已經成了對台灣越來越重要的議題。二〇二二年這一年，隨著俄羅斯入侵烏克蘭，證明這個世界比我們想像或是期望的還要危險。仰賴能源進口的台灣如今面對三方面的能源安全考量：(1)資源充足性（resource adequacy）和能源供需平衡問題，例如電力部門要符合需求成長（如本章前面所述，ＩＴ產業快速的需求成長，導致充足率雖然有改善，但斷電問題仍然存在）[60]；(2)傳統的能源進口安全考量，例如對單一海外供應商的依賴（要減緩這個風險，通常需要分散全球的供應商以避免可能的供應中斷，台灣過去幾十年來這方面做得很好，包括自美國新進口的液態天然氣）；以及(3)特殊的生存考量，這給台灣其他更為常見的能源安全問題增加了一個全新的層面（其影響層面包括電網的強韌性需求、能源韌性計畫和投資、分散式發電、面臨威脅時的應變作業，或甚至是計畫性配電和選擇性的服務降級、固化供應線，還有跨燃料的能源儲存能力——根據台灣經濟部能源署的說法，台灣維持大約一百三十天的原油庫存和四十天的煤庫存，天然氣供應庫存規範卻只有八天）。[61]

台灣正在進行將能源需求的各個面向的統一協調的努力。不過其政策也存在矛盾之處。

舉例來說，一方面現任的政府承諾逐步淘汰核電和煤炭，以可再生能源和天然氣發電取而代之，同時設定目標要達成二〇五〇年二氧化碳淨零排放；但另一方面政府卻未能達成再生能源的目標，甚至在改善液態天然氣進口基礎設施的工作上面也遭受阻礙。在此同時，台灣的半導體業已經消耗大量電力，且其耗電量在未來十年還要大幅升高。發展更多的能源儲備、新的發電能力，以及更大的電網韌性，是經濟和安全上的當務之急。例如，鑑於能源系統的動態變化，或許應該重新檢視汰除核電的選擇（就如加州的情況一樣）。

此外，當世界其他地方對能源和氣候的討論日益國際化，台灣卻被不公平地排除在外，單打獨鬥地面對這些挑戰。台灣缺少國際能源署的會員身分，這意味它在國際能源和排放量統計分享或建立政策模式的過程中並未被充分代表，同時它也沒有聯合國氣候變遷綱要公約（United Nations Framework Convention on Climate Change，簡稱UNFCCC）的會員國身分，這意味它沒能參與二〇二二年全球氣候變遷大會（COP 27）這類的集會。如此被排除的情況表明，在能源問題上，促進美台、台日或澳（洲）台之間民間和學術層面的雙邊合作，有著巨大的潛力。

氣候、資源充足性，還有更廣泛的電網安全議題，是台美技術合作改善供應鏈韌性的沃土。美國能源部和美國國家實驗室，應該增加與台灣在能源統計和能源技術的合作。氣候和能源也是地方層級合作的理想範圍，例如加州已經和中國攜手推行類似的政策和並簽署技術理解備忘錄，而鑑於加州在這個領域國際合作的管轄自由，它也應該和台灣展開類似合作。

緩和美台經濟摩擦

台灣的政府已大力展現對美國出口品開放市場的姿態；例如，台灣是美國第六大農產品出口市場，人均消費美國牛肉等農產品是全球最高。同時台灣也是美國液態瓦斯的主要出口市場。整體而言，只有墨西哥和加拿大對美國的人均貿易關係比台灣更高。且如本章而其他各章所述，台灣的公司也在美國進行重大投資，包括半導體供應鏈的各個不同部分。

不過還可以做得更多，特別是在——借用台灣經濟部長王美花的說法——適時地完成與台灣「真正的自由貿易協定」這方面，因其乃是台灣十多年來尋求的目標。[62]事實上，蔡英文政府已經投入了相當程度的政治資本，要推翻含飼料添加劑萊克多巴胺的美國豬肉進口禁令，之後也進行宣傳並贏得公投的勝利。這個議題曾經是台美經濟關係長期爭議的來源；蔡英文能夠正視並解決這個問題，不僅強力表明蔡政府有意成為美國經濟倡議——包括半導體供應鏈管理——的合作夥伴，也說明台灣民眾感知到，與美國更深切的商業和民間聯繫對台灣廣泛的安全和穩定帶來的好處。

確保台灣政府和企業在關鍵科技供應鏈管理上的合作是美國的一個關鍵目標，但是它會受到執政黨的政治目標影響。台灣畢竟是一個活躍的民主政體。之前國民黨一直尋求通過中國走向世界，創造經濟繁榮，這個做法印證在馬英九政府在二〇一〇年代初期簽署的諸多兩岸協議，但如今已經明顯不合時宜。蔡英文領導的民進黨則傾向和區域的其他友好國家簽署經濟協議，以逐步擺脫台灣經濟對中國的依賴。這樣的策略對今日的許多台灣人來說，越來越具有吸引力，甚至顯得迫切。而面對北京政權無可化解的敵意、一再試圖在兩岸關係上利用經濟籌碼達成政治目的，蔡英文總統已經表明，她熱切希望與排除中國的友好國家達成經濟協議。然而，在重新啟動的區域性《跨太平洋夥伴全面進步協定》（Comprehensive and Progressive Agreement for Trans-Pacific Partnership，簡稱CPTPP）貿易機制——美國和中國都非成員，但北京方面已申請入會——中國仍然很可能利用它對其中成員國的影響力來阻撓台灣加入。台灣也難以和其他害怕北京反應的國家進行貿易協議談判。

因此台灣政府目前不得不暫時專注於雙邊的夥伴關係，特別是與美國的關係。重要的是，美國的高層也要和蔡英文一樣認知到，自由貿易談判並不僅僅是關於降低關稅。它們是戰略性的，是衝突的嚇阻力量。這一點對美國政府應該是顯而易見的，美國的領導人已經至少四次提出「承諾」，在中國武力犯台時將提供軍事防衛。那何不先完成貿易協議？截至二〇二三年春季，有報導說美國貿易代表已經完成大約三分之一達成協議所需的條款，其餘部分也在積極進行。但是應該快馬加鞭。

在此同時，美國財政部還可以採取一個直接的步驟排除另一項經濟摩擦的來源，它將隨著台積電在亞利桑那晶圓廠的成功投資和其他本文列舉項目的進行，而變得益發重要。依據現行法律，台灣國籍的人在美國——台積電的新廠或其他任何地方——工作，會面臨所得雙重扣稅的問題，因為台灣和美國沒有雙邊的稅務條約。[63]要解決這個問題需要美台雙方達成協議，但台灣並不是美國承認的主權國家。若要達成稅收協議，就需要克服這個外交障礙，而且還可能同時受到北京的譴責，可是一旦做了，就可以改善台積電、環球晶圓、聯發科以及其他台灣半導體公司在美國做更多生意時的一項成本考量。（美國與《晶片與科學法案》另一個潛在的受益者韓國已經簽署了這類協議，跟全球三十六個司法管轄區也簽署了類似協議，包括梵蒂岡在內。）美國國會已作出跨黨派的表態支持拜登政府採取行動，其中包括二〇二二年七月由參議員賽斯（Ben Sasse，共和黨籍，內布拉斯加州）和范豪倫（Chris Van Hollen，民主黨籍，馬里蘭州）提出的決議案，強調台灣的關鍵防衛盟友角色以及在全球技術供應鏈中占據的重要地位。[64]決議中鼓勵美國總統與台灣就所得稅協議展開協商，並鼓勵進一步加強與台灣貿易、技術和投資的聯繫。

國防工業的合作

雖然美台國防戰略和協調不在本章的處理範圍內，但我們基本上贊同其他各章關於「豪豬」戰略的必要性，以此戰略進行拒止嚇阻（deterrence by denial）和採用「大量的小東西」的韌性嚇阻（deterrence by resilience），也同意美台雙方需要進行更加具體的防衛規劃和大規模演訓合作。[65]不過，有一個明確的防衛領域合作契機，跟台灣的電子業和先進製造業有直接相關。

烏克蘭的戰爭暴露了美國國防工業基礎的脆弱和有限能力。入侵的結果導致了美國對台灣的武器系統訂單的交貨延遲多年，而這些武器原可實質改善台灣的嚇阻態勢。在此同時，台灣在精密製造、電子和防衛級半導體的能力，使它在關鍵武器系統和彈藥製造的供應上大有可為——如果獲得許可的話——這不僅可用於其自身防衛，甚至可提供出口。這個概念已得到台灣和美國國防產業的支持，同時至少也得到了台灣政府的默許。同樣重要的是，美國的談判者需要理解，台灣的領導人就和美國的情況一樣，在國防預算體系也面對著政治的考量，這導致一些看似不合理的國內武器計畫出現。較好的做法是把這些政治需求轉化到最有效用的國內武器計畫，並在過程中同步維繫台灣民眾對近期大幅增加的國防支出的支持——二〇二二年，台灣的國防支出達到了國內生產毛額的百分之二點一，未來還可能再提高。[66]

實現合作生產的最好方式，未必是由國會議員或知名人士進一步對特定武器的優劣進行辯論。我們真正需要的是一套流程。美國政府可以和台灣製造商合作，在本地擴大生產大量移動式、分散式、具有韌性的武器，以實質提升區域的嚇阻力量。由於這些努力必然會包括智慧財產權移轉的授權和其他美國《國際武器貿易條例》（US International Traffic in Arms Regulations，簡稱ＩＴＡＲ）的使用規定，官僚的惰性才是最大的敵人。為此，拜登政府應該資助一個由台灣和美國國防企業合組的聯合產業工作小組，負責尋找機會共同生產——並協力排除跨機構的障礙——再下一步是共同開發，以及往後美國武器系統在台灣本土可能的大規模自製自銷。如此做法，最能與台灣人民意志一致，藉著自己的力量去嚇阻戰爭，甚至必要的話，自力去贏得戰爭。

＊　＊　＊

中國對台灣的威脅日益嚴峻，嚇阻中國入侵的挑戰更形艱困。對台灣自治和安全的實存威脅將持續升高，也急需加以處理。不過台灣人民展現的韌性令人印象深刻。他們的民主制度具備活力，不管在私人或公家部門，都有來自不同政治光譜、才華洋溢且勤奮盡職的人們為這個體制共同努力。在此同時，台灣在廣大的國際社會中日益受到孤立。要想嚇阻中國對台灣使用武力，扭轉此一趨勢將是關鍵，而這需要美國和其他國家同時提供象徵性和實質性的協助。

台灣的領導者正謹慎地行走在充滿危險的地緣政治局勢上。事實上，如本章所主張的，我們可以從他們的經驗中學習。如今他們深刻了解台灣所面臨挑戰的嚴重性，同時他們也正嘗試引領民眾作出更穩健而有韌性的回應。台灣需要美國做的是清晰展示其承諾，跳脫出戰略清晰或戰略模糊的言詞辯論框架。這個區域的其他政府和輿論領袖可能也會支持這個做法。藉由半導體，美國有機會透過本章所述各種雙邊的政府、企業、學界以及民間的更深度互動，來展示此承諾——同時無須正式宣布轉向「戰略清晰」。說法很重要，但怎麼實際的作為遠比單純說說更有力道。

註釋

1. 這部分的資料大部分來自An-chi Tung, "Taiwan's Semiconductor Industry: What the State Did and Did Not," *Review of Development Economics* 5, no. 2 (2001): 266-88; 和 National Research Council, *Securing the Future: Regional and National Programs to Support the Semiconductor Industry* (Washington, DC: National Academies Press, 2003), chap. 3, "The Taiwanese Approach."
2. 夏傳位，〈台灣需要幾個科學園區?〉，《天下雜誌》228 (2000): 102-10。（中文版）
3. Focus Taiwan, "Tax Breaks Insufficient to Cement Taiwan's Chipmaking Lead: Analysts," January 7, 2023.
4. 參見 Gary Hamilton and Cheng-shu Kao, *Making Money: How Taiwanese Industrialists Embraced the Global Economy* (Stanford, CA: Stanford University Press, 2017).
5. Focus Taiwan, "Taiwan 'Work Culture' Keeps Chip Manufacturing Competitive: TSMC Founder," March 16, 2023.
6. *New York Times*, "Inside Taiwanese Chip Giant, a US Expansion Stokes Tensions," February 22, 2023; 也參見Dexter Murray, "TSMC Prepares American Engineers for Its First US Fab," *AmChan Taiwan*, August 31, 2022.
7. *New York Times*, "Engineers from Taiwan Bolstered China's Chip Industry: Now They're Leaving," November 16, 2022.
8. 例如，英特爾的部分可參見 Mike Rogoway, "Intel's Manufacturing Crisis Puts Company at a Crossroads," OregonLive, August 16, 2020.
9. Liang-rong Chen（陳良榕） and Hannah Chang（鍾張涵）, "Taiwan's Dominant Corporate Force: TSMC's Five Keys to Success," *Commonwealth Magazine*, November 24, 2019.
10. 例如，參見二〇一七年蘋果營運長傑夫・威廉斯（Jeff Williams）和時任台積電董事長張忠謀的評論：Alan Patterson, "Apple Talks about Sole Sourcing from TSMC," October 24, 2017.
11. 雖然台積電總值遠超過百分之十的產品是實質出口到中國，用於消費產品（例如由富士康和廣達等台灣代工組裝公司所組裝的iPhone手機），不過一般而言晶圓代工廠的客戶是晶片設計公司如蘋果和高通。台灣對中國的半導體出口總額大約有四分之三是供給台灣的組裝公司或系統原始設備製造商組裝，之後用於再出口。
12. Dylan Patel and Gerald Wong, "TSMC's Heroic Assumption—Low Utilization Rates, Fab Cancellation, 3nm Volumes, Automotive Weakness, AI Advanced Packaging Demands, 2024 Capex Weakness," Semianalysis, April 20, 2023.
13. Nick Aspinwall, "As Drought Worsens Chip Shortage, Taiwan Fights Brain Drain to China," *The Diplomat*, May 1, 2021.
14. Hannah Chang and Liang-rong Chen, "Does Taiwan Have Enough Power for TSMC?," *Commonwealth Magazine*, July 28, 2020; Angelica Oung, "Net Zero, by . . . When?," *AmCham Taiwan*, November 11, 2017.

15. Evan A. Feigenbaum and Jen-Yi Hou, "Overcoming Taiwan's Energy Trilemma," Carnegie Endowment for Peace, April 27, 2020; National Development Council, "Taiwan's Path to Net-Zero Emissions in 2050," accessed May 28, 2023.
16. Judi Lin, "Fab Talent Crunch: Taiwan's Secret Sauce for Producing Excellent Semiconductor Engineers," DIGITIMES Asia, December 1, 2022; Liang-Rong Chen, "TSMC Fab in US Part of Second Wave of the Trade War: Industry Insiders," *Commonwealth Magazine*, May 21, 2020.
17. Sara Wu, "Slew of Chip Schools Race to Train New Talent," *Taipei Times*, March 14, 2022.
18. TSMC, *TSMC 2020 Corporate Social Responsibility Report*, 2021.
19. Crystal Hsu, "Semiconductor Hiring Slows Amid Labor Shortage," *Taipei Times*, August 16, 2022.
20. TSMC, *Corporate Social Responsibility Report*.
21. *The Economist*, "Taiwan Is Worried about the Security of Its Chip Industry," May 26, 2022.
22. Cheng Ting-Fang, "China Hires over 100 TSMC Engineers in Push for Chip Leadership," *Nikkei Asia*, August 12, 2020.
23. Chad P. Bown and YiLing Wang, "Episode 179: Why Taiwan Restricts High-Tech Investment into China," TradeTalks, February 23, 2023.
24. Reuters, "Taiwan Raids Chinese Firms in Latest Crackdown on Chip Engineer-Poaching," May 26, 2022.
25. Xiao Bowen, "中國企業在台高科技界挖角竊密 1年查獲40起不法行為 [Chinese Companies Poached and Stole Secrets in Taiwan's High-Tech Industry: 40 Illegal Acts Caught in One Year]," CNA, September 16, 2022.
26. *Taipei Times*, "Ministry Warns Job Sites on Chinese Job Ads," May 1, 2021.
27. Meredith Woo-Cumings, "National Security and the Rise of the Developmental State in South Korea and Taiwan," in *Behind East Asian Growth: The Political and Social Foundations of Prosperity*, edited by Henry S. Rowen (London: Routledge, 1997).
28. Hsing You-tien, *Making Capitalism in China: The Taiwan Connection* (Oxford: Oxford University Press, 1998); Shelley Rigger, *The Tiger Leading the Dragon: How Taiwan Propelled China's Economic Rise* (Lanham, MD: Rowman and Littlefield, 2021).
29. In 2022. Bureau of Foreign Trade, "Taiwan's Import and Export Statistic to Mainland China (including Hong Kong)," Ministry of Economic Affairs, May 2023.
30. Stephen Ezell, "The Evolution of Taiwan's Trade Linkages with the US and Global Economies," ITIF, October 25, 2021.
31. Raymond Zhong and Christopher F. Schuetze, "Taiwan Wants German Vaccines: China May Be Standing in Its Way," *New York Times*, June 16, 2021.
32. DW, "Taiwan to Invest $200 Million in Lithuania," January 5, 2022.
33. Craig Addison, "A 'Silicon Shield' Protects Taiwan from China," *New York Times*, September 29, 2000.
34. Antonio Varas, Raj Varadarajan, Jimmy Goodrich, and Falan Yinug, *Strengthening the Global Semiconductor Supply Chain in an Uncertain Era* (Boston, MA: Boston Consulting Group and Semiconductor Industry Association, April 2021); Michaela D. Platzer, John F. Sargent Jr., and Karen M. Sutter,

Semiconductors: US Industry, Global Competition, and Federal Policy*, RL34234 (Washington, DC: US Library of Congress, Congressional Research Service, 2020); Yimou Lee, Norihiko Shirouzu, and David Lague, "Special Report—Taiwan Chip Industry Emerges as Battlefront in US-China Showdown," Reuters, December 27, 2021.

35. Paul van Gerven, "Taiwan's Silicon Shield Is Strong as Ever," Bits&Chips, October 21, 2021; Becca Wasser, Martijn Rasser, and Hannah Kelley, *When the Chips Are Down: Gaming the Global Semiconductor Competition* (Washington, DC: Center for a New American Security, 2022).

36. Lee et al., "Special Report—Taiwan Chip Industry Emerges As Battlefront In US-China Showdown."

37. Walter Lohman, "Taiwan's Semiconductor Dilemma," The Heritage Foundation, November 23, 2021.

38. 例如，可參見 Ling Jiwei（凌紀偉），"共赢'芯'机遇：2021世界半导体大会观察 [A Win-Win 'Chip' Future: Observations from the World Semiconductor Conference 2021]," 新 网 [Xinhuanet], June 9, 2021; Xiao Hanping, "补齐半导体芯片产业链关键性短板，应对全球供应链大变局 [Account for the Crucial Shortcomings in Semiconductor Supply Chains, Respond to the Huge Changes in Global Supply Chains]," 光明网 [*Guangming Daily*], May 20, 2021; Chai Yaxin, "美国把多家中国公司、机构及个人纳入"实体清单"遏制中国注定徒劳 [The US Has Added Multiple Chinese Firms, Organizations, and Individuals to an 'Entity List': Its Effort to Contain China Will Be Futile]," 中央纪委国家监委网站, [The Central Commission for Discipline Inspection Website], January 9, 2022.

39. Wasser et al., *When the Chips Are Down.*

40. Semiconductor Industry Association (blog), "Taking Stock of China's Semiconductor Industry," July 13, 2021.

41. Jenny Leonard, Ian King, and Debby Wu, "China's Chipmaking Power Grows Despite US Effort to Counter It," *Bloomberg*, June 13, 2022; Arjun Kharpal, "China's Biggest Chipmaker SMIC Posts Record Revenue Despite US Sanctions," CNBC, February 12, 2022; Cheng Ting-Fang, "China's Yangtze Memory Takes on Rivals with New Chip Plant," *Nikkei Asia*, June 23, 2022.

42. Yoko Kubota, "Two Chinese Startups Tried to Catch Up to Makers of Advanced Computer Chips—and Failed," *Wall Street Journal*, January 10, 2022.

43. Jane Li and Tripti Lahiri, "The US Is Delaying China's Dreams of a Domestic Chip Supply Chain," *Quartz*, December 13, 2021.

44. Craig Addison, "China's Semiconductor Quest Is Likely to Fail, Leaving Rapprochement with US the Only Way Out," *South China Morning Post*, October 13, 2020.

45. Chai Yaxin, Its Effort to Contain China Will Be Futile.

46. Fu Suixin, "美日韩组建'半导体联盟'虚实, [The Realities of the US-Japan-South Korea 'Semiconductor Alliance']," *Huanqiu* [环球], August 25, 2021. 47. Xu Qiyuan, "[全球产业链重塑与中国的选择 [Reshaping of Global Industrial Chain and China's Choice]," 金融论坛 [*Financial Forum]* 8 (2021): 5-6.

47. Xu Qiyuan, "[全球产业链重塑与中国的选择 [Reshaping of Global Industrial Chain and China's Choice]," 金融论坛 [*Financial Forum*] 8

(2021): 5-6.

48. Fu Suixin, "'Semiconductor Alliance'"; Sun Wenzhu, "美日鼓噪'协防台湾'背后算的几笔歪账 [The Ulterior Realities Behind the US and Japan Making Noise about 'Defending Taiwan']," 中国国际问题研究院 [China Institute of International Studies], January 10, 2022.
49. Wang Shushen, "'焦土拒统'，何其荒唐 [The Strategy of 'Scorched Earth to Prevent Reunification' Is Ludicrous]," 环球 [*Huanqiu*], December 25, 2021.
50. Jason Hsu, "Ensuring a Stronger US-Taiwan Tech Supply Chain Partnership," Brookings, April 12, 2022.
51. Taiwan Semiconductor Research Institute, "History and Introduction of the Institute," accessed July 30, 2022.
52. Taiwan Semiconductor Research Institute, "History and Introduction."
53. Hsu, "Ensuring a Stronger US-Taiwan Tech Supply Chain Partnership"; ASA Planning Team, "The American Semiconductor Academy Initiative," American Semiconductor Academy, February 1, 2022.
54. Sarah Wu, "Taiwan Invests in Next Generation of Talent with Slew of Chip Schools," Reuters, March 10, 2022.
55. US Congress, William M. (Mac) Thornberry National Defense Authorization Act for Fiscal Year 2021, Public Law 116-283, January 1, 2021.
56. Reuters, "Taiwan's MediaTek Pairs with Indiana's Purdue University for Chip Design Center," June 28, 2022.
57. Open Doors, "2022 Taiwan Fact Sheet," accessed May 29, 2023.
58. 參見台美教育倡議網站：https://www.talentcirculationalliance.org/us-taiwan-initiative.
59. 例如，參見史丹佛大學的全球研究實習計畫 https://sgs.stanford.edu/internships/taiwan-institute-economic-research-tier.
60. Taiwan Bureau of Energy, Ministry of Economic Affairs, "Energy Statistics Handbook: Energy Indicators," July 27, 2022.
61. Taiwan Bureau of Energy, Ministry of Economic Affairs, "Stable Supply of Natural Gas," November 7, 2022.
62. Rachel Oswald, "Path Uncertain for US-Taiwan Free Trade Deal despite Hill Support," *Roll Call*, October 3, 2022.
63. Lex, "TSMC: Double Taxation Puts US Expansion at Risk," *Financial Times*, Opinion, March 30, 2023.
64. US Senate, Resolution 175: Expressing the Sense of the Senate on the Value of a Tax Agreement with Taiwan, 117th Congress, July 21, 2022.
65. 參見 James Timbie and James Ellis, "A Large Number of Things: A Porcupine Strategy for Taiwan," *The Strategist* 5, no. 1 (Winter 2021/2022): 83-93; and Michael Brown, "Taiwan's Urgent Task: A Radical New Strategy to Keep China Away," *Foreign Affairs*, January 25, 2023.
66. 台灣因為被排除在國際多邊金融組織之外而奉行相當審慎的預算政策，因此即使這個略顯溫和的支出額度，也占了中央政府預算的百分之二十二到二十五，不算少數。

第六章　美國的同盟、合作夥伴和朋友

大衛・提斯（David J. Teece）
格雷格・林登（Greg Linden）

如果世界上的商品、投資、專業、人員和思想的流動朝向日益分裂的局面發展，自由民主政體，將越來越仰賴他們在半導體和其他關鍵技術的科技優越性來維持繁榮。要迎接這樣的挑戰，需要有共同價值觀和共同利益的國家——以及在全球半導體供應鏈具有強大地位的國家——減少依賴具有威脅性的威權國家，並強化彼此之間的依存關係。

隨著世界持續經歷全球貿易關係的轉變，美國的目標不應該只是提升它在微處理器供應鏈的地位，同時還要發展與志同道合國家更密切、更協作的夥伴關係——這些國家不會用懲罰性的經濟措施甚至戰爭來威脅我們的供應鏈，而是值得信賴的可靠合作者。

＊　＊　＊

美國推動中、短期國內供應鏈韌性以及較長期的全球半導體領導地位的努力，並非孤軍奮戰。COVID-19疫情引發的震撼，還有令人愈發憂心的地緣政治關係，是適用於各種不同脈絡的「驅動力」（參見第一章），它們改變了美國和全球夥伴的遊戲規則。套用第一章戰略情境規劃的術語，隨著商品、資本、智慧財產權和人才流動的日益脫鉤，我們的合作夥伴至少已經感受到了「往西移動」的可能——也因此，他們正尋求達到自給自足，以抵禦不是那麼扁平的世界裡的不確定性。這種趨勢已反映在美國和其夥伴在半導體領域所進行的一連串投資和政策工具上面，令人印象深刻。

不過，我們從情境規劃分析學到的是，問題比簡單地回歸自給自足要更微妙一些。我們的合作夥伴「視具體情況」作出商業和政策反應，說明了每個國家都必須利用自身的起始點、歷史的既有優勢，以及社會的優先順序來過濾這些共同的驅動力。單純的產業回流本土在經濟上並不足夠：在扁平的「東邊的」世界裡，經濟成長集中在專業以及比較優勢。至於在一個較分裂的「西邊的」世界裡，自給自足的成本非常高昂。在朝向「西邊的」、與少數合作夥伴更密集貿易的世界，參與者間摩擦最少的貿易網絡，將最有利於在去全球化的環境中創造繁榮。因此，「向西移動」的轉變並不需要進一步提高壁壘，反而是選擇性地對有共同價值和利益的國家降低壁壘。

發展我們在經濟上和技術上重新定位的新戰略，在去全球化的世界中繁榮，或許是我們未來十年關鍵的政策挑戰。我們在考量美國的合作夥伴如今在半導體供應鏈尋求的路徑時（這裡是指台灣之外的合作夥伴，台灣已經是我們前一章的重點），我們的目標應該是辨認出增加商務和交流的契機，以抵銷在微晶片領域和其他關鍵科技領域和中國脫鉤潛在的成本。這種針對長期盟友的選擇性開放——例如要求盟國在諸如半導體技術的出口管制方面採取團結立場——其價值遠遠受到低估；倘若這方面的合作對於夥伴國家企業而言僅僅是為了與中國做生意而必須持續支出的成本，那麼合作最終將難以為繼。中國本身就是巨大的市場，有熟練的勞動力和令人印象深刻的創新基礎設施。

所以，我們的合作夥伴是如何看待這個地緣政治格局的變化，又是如何回應的？

日本

關鍵法律和政策

日本的例子和美國一樣，也是最近才開始驚覺到自身半導體供應鏈的脆弱性。

依照日本經濟產業省的說法，日本的汽車、電子和製造技術等產業，重度依賴號稱「產業之米」（產業のコメ）的半導體。[1]不過，根據日本智庫「亞洲太平洋倡議」（Asia Pacific Initiatives）的船橋洋一的說法，在二〇二一年初半導體出現短缺之前，日本政府對供應鏈並沒有充分的認識，甚至也沒有權威人士進行研究。[2]因COVID-19導致的生產中斷不僅破壞了美中關係，也提高了日本國內關注半導體在廣泛經濟安全和軍事安全中的關鍵角色。

二〇二一年六月，日本經產省公布的一份半導體戰略文件指出，如不採取任何措施，日本的全球生產占比會從百分之十下跌至二〇三〇年趨近於零。造成這個結果的主要驅動力是美國產業政策的重新興起。經產省擔心美國不只將要重建晶片生產的市占比，過程中還會帶走日本視為珍寶的晶片製造材料供應公司。[3]

二〇二一年十月，日本國會推選經驗豐富的溫和派政治人物岸田文雄出任首相。他的內閣推出「新資本主義」政策框架，內容包含幾個重大的新成長策略，例如推展科學和技術，以及支持日本經濟中長期偏弱的新創公司。這個計畫的另一個重點在「經濟安全」，包括了降低日本經濟對中國戰略原物料和零組件的依賴，以及對應半導體生產所使用智慧財產權的不當挪用。

在二〇二一年十一月，日本政府核准了七千七百四十億日圓（六十八億美元）的半導體投資方案。它的預算分配如下：[4]

- 四百七十億日圓用於成熟晶片生產，例如類比晶片和電力管理晶片
- 一千一百億日圓用於研發下一代晶片技術
- 最高達四千七百六十億日圓（預估的百分之五十資金成本）供給索尼和台灣台積電的晶片製造合資計畫[5]
- 至少一千四百億日圓供其他形式的先進晶片生產，其中九百二十九億稍後分配給了記憶體製造商鎧俠（日本）和威騰電子（美國）的合資計畫。[6]

日本政府的目標是增加日本國內晶片生產的產值，以趕上或超越全球產業的成長（也就是說，維持日本在全球近百分之十的輸出量）。為了達成這個目標，政府希望在二〇三〇年將國內半導體營收擴增三倍達到十三兆日圓（一千一百四十億美元）。[7]稍後在二〇二二年

五月，國會通過了經濟安全法案，預期將把半導體列為得以接受更進一步政府補貼的「特殊重要材料」。[8]

台積電在日本熊本縣的新合資工廠也是這個方案的一部分。這座工廠預期生產二十奈米到十奈米的晶片，成為日本最先進邏輯晶圓廠。（美國美光公司旗下的一座晶圓廠，以及東芝旗下的鎧俠生產DRAM和NAND Flash記憶體的晶圓廠，也有類似的小奈米範圍。）這座新合資工廠從二〇二二年四月開始動工，預計在二〇二五年開始出貨，台積電承諾將至少在這座新廠生產十年的晶片。[9]

二〇二一年初，日本政府批准一百九十億日圓（約一億四千萬美元）的補貼給台積電專注開發三維先進半導體封裝能力（如第二章所述，它被稱為「3D IC」，也就是三維積體電路）的新研發中心。日本政府的補貼占了總體設施成本的大約一半，它位於產業技術綜合研究院（National Institute of Advanced Industrial Science and Technology，簡稱AIST）的內部，這個研究院是日本與廣泛產業領域合作的一個大型公立研究機構。[10]

二〇二二年七月，在日本與美國的外交和產業兩部會首長即將進行「二加二」對話的前幾天，日本政府宣布將以九百二十九億日圓（六點七八億美元）支持在三重縣的鎧俠和威騰電子新快閃記憶體生產設施。據報導，這項補貼涵蓋了這項計畫三分之一的資金支出。[11]這座工廠「Fab 7」於二〇二二年十一月開幕，第一階段預計生產一百六十二層的NAND Flash記憶體。[12]

隨著這些生產設施的新鑑、擴建，還有其他計畫的進行，日本也面臨和其他幾乎所有試圖擴展活動的地區同樣的問題：人才需求增加，但人才供給卻減少，至少在短期內是如此。日本二十五到四十歲從事電子零組件和電路製造的人數，在過去十年從三十八萬人減少至二十四萬人，一個產業協會呼籲，到二〇三二年將需要再增加三萬五千名半導體的工作者。[13]為因應這個問題，在九州（日本的「矽島」）和東北以及中國地方（Chugoku region）的當地政府，也籌組了大學和產業界的合作計畫。[14]

日本的生產和消費

日本在全球晶片生產的占比於一九九〇年到達百分之五十，隨後持續下滑到如今約百分之十。[15]大部分的衰退可歸因於日本的記憶體製造商，它們除了東芝之外幾乎都已經不敵南韓的對手。在此同時，日本垂直整合的邏輯晶片製造商也不如美國無廠新創公司的生態系靈活，歐美的廠商多選擇專注於特定的專業流程，而不是一味追趕最先進的尖端技術。

在一九九〇年代後期，日本政府協助整併了幾個製造商萎縮的晶片部門。不過這些公司的成效不一。爾必達（Elpida）由日本電器（NEC）、日立（Hitachi）和三菱（Mitsubishi）的記憶體部門合併成立，在苦苦掙扎了十年之後宣告破產，由美國的美光公司收購。由上述同樣三家公司的邏輯晶片部門合併而成的瑞薩電子（Renesas）則表現較好，如今是汽車和工業部門微控制器的領先供應商。生產類比晶片的索尼公司，是消費、工業和汽車市場的影像感應器主要供應商。不過，不管是瑞薩、索尼，或是東芝旗下的記憶體部門鎧俠，目前都不在全球十大晶片公司之列。

美國半導體製造商事實上在日本相當活躍。[16]總部位於美國的安森美（ON semiconductor）在日本生產類比晶片，德州儀器也在二〇一〇年收購的晶圓廠生產兩百毫米晶圓。從二〇一二年收購爾必達之後就在日本生產記憶體晶片的美光公司，於二〇二一年宣布要在日本興建七十億美元的新晶圓廠。

儘管日本晶片產量占比下降，作為晶片製造關鍵輸入供應商的角色依然強大。例如以材料方面來說對微影製程至為重要的光阻塗布劑（photoresist coating），全世界絕大部分供應來自日本的公司。日本公司在其他七十個製造半導體的先進材料方面，也占了全球市場百分之六十甚至更多的比例。[17]兩家日本公司，信越化學（Shin-Etsu Chemical）和SUMCO，控制了全球市場約百分之六十的矽晶圓。以整體使用於製造流程的材料而言，日本有很大的市場占有率，約達到百分之三十。[18]

為了確保半導體生產必要材料（例如鉭、鍺、鎵）供給，日本政府透過原名「日本石油天然氣金屬礦物資源機構」的「日本能源金屬礦物資源機構」（JOGMEC）執行海外探勘計畫。這些努力包括與業界的合資計畫，協助該組織取得購買權，以防止這些公司受市場波動的影響。[19]

日本在半導體製造設備方面也有強大的力量——二〇一九年的市場占比為百分之三十二。[20]製造晶片製程所使用沉積和蝕刻機器的東京電子，是全球第三大晶片製造設備的製造商，僅次於歐洲的艾司摩爾和美國的應用材料公司。[21]

日本在半導體價值鏈其他部分——包括電子設計自動化、晶片組裝、無廠晶片設計——

則可忽略不計。日本不具備任何重要的無廠晶片公司——這是美國長期由風險資金支持的強項——大抵反映了它在新創領域生態系的薄弱。

在消費方面，日本半導體市場在二〇二一年價值約三百六十五億美元，占了全球總需求約百分之六。

外交趨勢和議題

二〇二二年五月四日，美國商務部長吉娜・雷蒙多（Gina Raimondo）和日本經濟產業大臣荻生田光一會面。這次會面之前，荻生田訪問了奧爾巴尼奈米科技園區，這裡是東京電子和其他企業合作夥伴共同參與的先進半導體研究設施，他在園區的IBM公司就美日半導體合作進行了討論。[22]這次的會面成了日美商業和產業合作夥伴關係（Japan-US Commercial and Industrial Partnership，簡稱JUCIP）「自二〇二一年一月成立以來……第一次閣員級的會議。」[23]

在二〇二二年六月，美國和日本同意共同尋求兩奈米的生產，目標是在二〇二五年和二〇二七年之間開始原型生產。[24]在這項宣布的一年之前，日本產業技術綜合研究院也在英特爾和IBM的外部支持，以及日本經濟產業省提供四百二十億日圓（三點一九億美元）的資助下，啟動包括兩奈米在內的先進半導體製造研究聯盟。[25]

當美國總統拜登和日本首相岸田文雄在同一個月稍晚會面時，日本媒體報導他們同意成立聯合任務小組，探索下一代電腦晶片的發展。[26]到了七月底，兩國舉行了「二加二」對話，再次確認了任務小組的承諾，並且承諾透過新的日美商業和產業合作夥伴關係，進行更廣泛的供應鏈合作。他們同時也宣布在日本成立新的研究機構，由美國國家半導體技術中心提供人才和設備，共同研發兩奈米、5G和量子運算。[27]從這些討論，加上日本近來對經濟安全的強調可以明顯地看出，日本政府熱烈期待與美國在半導體和更廣泛的供應鏈建立夥伴關係，同時它應可成為未來其他跨國合作的良好範例。

同樣值得注意的是，日本就和台灣一樣，向來廣泛投資在中國的晶片製造。舉例來說，在一九八〇年代，日本的晶片製造商把技術移轉到中國，開啟了一些最早期的晶片製造工作。然而，對半導體產業的直接投資仍屬有限，許多投資也隨著日本晶片公司的重組而取消。根據經濟合作與開發組織的資料，日本在二〇一五年對中國與半導體相關的最終需求依賴度是百分之十左右，高於總體產業的百分之三點六依賴度。[28]不過日本目前在中國的業務似乎僅限於瑞薩電子的一、兩家組裝廠和少數的晶片設計中心。

雖然日本目前看來並不打算斷絕在中國的出路，不過近來已經顯示出較大的意願來抗拒中國的壓力。舉例來說，它最新的國防白皮書將台灣和中國分開處理，引發中國表達正式的反對。日本和台灣都很快就接受了美國在二〇二二年三月的「晶片四方聯盟」（Chip 4）提議——相對之下，南韓一開始因考量自身在中國可觀的商業利益而態度猶豫。[29]

美國觀察家理解日本和南韓之間存在著歷史恩怨，可追溯到二十世紀上半的日本殖民統治。舉例來說，在二〇一九年日本政府對於南韓法院有關二戰期間強制勞動的判決表達了不滿，並因此限制了光阻劑、氟化氫、含氟聚醯亞胺出口南韓——這些都是晶片和顯示器製造必要的材料。儘管如此，一些日本公司——例如東京應化工業（光阻劑）、大金（特殊氣體）和昭和電工（晶圓拋光機）——仍在南韓境內投資新廠以規避限令。[30]南韓也作出回應，鼓勵本地企業發展以取代對日本的供應需求，這個提議也顯然得到一些進展。[31]二〇二三年三月，日本宣布解除出口禁制的意向（但未說明結束日期），作為與南韓化解歷史歧見的一部分。[32]

晶片產業趨勢

日本的公司正被迫體認美國和中國供應鏈「脫鉤」的壓力。在一項針對攸關日本經濟安全的一百家企業所作的調查周，多數公司認為，由於中國政府的禁運制裁、升高的競爭態勢以及人才和知識的外流，中國是中長期的重大風險。然而沒有任何一家公司打算降低他們整體對中國銷售的占比。相對之下，美國的貿易壁壘是他們眼前更加關切的問題，許多公司已經感受到美中緊張帶來的衝擊。在日本公司當中，百分之五十九點五提到了自身貿易中美國配額的成本增加，相對地，反映中國類似情況的比例則是百分之三十三點八。有些日本的評論員認為，在美國和中國禁運的夾縫之間（加上日本政府不斷演變的國家安全政策），他們不確定該何去何從。[33]

也有一些日本半導體公司對美國的夥伴關係表示要謹慎。同一個調查中提到美國商務部二〇二一年秋季徵求半導體供應鏈資訊的例子，一位業界領袖對於美國政府詢問他認為是屬於公司商業機密的問題表示失望，並指責日本政府未能採取更清楚的立場。[34]這份調查也顯示，仍然有人認為一九八〇年代日美貿易緊張，是日本半導體產業衰落的原因。一位企業領袖評論說：「當一家外國公司超過一定規模，美國必定會用政治手段找上門來。」[35]另一位說：「美國強化經濟安全時，日本很可能成為它的目標。有必要重新審視一九八〇年代的教訓。」[36]

日本產業似乎是透過回流或遷移工廠來回應地緣政治的緊張；百分之十四點二的公司回答說，他們希望能得到政府補貼，將既有在中國的生產搬回日本或遷移到其他國家。[37]在海外工廠方面，日本公司已增加了他們在美國、南韓，以及東南亞國家如越南和馬來西亞的布局。事實上，自中國在二〇一〇年代初期掀起的反日情緒以及COVID-19導致的生產中斷，日本政府開始密切注意透過「中國加一」（China Plus One）的分散策略，全面降低對中國的依賴。[38]二〇二〇年，日本經濟產業省開始實施「海外供應鏈多元化支援計畫」，並在二〇二二年六月完成了第五次的申請流程。這項計畫為日本公司的東南亞計畫提供補貼，在一百零三個成功申請者當中，有六家明確和半導體相關[39]——這也說明日本政府對其晶片供應鏈的深切關切。

南韓

關鍵法律和政策

在南韓，政府的晶片相關政策，比起強大的韓國財閥如三星和ＳＫ海力士由產業角度推動的商業戰略要來得溫和。

韓國是記憶體晶片生產的強力發動機，占了全球產業產值的百分之五十九。[40]不過邏輯晶片的情況並不一樣，它涉及一套不一樣的設計和行銷技術。在二〇一九年四月，南韓政府推出了「系統半導體願景和戰略」，這是最近一波（目前為止並不成功）提振邏輯晶片設計的公營和私營合作。這項倡議的目標是要透過技能訓練和投資來提升無廠晶片設計的生態系，並得到了十年一兆韓圓（約八點三億美元）的投資支持。[41]

二〇一九當年稍晚，與日本的紛爭導致日本切斷了對韓國的一些晶片相關出口，南韓政府宣布幾項措施改善韓國晶片材料和設備的供應基礎。這些措施包括提供至少二點五兆韓圓的補貼和稅賦減免，以支持購併或收購外國供應商。在此同時，對於投資目標技術在韓國製造的外國供應商，則提供相當於總投資百分之四十的分攤成本補貼，同時也實施了一個快速核准申請和提供基礎設施的計畫。[42]

在二〇二一年五月，隨著美國、歐洲、中國作出類似回應之後，韓國政府也宣布了「K半導體戰略」（K-Semiconductor Strategy）。這個戰略包括韓國晶片製造商在二〇三〇年之前總計超過五百兆韓圓（約四千五百億美元）的投資承諾，用以刺激國內的半導體生產；政府則承諾提供稅賦獎勵和基礎設施，包括水和電力的取得。一百五十三間公司裡頭，為首的三星宣布，到二〇三〇年，將於原本計劃的投資之上再增加三十八兆韓圓（三百三十六億美元）到一百七十一兆韓圓（一千五百一十億美元），投資在它的系統半導體（System LSI，即三星的無廠部門）和晶圓廠事業部。在此同時，SK海力士承諾，除了原本承諾一百四十兆韓圓（一千零六十億美元）興建四座新廠之外，將再投入一百二十五兆韓圓（九百七十億美元）擴展現有的晶圓廠設施。[43]這個戰略計畫構想的是一個「K晶片帶」（K-Chip Belt），將參與半導體價值鏈的一群城市更加緊密連結。南韓政府則成立了一個「半導體設施投資特別資金」——價值超過一兆韓圓——以優惠的利率來支持設施的投資，同時政府也承諾資助訓練三萬六千名半導體專家，並說要支出一點五兆韓圓（十三億美元）在半導體的研發。[44]

二〇二二年一月，韓國的晶片法案進入了立法，其最終版本在二〇二三年三月於國會輕騎過關。[45]一開始的法案用詞並不像美國版晶片法那麼雄心勃勃，其中一些措施因回應業界的回饋而進一步強化。特別是投資於「核心戰略科技」的大型公司（例如三星和SK海力士），將可得到百分之三十到四十的研發支出稅收減免，以及百分之十五到二十的設施投資稅收減免。小型的公司可因投資設施得到最高達百分之二十五減免（由原本的百分之十六調高），以及研發支出百分之五十的減免。[46]依據這個法案而提出的第一個重大投資宣布出現在二〇二三年三月：三星承諾到二〇四二年為止，以大約兩千兩百八十億美元的成本在首爾附近的新工業園區興建五座晶圓廠；韓國政府希望三星的這些晶圓廠可以帶一百五十家的材料、零組件和晶片設計公司進入工業園區。[47]

對於原本提出的法案是否會隨政權更迭而廢止，外界曾有疑慮，但尹錫悅總統更進一步強化了文在寅總統的半導體雄心。事實上，尹錫悅政府在二〇二二年七月底宣布了打造韓國成為半導體超級大國的計畫，預期讓韓國採購本地的半導體材料、零組件和設備，都在二〇三〇年達到百分之五十——高於如今的百分之三十。在其他法規的鬆綁和獎勵措施中，韓國的路線包括：在二〇二六年之前預期投資產業相關基礎設施三百五十兆韓圓；增加設備和研發投資的稅收獎勵措施；公民營合資投資三千億韓圓以供小型企業創新還有晶片設計公司的購併。同時它也重新把焦點放在「系統半導體」——這是韓國對於非記憶體晶片的稱呼法——目標是在二〇三〇年之前將現有市場占比提升百分之三到百分之十。從二〇二四年到二〇三〇年，韓國政府也將投資九千五百億韓圓用於電力和汽車領域的半導體可行性研究；一點二五兆韓圓在人工智慧半導體；以及一點五兆韓圓支持三十家新的無廠晶片公司。[48]

這項戰略也試圖解決韓國焦慮——也是其他國家的共同焦慮——的問題：要打造自己的人才庫。事實上，曾有一個產業機構預測韓國的晶片勞動力需要從二〇二一年的十七萬七千人增加到二〇三一年的三十萬零四千人。因此，南韓政府詳細規劃，在未來十年透過大學課程和私營公司主導的「半導體學院」訓練超過十五萬名工程師。政府也將仿效美國的半導體研究聯盟（Semiconductor Research Corporation）成立一個公私部門合作的研發聯盟（號稱「韓國的SRC」），在未來十年動用三千五百億韓圓，訓練該領域優秀的碩士生和博士生。[49]

在二〇二二年八月，尹錫悅特赦了三星副會長李在鎔——他是三星集團的實際負責人，二〇一七年因賄賂罪遭判刑——以協助克服「國家經濟危機」。韓國對晶片供應鏈是如此憂慮，甚至允許李在鎔在他的假釋期間出席二〇二二年五月尹錫悅和美國總統拜登在三星平澤園區的會面，也讓他會見了荷蘭大廠艾司摩爾的執行長溫彼得（Peter Wennink），討論晶片製造設備的議題。[50]

韓國的生產和消費

半導體是韓國的主要產業，在二〇一九年占了全國製造業的百分之九點六以及韓國出口品的百分之十七點三。[51]總體而言，韓國公司如今以全世界最先進的晶圓廠所生產全球百分之十八點四的晶片。

尤為獨特的是，韓國公司能藉由一九八〇年代與日本企業短期的合夥關係，在記憶體晶片產業站穩自己的腳跟。韓國的大型企業集團如三星擁有金融資源來進行必要的投資，他們於是成了產業的龍頭。例如ＳＫ海力士是在二〇一二年由ＳＫ集團投資現代集團因二〇〇八年金融危機而陷入困境的記憶體部門所創立。[52]到二〇一九年，韓國兩大晶片製造商三星和ＳＫ海力士，占了全球近百分之六十的記憶體晶片生產。[53]

記憶體生產有明顯的規模經濟效應，因為一個符合產業標準的晶片設計可以一再被複製。由於不同生產者的類似零組件幾乎都可以互換，記憶體晶片被視為準大宗商品（near commodity），有類似大宗商品的性質，獲利隨著全球經濟波動而上升或下降。

在另一方面，邏輯晶片則需要特定規格的做法，通常是針對特定終端產品進行定製。這種專業化產品從設計到行銷都需要一套與記憶體大不相同的技能。儘管多年來韓國多次嘗試培養邏輯晶片產業，但是韓國的公司在這個領域仍屬於相對次要的角色，在二〇一九年約只占全球數位邏輯晶片市場的百分之三。甚至連韓國的汽車產業都大部分依賴進口的晶片——韓國在二〇二〇年進口晶片總值約五百億美元，約占全球晶片產量的百分之十一。[54]

三星當然是其中的例外。三星從二〇〇五年開始利用先進製程提供晶圓代工服務，並吸引了如蘋果和高通等主要客戶。韓國是全世界第二大的晶圓代工供應商，有大約百分之二十的市場占比。[55]即使如此，三星近年來追趕台積電先進邏輯晶片的腳步卻陷入了困境：三星的三奈米和四奈米晶圓良品率太低，以致晶片設計商高通將其尖端晶片的生產全部移轉到了台積電，如今台積電已占據全球百分之五十的市場比例。[56]

和日本一樣，韓國晶片控制在大型商業集團手中，少有新的新創公司，導致的結果是無廠晶片設計公司幾乎付之闕如（唯一的例外是最近出現，名為LX Semicon的公司）。也因此創建提供新創公司更多支持的生態系，是韓國「K晶片帶」戰略的目的之一。

最後，儘管韓國在半導體供應鏈上有數百家的公司，許多晶片製造的輸入品仍然依賴進口。舉例來說，韓國唯一的晶圓供應商SK Siltron，僅占了全球供應量的百分之十。以整體的原料而言，韓國供應商在二〇一九年的市場占比是百分之十六，而韓國公司在晶片製造設備僅占百分之四，晶片組裝活動占百分之十一，晶片設計軟體（EDA）的占比則幾乎可以忽略不計。[57]

外交趨勢和議題

相對比較樂於配合並擁抱與美國合作機會的日本，韓國對於和美國結盟保持戒慎，特別是顧慮到市場占比的競爭。在記憶體晶片方面，美光在技術（憑藉其一百七十六層的NAND和1-alpha DRAM晶片），還有二〇二一年的獲利率上，可說已經超越了三星和SK海力士。

而且自從英特爾試圖趕上三星的晶片製造，彼此競爭的一些問題也使得合作窒礙難行。[58]如第三章的討論已提到，為了改善全球供應量的資訊透明度，美國要求韓國晶片製造商提供供應鏈資訊引發了爭議，韓國憂心這些數據會被用在奪取商業利益。[59]

韓國無意完全支持美國制衡中國的各種努力，也是由於中國吸收了韓國約三分之一的出口。[60]韓國晶片公司投資了數十億美元在中國的製造業，占了他們的輸出相當大的比例。舉例來說，ＳＫ海力士二〇〇六年在無錫開設了一座大型的DRAM廠（一開始是與歐洲意法半導體（STMicroelectronics）的合資事業，ＳＫ海力士稍後將它購併），如今它生產ＳＫ海力士百分之四十七的DRAM記憶體晶片。此外，三星在西安有一座快閃記憶體晶片廠，生產的NAND Flash晶片占三星輸出總數百分之四十二。

令美韓晶片生態更加複雜的是，美國在二〇二一年十一月阻止ＳＫ海力士進口艾司摩爾的極紫光機到它的無錫工廠，憂心這項技術將被用於增強中國軍隊能力。[61]雖然ＳＫ海力士或三星並沒有發布官方的聲明，但是公司方面擔心拜登政府進一步的出口管制可能傷害他們在中國的營運，從而讓他們在美國的記憶體晶片競爭對手美光實際得利，因為美光在中國的業務僅只涉及模組組裝。[62]為了化解顧慮，拜登政府在二〇二二年十月實施的出口管制，提供三星和ＳＫ海力士在中國記憶體業務一年的營運許可。不過在一年之後，除非有進一步的豁免措施，兩家公司還是得有另一手準備。[63]

可以確定的是，美韓之間已經取得一些進展。二〇二二年十二月，兩國舉行了第一次新的「半導體合作夥伴對話」（虛擬）會議，以深化技術發展、人員交流和投資的聯繫。[64]尹錫悅總統也支持和美國組成更廣義的「技術同盟」，包括半導體領域在內。不同於前任的文在寅，尹錫悅在安全議題上與美國更加接近：他揚棄了文在寅對中國的「三不」政策，成為第一位出席北約組織高峰會的南韓總統，也接納印太經濟框架，[65]他甚至表達有興趣參與美國、澳洲、印度和日本的「四方安全對話」。他上任後不久，就在三星的平澤半導體園區會見了美國總統拜登，雙方並承諾將延續半導體合作夥伴對話和一個「全球全面戰略同盟」。[66]

韓國的半導體大企業基本上都跟隨尹錫悅與美國合作的腳步。如第三章所述，三星在二〇二一年十一月宣布計劃在德州泰勒市興建一座一百七十億美元的晶圓廠，靠近它在奧斯汀既有的美國製造設施；七月，三星又追加計畫在未來二十年，將在泰勒和奧斯汀之間新建十座晶圓廠，投資總金額達到兩千億美元。[67]在同一個月，SK海力士承諾從它下一輪在美國的投資中撥出一百五十億美元改善其半導體生態系，包括與大學的研發合作、材料投資，以及「重振」先進晶片封裝。[68]

儘管如此，韓國對於參與美國在二〇二二年三月提的「晶片四方聯盟」仍顯得較為謹慎，這個聯盟把美國、日本、韓國和台灣拉在一起，當然引發了中國的關切，因它仍需要韓國的晶圓廠協助達成自給自足的目標。[69]中國《環球時報》在社論上警告韓國如果站在美國那一邊，中國將對韓國採取某些的「反制措施」，故而韓方對此保持觀望。八月初，韓國終於同意參與美國的預備會議，但堅持這是一個「諮詢組織」，目標不是要把中國排除在外。[70]韓國意有所指的區域外交行為，還包括外長朴振在同年八月會見中國外長王毅（就在中國在台灣海峽進行實彈演習的期間），以及在該月份稍早，尹錫悅總統刻意冷落、不接見來訪的美國眾議院議長裴洛西的外交動作。[71]

對韓國來說，在和美國與中國之間取捨，正如一位半導體官員的形容，是技術和市場之間的競爭。[72]韓國政府資助的研究機構「產業研究院」（Korea Institute of Industrial Economics and Trade，簡稱KIET）的一名研究員說，「接受美國的協助，〔對韓國〕建造從晶圓製造到軟體和半導體設備的高水準晶片生態系統非常重要」，同時「美國非常可能只授予盟友使用美國技術的權利」。[73]在另一方面，韓國在中國有晶圓廠，儘管為了智慧財產權的保護策略，它需要非常小心追蹤晶片工程師的旅行紀錄以監控避免技術外洩。[74]

與日本和荷蘭的夥伴關係，也可能為韓國技術帶來助益。來自這些國家的頂尖半導體設備公司近期已設置或擴大了在京畿道的研發中心。[75]不過，一份KIET的報告警告，與西方國家的合夥關係給韓國帶來的好處可能是短暫的。這份寫於二〇二二年七月的報告認為，美國和歐盟在利用韓國，把韓國當成增加國內生產，以及減輕對台灣（乃至於對亞洲）長期依賴的工具。而且韓國產業和美國與日本不同——美日各自在無廠設計和晶片材料維持著領先地位——其獲利主要依賴商品化的記憶體生產，預期二〇二五年起獲利能力將隨晶片供過於求而降低。[76]

最後一點，尹錫悅政府也強調重新改善與日本的關係，可能有助於和美、日建立強大的三邊夥伴關係。日本外相和韓國外長在二〇二二年多次會面，拜登、尹錫悅和岸田文雄也在二〇二二年六月底的北約高峰會中進行了三邊會談。在二〇二三年三月韓國獨立日演說中，尹錫悅宣布：「日本已經從過去軍國主義的侵略者，轉變成與我們有相同普世價值的合作夥伴。」[77]可以確定的是，尹錫悅改善和日本關係的期望，需要和他低迷的國內民調支持率，以及反對黨所掌控的國會取得平衡。[78]

歐洲

關鍵法律和政策

和美國相似，在疫情期間晶片短缺出現之前，半導體產業在歐洲以及歐盟的商業活動中，並不是政策的優先要務。在那之前，歐洲的政府支持主要是針對研究的項目。

舉例來說，在二〇一四年，歐盟執委會（European Commission，簡稱ＥＣ）——歐盟的行政機關——推出了研究導向的「歐洲電子組件和系統領導地位」倡議（Electronic Components and Systems for European Leadership，簡稱ＥＣＳＥＬ）。從二〇一四年到二〇二〇年，由執委會本身和歐盟的會員國平均分攤二十四億歐元（以二〇二〇年匯率計，約相當於二十七億美元）的公共支出。資金交給相對應的產業、研究機構和大學，以支持如ＣＭＯＳ技術、數位類比混合信號和感應器技術、功率技術，以及可作為低功率裝置傳統（conventional）ＣＭＯＳ晶片架構替代品的ＦＤＳＯＩ（全耗盡型絕緣層上覆矽）流程技術的研究工作。[79]

在「關鍵數位技術聯合承諾」（Key Digital Technologies Joint Undertaking，簡稱ＫＤＴＪＵ）的支持下，ＥＣＳＥＬ在二〇二一年又延長六年，由歐盟的「展望歐洲」（Horizon Europe）研

究計畫提供額外的十八億歐元資金，成員國和私人企業也提供了相對應的金額。[80]如果歐盟的晶片法（將在後文討論）按原先二〇二二年二月提案的內容通過的話，「關鍵數位技術聯合承諾」將改名為「晶片聯合承諾」（Chips Joint Undertaking）。

「歐洲共同利益重要計畫」（Important Projects of Common European Interest，簡稱IPCEI）於二〇一八年開始了關於微電子的專案，這是歐盟繼國防、航太、關鍵基礎設施之後，另一個追求更大「零組件主權」的關鍵領域。[81]這個計畫包括來自法國、德國、義大利、奧地利和英國的三十二家公司和研究機構，涵蓋了五個技術領域：節能晶片、功率半導體、感應器、先進光學設備，以及化合物材料。[82]不過IPCEI的資金只能供應試驗生產線，無法資助大規模量產的晶圓廠。此外，它的資金來自參與國家本身，而非來自歐盟的預算。儘管有這些限制，IPCEI還是支援了博世（Bosch）三百毫米的晶圓廠於二〇二一年六月在德國啟用，也提供了最初十億歐元投資當中的兩億歐元。[83]

不過，歐盟雖然支持研究，卻沒有太多鼓勵大規模量產的措施。政治態度現在出現了轉變。特別是技術的「主權」，如今已經成為重要議題。歐盟執委會認知到全球格局的變化，因而設定宏大的目標，要在二〇三〇年做到全球晶片生產額百分之二十的目標，將目前的水平提升一倍。[84]

歐洲在吸引外商興趣方面還要多加努力。歐盟的內部市場專員蒂埃里・布雷東（Thierry Breton）在二〇二一年與英特爾、台積電、三星的高層會面討論晶圓廠的投資可能。[85]英特爾清楚表達了興趣、三星沒有發表公開的聲明，而台積電則表明了沒有計畫在歐洲投資的態度。[86]

歐盟執委會在二〇二二年初提出了《歐洲晶片法案》（European Chips Act），其中包含了四百三十億歐元（約四百五十二億美元）的支出。歐洲議會（European Parliament）和成員國經過廣泛的辯論，在二〇二三年四月暫時同意了這項法案。[87]妥協後的協議分成三個「支柱」，資金來源預期也將混合搭配：位於巴黎的蒙田研究所（Institut Montaigne）估計，大約有七十億歐元是來自歐盟既有的如「展望歐洲」（Horizon Europe）這類半導體相關的研發基金。[88]其餘的部分，包括興建晶圓廠的任何資金，都必須來自各國政府和私人投資。

雖然歐盟的晶片法案目標是為大規模製造提供資金來源，晶圓廠仍必須在產品的某些面向（例如技術節點或是基板材料）符合歐盟「首創」設施的資格，而且要有若無政府補助在商業上就不可行的「資金缺口」。[89]但如果德國能敲定國家援助計畫並獲得執委會的同意，至少有兩項計畫可以因此受惠：格羅方德在德勒斯登的擴建計畫，以及英特爾在馬德堡的兩座新廠。二〇二一年九月，德國經濟部長宣布了三十億歐元的計畫，要鼓勵整體微電子價值鏈的生產。[90]在此同時，英特爾則希望為它的新投資計畫爭取八十億歐元的補貼，據傳公司因為在歐洲營運的成本不斷上升，而要求在二〇二三年得到以數十億元計的更多補貼。[91]

這個法案也引入了預測和回應半導體短缺的工具。其中包括成立歐洲半導體委員會，由會員國代表們對彼此環環相扣的供應鏈提供資訊分享。此外，這個法案也授權歐盟執委會，對受益於補貼的設施施行「優先訂單」，也負責扮演「中央採購機關」，在危機出現時代表會員國進行「公共採購」。[92]

歐洲的生產和消費

自一九九〇年代末期以來，歐洲一直是三大晶片製造商——意法半導體、英飛凌以及恩智浦——的所在地，他們都是脫胎自法國、德國、荷蘭的多元電子產品製造商。他們主要都生產特殊流程的晶片因而具備某程度的差異化，他們也各自是在微控制器、感應器以及電力電子領域的領導者；他們與歐盟的產業密切合作，特別是汽車業。不過他們的晶圓廠都不屬於頂尖的晶片製造技術。大約從二〇一五年之後，他們的產值一直都低於全球晶片輸出的百分之十。[93]

歐洲也擁有一些小型特殊晶片生產商，例如德國的博世（汽車業的供應商）和至少一家代工晶圓廠（意味著它是為晶片設計專業公司代工生產晶片）。這家晶圓廠X-FAB在法國、德國、馬來西亞和美國設有工廠。其他歐洲晶圓廠是外國所有，包括格羅方德設在德國的代工晶圓廠以及一家在義大利名為LFoundry的晶圓廠，它自二〇一九年起屬於中國的無錫錫產微芯半導體公司所有。它最先進的製程是一百一十奈米，適合類比晶片的應用。[94]

歐盟最先進的晶片製造是位在愛爾蘭的英特爾晶圓廠，英特爾在此的投資自一九八九年起，已超過三百億歐元。這座晶圓廠目前生產十四奈米的半導體。二〇二二年三月，英特爾宣布將在歐洲再投資三百六十億美元，包括在愛爾蘭廠的大型擴建工程和在德國的兩座新晶圓廠。[95]

歐洲占了半導體製造設備全球銷售量的百分之二十。荷蘭的艾司摩爾堪稱歐洲半導體製造的王冠明珠，它製造深紫外光和極紫外光（ＥＵＶ）晶片微影設備。由於艾司摩爾是全球唯一能夠製造生產最小尺寸晶片（五奈米或以下）的ＥＵＶ微影機的製造商，荷蘭政府與美國合作禁止軍民兩用技術出口到中國，對阻止中國晶片製造商升級最新製程十分關鍵。今天，艾司摩爾的ＥＵＶ微影機客戶僅限於韓國的三星和ＳＫ海力士、美國的英特爾和台灣的台積電。愛爾蘭目前擴建中的英特爾晶圓廠，將是艾司摩爾在歐盟的第一個ＥＵＶ技術商業應用。

歐盟的公司生產大約全球百分之三十的非晶圓製造用品和輸入品。德國的巴斯夫（BASF）是全世界最大的化學品製造商，也是晶片產業排名前五的材料供應商。

歐洲近來在晶片設計軟體取得了重要的地位。德國的工業巨頭西門子在二〇一七年收購美國公司明導國際之後，成為三大ＥＤＡ（晶片設計）軟體供應商之一，在這領域占全球銷量約百分之二十五。

歐洲也是三個主要奈米電子學研究中心的所在地：比利時的校際微電子研究中心、法國的法國原子能暨替代性能源署工業技術研究部（CEA-Leti），以及德國的弗勞恩霍夫協會（Fraunhofer）。它們在產業界和學術界都有廣泛的國際合作——包括來自中國的合作夥伴。

歐洲只有相對少數的無廠（只負責設計）晶片公司——占全球比例僅大約百分之三。例如英國的安謀是全球大多數智慧型手機核心處理器矽智財的開發商。正如我們在第二章產業和技術趨勢中的討論，安謀的ＩＰ核是一個專有晶片架構，安謀可以把它授權給其他公司以加速晶片設計的流程，供他們進入安謀的生態系，並確保產品的相容性。安謀原本是英國的上市公司，在二〇一六年由日本軟銀收購。軟銀原本有意出售安謀給美國的輝達，但是法規的障礙讓過程變得複雜，二〇二三年三月軟銀宣布打算讓安謀重新申請上市，這一次是選在紐約。

值得一提的是，歐洲沒有重要的晶片組裝、測試、封裝部門，因此完整的供應鏈不可避免要落在歐陸以外的地區。

在消費方面，大歐洲地區（歐洲、中東和非洲，或所謂的EMEA）占了系統整合商／原始設備製造商大約全球百分之十的晶片需求。按價值計算，最大的部門是汽車業，大歐洲區的汽車晶片需求占了全球近三分之一。而對於一般運算晶片的需求，總值雖也大約相當，但是它在全球的需求占比只有百分之六。大歐洲區晶片需求居次的是軍事和工業用途，占全球需求的約百分之二十。大歐洲地區在晶片產業的消費和通信類別等其他主要市場，並沒有太大的占比。

外交趨勢和議題

歐盟越來越意識到中國是一個潛在的國家安全威脅。歐洲議會一份二〇一九年的報告提到，「歐洲市場導向的經濟模式和中國國家資本主義的經濟模式之間的系統性競爭，需要一套共同的、多管齊下的政策予以回應。」[96]同時，這份報告也預測了雙方持續接觸的必然性，稱呼中國是「一個合作夥伴、談判的夥伴、經濟的競爭者，和系統性的對手」。顯然在這樣的表述當中隱含著未能化解的矛盾。

歐盟到目前為止仍然與中國在科學和技術合作上維持高層的對話。[97]儘管如此，在二〇二二年四月中國和歐洲的高層外交峰會上，意見分歧的領域明顯多於合作。[98]

中國持續對入侵烏克蘭的俄羅斯提供外交支持，此舉為中國與歐盟的關係帶來新的緊張因素。在二〇二三年三月的演說中，歐盟執委會主席烏蘇拉・馮德萊恩（Ursula von der Leyen）形容中國試圖「系統性改變國際秩序，把中國置於中心」。[99]她表明歐盟已不打算恢復它和中國的「投資全面協議」（Comprehensive Agreement on Investment），同時，她也說任何對俄羅斯的軍事支持都將進一步惡化雙方關係。

歐盟過去嘗試在對抗中國擴張的同時，避免和美國走得太近，但如今則展現了更多合作的渴望。在二〇二〇年十二月，歐盟提議成立歐盟美國貿易和技術委員會作為恢復跨大西洋合作夥伴關係的一部分，[100]在二〇二一年六月美國和歐盟宣布了該委員會的成立，底下有十個工作小組，包含了技術標準、安全供應鏈、以及ICT（資訊和通信技術）競爭力等等。[101]第二次的部長級會議在二〇二二年五月舉行。會後，歐盟的內部市場專員布雷東（Thierry Breton）形容這是「強化從原物料到半導體等其他領域的供應鏈韌性的共同雄心」。[102]鑑於這個組織呈現在言詞上的雄心壯志，我們應該好好觀察它後續的協調行動，特別是在法國總統馬克宏（Emmanuel Macron）和歐盟執委會主席馮德萊恩在二〇二三年四月訪問中國之後。

值得注意的是，歐盟和它的會員國雖與台灣沒有正式的外交關係（梵蒂岡除外），最近卻透過國會議員訪問、把台灣納入印太戰略作為經濟和政治夥伴等動作，表達了對台灣的支持。二〇二一年十二月，歐洲議會通過了有史以來第一個擴大歐盟與台灣關係的單獨報告。立陶宛於二〇二一年十一月開設了實質上的台灣大使館；台灣則是在立陶宛設立兩億美元的半導體和生物科技投資基金，以及十億美元的信貸基金作為回饋。[103]二〇二二年六月初，台灣和歐盟關係進一步強化，雙方的經濟對話首次由次長級提升到部長級，就半導體在研究和供應鏈監控的合作進行了討論。

雖然台積電在二〇二二年否認有在歐盟興建晶圓廠的計畫，不過台灣依然熱衷發展制度化的夥伴關係來推動未來在歐洲的投資。[104]歐洲先進半導體製造的企圖心所持續面臨的挑戰是缺乏關鍵的錨定客戶——例如像蘋果這種主要的整合智慧型手機OEM，或是像高通這種主要的晶片設計商——以鼓勵供應商在同一個地區聯合選址。

歐洲的智庫也建議歐盟與其他如日本、南韓還有新加坡等夥伴打造類似的雙邊夥伴關係。蒙田研究所是一個位於法國、獲得大型企業贊助的智庫，據它的觀察，半導體聯盟對供應鏈問題的早期預警具有重要性，可作為對抗侵略的「西方反擊手冊」的一部分。[105]

東南亞

東南亞在半導體產業有重要的角色：它是跨國晶片公司和委外半導體組裝測試公司（OSAT）進行組裝、測試和封裝（assmbly, testing, and packaging，通稱ATP）的主要目的地。ATP僅占全球百分之十三的半導體產業資本支出及百分之六的附加價值，並不像晶片製造那般資本密集。OSAT公司的資本支出通常占他們總收入的百分之十五左右，相較之下晶圓廠的資本支出占比是百分之三十五。這個地區較廉價的勞動成本（比美國低百分之八十）創造了競爭優勢。[106]較先進的封裝流程——通常和晶片製造本身同地進行——已經成為整體晶片效能和能源效率的關鍵。在此同時，在新加坡和馬來西亞的傳統OSAT市場在過去十年已出現衰退，外資和本國公司已把業務多元分散到價值鏈的其他部分。[107]

隨著海外公司尋找中國以外的製造基地以分散風險，東南亞國家經歷了外資的大幅成長。雖然東南亞具有可能的誘因，可以繞過西方對中國的進口管制，同時維持與中國客戶的密切關係，但是目前為止並沒有見到太多半導體投資正式從中國移出並進駐此地。[108]多邊貿易協議的發展——例如中國推動的區域全面經濟夥伴協定（RCEP）、日本推動的跨太平洋夥伴全面進步協定），和美國推動的印太經濟框架——可能進一步刺激投資以及地區在半導體供應鏈的參與。

儘管區域內的態度各有不同，但在東南亞各國首都反覆聽到的說法是：「別讓我們在美國和中國之間選邊站。」舉例來說，在這個區域對政府、商業界、和學術界領袖所進行的調查裡，過半來自馬來西亞（百分之五十七）、新加坡（百分之七十八）和越南（百分之七十四）的受訪者認為，如果必須在美國和中國之間做選擇，東南亞應該選擇和美國站在一起（整體比例為百分之五十四）。[109]不過，在同一份調查中，中國也被認為是這個地區在經濟、政治和戰略上最有影響力的國家。[110]有趣的是，在馬來西亞和新加坡如今傾向和美國結盟的比例，和二〇二〇年相比已經增加了二十個百分點，馬來西亞和新加坡基本上可說是換邊站。[111]

在馬來西亞、新加坡和越南的評論家認為，美中貿易戰將推動他們國家在半導體產業的投資和成長，馬來西亞（可能還有新加坡）顯得越來越有興趣在半導體方面與美國進行合作。

馬來西亞

產業和政策

馬來西亞雖然擁有一些晶圓廠，但它的半導體活動以組裝和測試為主。一九九〇年代末期有一座晶圓廠在婆羅洲開設，不過自二〇〇六年已歸歐洲的X-FAB所擁有。目前它採用一百三十奈米的成熟節點流程。[112]在大約同一個時間，矽佳（SilTerra）這個獨立的晶圓廠在檳城附近的高科技區設立，原為一個國有基金所擁有，但是在二〇二一年賣給了馬來西亞和中國的私人資本；它最先進的節點是在一百一十奈米。[113]二〇〇六年，德國的英飛凌在馬來西亞開設了一座生產電力管理晶片的晶圓廠，然後在二〇二二年，英飛凌宣布增資二十億歐元擴建第三條生產線製造寬能隙（碳化矽、氮化鎵）半導體。[114]

馬來西亞占全球ＯＳＡＴ市場的百分之十三，全球約百分之七的半導體貿易都流經該國。[115]馬來西亞百分之八十的後段產出集中在檳榔嶼，號稱「東方的矽谷」，活躍在這個產業已經超過了五十年。[116]整個產業基本是由「四大」ＯＳＡＴ公司主導——艾克爾科技（Amkor Technology）、星科金朋（STATS ChipPAC）、矽品精密工業（Siliconware Precision Industries）和日月光（ASE Global）——不過，其國內的自動測試裝置（ＡＴＥ）製造公司已經快速成長，就市場總值而言已逐漸趕上差距。[117]

許多消費半導體的跨國電子公司也入駐馬來西亞。在過去短短兩年內，馬來西亞核准了創紀錄數額的外人直接投資，主要來自電氣和電子領域。在二〇二一年，該國核可了九十四項這類計畫，價值達一千四百八十億令吉（三百五十七億美元），並創造了超過兩萬八千個就業機會。[118]這個產業的出口額在二〇二一年增加了百分之十八，達到四千五百六十億令吉，占了馬來西亞貿易順差的百分之五十六。[119]

前述外人直接投資的計畫包括：英特爾在未來十年投資三百億令吉（七十一億美元）在新的封裝測試設施，預期為檳城和吉打州營運的英特爾子公司創造超過四千個工作機會；安世半導體（Nexperia）——原本總部設於荷蘭，如今為中國的聞泰科技（Wingtech）旗下公司——將在二〇二六年之前投資十六億令吉興建汽車電源管理半導體的自動生產設施。其他最近的投資範圍廣泛，包括材料和零組件、前段和後段製造，以及為奧地利、德國、日本、台灣、美國和中國等外國公司代工。跨國公司可獲得稅收的優惠，同時普遍受到本地企業的青睞。[120]

隨著投資湧入，馬來西亞的勞動市場吃緊問題也令人憂慮。馬來西亞半導體協會（Malaysia Semiconductor Industry Association，簡稱ＭＳＩＡ）的報告指出，由於馬來西亞工廠的產能不足，威脅到國家的競爭力，協會成員急需三萬名經過培訓的新員工。為了緩和勞工短缺，馬國政府在二〇二二年八月解除了凍結外國勞工的命令，並延緩了電子業公司員工需有百分之八十為馬來西亞人的要求。[121]

與美國的關係

鑑於馬來西亞在晶片製造鏈後段的重要角色，美國穩定的半導體供應需仰賴馬來西亞。[122]雖然馬來西亞的首要進出口的夥伴是中國，但美國是馬來西亞出口的第三大目的地，而且美國在二〇二一年有最高的外國直接投資，數額達一百五十六億令吉，相較之下中國為十八億令吉。[123]

二〇二二年五月，美國商務部長雷蒙多和馬來西亞國貿與工業高級部長阿茲敏（Mohamed Azmin Ali）簽署了美馬半導體供應鏈韌性合作備忘錄（US-Malaysia Memorandum of Cooperation on Semiconductor Supply Chain Resilience）。這份備忘錄包括了強化政府—產業夥伴關係和促進對供應鏈投資的「指導原則」，沒有涉及到資金的承諾。[124]

馬來西亞業界認為自身在目前地緣政治局勢中處於有利地位。馬來西亞半導體產業協會主席王壽苔（Dato' Seri Wong Siew Hai）認為台海的緊張關係讓馬來西亞得利，因為各國會尋求在東南亞提高生產以減少風險。[125]他同時也認為，隨著美國《晶片法案》提供資金所興建新的尖端晶圓廠在美國營運，將刺激對馬來西亞組裝廠的投資，不過他也擔心，預計在二〇二三年實施的全球最低百分之十五稅收改革將抑制這些誘因。馬來西亞的經濟學家也擔憂供應鏈中斷——這可能在美國加強出口管制，或美國對中國公司實施禁運制裁，抑或太平洋地區直接衝突時發生——會減緩成長，致使得不償失。[126]

新加坡

產業和政策

新加坡占了全球半導體市場的百分之十一以及全球晶圓產能的百分之十五。它同時在半導體製造設備有百分之十九的占比，包括部分微影製程系統。[127]自一九九〇年代起，新加坡透過政府部門裕廊集團（JTC Corporation）開發了四個晶圓廠區，雇用超過一萬三千五百人。它的二十一座晶圓廠是東南亞最重要的半導體製造基地，計有十四家全球半導體公司，在此雇用一萬八千六百名工人。[128]值得一提的是，這裡是美光公司新的一百七十六層NAND記憶體晶片生產基地，美光在這個國家的投資總值已達一百五十億美元。[129]其他美國公司如格羅方德（它在二〇〇九年收購了一座新加坡擁有的晶圓廠）也在園區裡運作；他們加總在新加坡生產的晶片，占了二〇二一年美國晶片製造公司產能的百分之十八點三，這是美國公司在海外最大的占比，甚至超過台灣的百分之九點七。[130]

半導體製造在新加坡經濟具有重要地位，占了電子業產出的百分之八十和新加坡國民生產毛額的百分之七。[131]新加坡對海外公司的吸引力在於它的高技能勞工、現代的基礎設施，以及有利的稅收和法規政策。目前新加坡政府的半導體策略依據它的「製造業二〇三〇」願景進行，目標之一是在二〇三〇年之前讓全國的總體製造業成長百分之五十。[132]新加坡的貿易與工業部和新加坡半導體產業協會都推出了多項倡議，以吸引和訓練人才，在未來三到五年預期將增加兩千個半導體工作機會。[133]

大部分製造方面的成長預計是來自外國投資，不過中國預計應不會有太多的參與。在二〇二一年的八十七點七億美元製造業投資當中——整體的電子產業占了其中的百分之四十二點三——美國公司貢獻了百分之六十七點一，而中國企業僅占百分之一點一。在半導體方面，美國和阿聯酋合資的格羅方德宣布投資四十億美元，以提高他們在新加坡的產能，預計在二〇二四年初達到每年生產一百五十萬片三百毫米晶圓。[134]其他投資包括了德國英飛凌將以新加坡作為其人工智慧創新中心的計畫；台灣的聯電投資五十億美元在生產二十二奈米和二十八奈米邏輯晶片的晶圓廠；以及德國世創電子（Siltronic AG）和南韓三星合資興建一座二十億歐元的三百毫米晶圓廠。[135]

新加坡成功吸引外資的原因之一在於晶圓廠營運的廉價成本。根據波士頓顧問公司一份報告，在估算先進記憶體晶圓廠營運十年總成本時，以美國基準為一百，則新加坡分數是七十九——高於中國的七十三，但是比日本的九十九和南韓的八十一低。[136]除了稅收優惠和開發與土地取得的補貼之外，集中在園區和經濟特區的基礎設施投資也減低了營運成本，並且縮短了興建的時程。這類誘因，可說是促成格羅方德在二〇二一年決定在新加坡投資，而不選在自己家鄉紐約的原因。不過，《晶片法案》或許有望扭轉局勢，讓企業重新回流美國本土。[137]

新加坡也一向有投資於研發的傳統。成立於一九九一年的新加坡科技研究局（簡稱新＊科研或英文A*STAR）進行聯合研究計畫，包括與全球公司合作的微電子研究。新＊科研的研發預算持續增長：在二〇二〇年它分配到了兩百五十億美元，較前一輪預算增加了百分之三十。[138] 二〇二一年十二月，應用材料（Applied Materials）和新＊科研的微電子研究所宣布投資二點一億美元以延長對3D晶片封裝的聯合研究。[139]

與美國的關係

新加坡不只是美國重要的經濟夥伴，也是安全夥伴——它購買美國武器系統並參與聯合訓練演習。即使如此，新加坡和中國也有密切的經濟和文化聯繫，並且自認處於兩大強權相爭的交會點。以最近為例，雖然新加坡譴責俄羅斯入侵烏克蘭並且對莫斯科實施了禁運，但總理李顯龍明白表示新加坡並不是單純站在和美國相同的立場。二〇二二年三月李顯龍訪美並鼓勵美國加強與東南亞交往的同時，也不忘強調美國應該「給〔中國〕一些空間來影響全球體系」並建立合作的互信。[140]

因此，雖然新加坡是美國公司半導體製造的重要基地（特別是美光在新加坡的生產基地），中國仍是新加坡最大的進口和出口目的國（美國分別排名第四和第三），這也讓新加坡不願公開冒犯中國。[141]

越南

產業和政策

與馬來西亞和新加坡相比，越南加入半導體產業的時間相對較晚。在二〇〇九年，越南政府開始投資半導體，並在它的高科技園區設立研究與教育中心、半導體發展計畫以及實驗室，催化了快速的成長。[142]事實上，在二〇〇〇年到二〇一九年之間，越南是東南亞電子零組件出口成長最快速的國家，年複合成長率為百分之二十五點五（其次是菲律賓的百分之七點四和馬來西亞的百分之五點九）。[143]

越南較低的勞動成本吸引了不少外資在後段的ATP（組裝、測試、封裝）領域投資。例如英特爾目前在越南設立了它最大的組裝和測試廠：二〇〇五年投資十億美元，二〇二一年再投資四點七五億美元。其他在越南設有研究中心和工廠的公司包括高通、德州儀器、SK海力士，以及恩智浦半導體。[144]

進一步投資在教育和基礎設施對越南在價值鏈往上提升是有必要的，一些公司已經開始擴展投資於半導體材料和零組件。三星是越南最大的單一外國直接投資者，它宣布二〇二三年七月前將投資三十三億美元於擴展它的「覆晶球柵陣列」（flip-chip ball grid array）封裝工廠。南韓的艾克爾計畫投資十六億美元在先進封裝技術。美國的OEM供應商海沃德石英（Hayward Quartz）宣布也宣布新計畫，將在一座造價一點一億美元的新工廠生產晶片材料。[145]越南本地的晶片產業雖然相對仍不成熟，但它擁有約二十家晶片設計公司，生態系呈現成長態勢。[146]此外，投資半導體產業的獎勵措施包括前四年免徵企業所得稅，接下來九年稅率為百分之五，再接下來十五年為百分之十——而非一般標準稅率的百分之二十。另外半導體產業園區也為在園區內營運的公司提供百分之十到十五的訓練成本補助。[147]

然而，與其他東南亞國家不同的是，美國在越南的投資明顯較少。在二〇二〇年和二〇二一年，新加坡和南韓位居榜首，其次是中國、日本和台灣。[148]越南整體最大的出口目的地是美國（中國居第二位）——不過中國是越南迄今為止最大的進口夥伴，反映了它目前在兩大超級強國之間供應鏈的中介角色。[149]

印度

關鍵法律和政策

數十年來，印度的晶片產業在政府的政策處理上顯得相當笨拙。印度基礎設施的開發不足，是產業的重大障礙，因晶片製造設施需要可靠的用水、電力和交通運輸——這些服務中央基本上都留給邦級政府負責。除此之外，過去為確保電子業原始設備製造商只使用印度生產晶片採行的種種努力（包括進口禁令），基本上反而導致了電子公司或晶片製造商都無法發展。[150]一些私人晶圓廠的計畫在二〇〇〇年代出現，也受到邦政府的支持——但是距離達到能夠生產的階段都還很遙遠。[151]類似的情況發生在二〇〇七年，當時中央政府宣布了晶片工廠的補貼計畫，結果只收到一個提案，一年之內計畫毫無進展。二〇一一年政府又提出了新的計畫，這次出現了十幾項提案，其中兩個提案被選為支持的對象，結果它們也都失敗了。[152]

二〇二〇年，隨同莫迪總理（Narendra Modi）的政府推出一系列以製造業為導向的「生產連結獎勵計畫」（production-linked incentives，簡稱ＰＬＩｓ），中央政府宣布了「電子元件和半導體製造促進計畫」（Scheme for Promotion of Manufacturing of Electronic Components and Semiconductors，簡稱ＳＰＥＣＳ）。[153]這項計畫為資金成本提供百分之二十五的補貼（不含建築物的興建）。

二〇二一年十二月，印度內閣核准了一個六年七千六百億盧比（約九十億美元）的預算，抱負滿懷地支持半導體的製造和組裝（另外也包括平板顯示器的製造）。[154]目標是二十八奈米或以下製程節點的晶圓廠可以獲得其資金成本最高達百分之五十的補助；如果目標是在四十五奈米到六十五奈米之間，補助則降至百分之三十。[155]製造感應器晶片和其他特殊產品的晶圓廠，以及晶片組裝廠，也可以得到百分之三十的補助。一項個別的「設計連結獎勵計畫」為開發新晶片設計的費用提供百分之五十的補助。這些獎勵計畫——屬於「半導體和顯示器製造生態系發展計畫」（Program for Development of Semiconductor and Display Manufacturing Ecosystem）的一部分——由新成立單位「印度半導體任務」（India Semiconductor Mission）負責管理。[156]

印度的生產和消費

印度有一座積體電路工廠名為「半導體實驗室」（Semi-Conductor Laboratory），是於一九八〇年代開始運作的一百五十毫米晶圓廠，為印度的電信和太空產業設計和製造特殊應用的晶片。[157]它最近的製程升級是一百八十奈米的製程節點。這個實驗室原本隸屬於印度的太空部和電子與資訊科技部，如今已轉型成為印度半導體任務底下的研究機構。

鑑於淺薄的經驗基礎，印度半導體製造計畫必須仰賴進入半導體領域的企業；產業投資補助的提案同樣是由產業經驗不足的官僚來評估。在政府新計畫下，申請興建晶圓廠補助者當中，最有企圖心的或許是名為「韋丹塔資源」（Vedanta Resources）的企業集團，它與富士康（鴻海）——這家台灣的公司在印度以它的iPhone手機組裝廠而出名——結盟。富士康身為這項計畫少數股權的合作夥伴，首次尋求多元化進軍晶片製造領域，包括收購了六十五至二十八奈米邏輯晶片製造的智慧財產權，可用於國內市場的智慧型手機、消費電子以及汽車領域。[158]二〇二二年九月，韋丹塔和富士康宣布了在古吉拉特邦投資一點五四兆盧比（兩百億美元）的計畫，期待得到政府的獎勵補助，他們並宣稱這項計畫有助印度邁向建立國產自足的「矽谷」目標，減輕印度對中國的依賴。[159]選擇古吉拉特邦，而不是更被看好的馬哈拉施特拉邦，原因可能在於它極具價值、和土地取得相關的獎勵措施，打敗了馬哈拉施特拉邦所提供的百分之三十資金補貼和電力補貼。[160]

另一個半導體製造獎勵的申請者是ＩＳＭＣ，這是一個阿布達比的風險基金和以色列的高塔半導體（Tower Semiconductor）的合資公司，高塔半導體正由英特爾進行收購。高塔已表示它的角色僅限於提供技術和專業操作。[161]依據高塔的商業經營，提案中的六十五奈米類比晶片廠預計成本是三十億美元——到二〇二二年中，這個合資企業已經與卡納塔卡邦簽署了合作備忘錄。[162]來自邁索爾的國會議員普拉塔普・西瑪（Pratap Simha）同樣極力鼓吹這項投資案，他解釋這項計畫令他感興趣的原因在於建廠所需的基礎設施升級帶給當地的溢出效益，以及與相關電子產業公司共址的群聚效應。[163]

二〇二二年，過去一向從事記憶體模組的進口和經銷業務的印度公司Sahasra宣布，將計劃進軍上游領域，在拉賈斯坦邦設立印度第一家後段記憶體晶片封裝測試設施，總計畫投資九千四百萬美元。[164]這個工廠將得到印度政府PLI和SPECS計畫，以及「拉賈斯坦邦政府核准的特案獎勵措施」的支持。[165]

儘管在製造方面投下這麼多關注，印度目前為止真正的強項在於晶片設計，全國有超過一百家晶片設計的組織。大部分的晶片設計都是在外資的子公司進行，包括一些美國和歐洲的頂尖晶片公司。在印度大部分設計中心所在的班加羅爾，大約有三分之二的工程師是在這些跨國子公司工作。第一家印度的晶片子公司，是德州儀器在一九八五年所設立，其後在一九九〇年代其他公司陸續跟進。一開始這些子公司只專注設計流程的「後台」（back office）部分（其他部分則交由國外的工作者），隨著時間移轉，這些國內的設計人員已承擔更全面的任務。

許多印度大型IT服務公司——包括威普羅（Wipro）、塔塔（Tata）、薩斯肯

（Sasken）——已發展精密的設計能力，但是他們重點仍放在低利潤、供租賃設計的服務，而不是風險較高但利潤也可能較高的自家產品業務。令人感到意外的是，儘管擁有水準的人力資本，但從跨國晶片設計活動衍生出的本地公司卻相對較少，晶片設計的新創公司在印度也仍屬少見。

印度的大型商業集團，多半因在其他多個產業和消費領域的行政品質而受到敬重，他們如今也嘗試進軍半導體業。在二〇二一年，塔塔集團（Tata Sons）收購了電信設備製造商Tejas Networks的多數股權。[166]這次的收購之後，他們便與日本的瑞薩電子推動了汽車業的晶片設計合作，而瑞薩電子原本有半數的營收是來自汽車製造商（塔塔汽車是印度最大的電動車製造商；日本政府擁有瑞薩電子百分之二十的股份）。[167]到二〇二二年年底，信實工業（Reliance Industries）也傳出對三家申請ＰＬＩ獎勵計畫的公司之一進行投資評估。[168]

人力資本

印度留學生如今是台灣成長最快速的學生群體，在過去五年已增加了一倍，其中有過半數攻讀研究所的學位。台灣政府相對也提供課程吸引印度的學生，包括支薪的實習課程、博士生獎學金、語言訓練以及研究獎助金。印度和台灣的政府自二〇〇八年起已共同贊助十個工程計畫，每個項目最多可獲得四萬美元的資金。[169]當二〇二二年四月「全印度技術教育委員會」（All India Council for Technical Education，簡稱ＡＩＣＴＥ）推出積體電路製造和「超大型積體電路設計和技術電子工程學」[170]這兩個半導體相關的教育課程時，他們也配合推出了選修性質的東亞語言課程，目的是協助印度學生尋求在台灣和南韓半導體產業的實習機會。[171]這類民間交流的課程已成了印度和台灣合作的基礎，他們目前正面臨相同的安全問題——印度有中印邊界的緊張局勢，台灣則有共軍在台灣周邊的軍事演習。

二〇二二年八月，印度電子和半導體協會也宣布了一項「半導體國家—校園連結」倡議，藉此提升大學生對半導體產業的認識。這項計畫以工程領域的大學生和研究生為對象，目標是要增加印度電子科系學生進入半導體相關產業的人數。[172]

外交趨勢和議題

印度在歷史上是不結盟運動（Non-Alighned Moevement，簡稱NAM）的成員，這是一群發展中的經濟體，在一九五〇年代和一九六〇年代，於美蘇對立的緊張局勢升高時成立的組織。儘管號稱「不結盟」，印度在一九七一年和巴基斯坦發生戰爭時，還是投向蘇聯尋求軍事支持。不過，印度近期加入了「四方安全對話」，這是因應中國勢力的崛起，印度與澳洲、日本、美國在二〇〇七年成立的夥伴關係。即使如此，印度和其他許多不結盟運動的國家一樣，在聯合國投票譴責俄羅斯入侵烏克蘭時選擇了棄權。

印度人痛切感受到中國科技優勢所投下的陰影，在莫迪總理的領導下，政府以「印度製造」的口號推動更積極的科技自主政策，範圍從晶片擴展到電子系統。[173]這套「自力更生的印度」（Atmanirbhar Bharat）的政策，在奉行孤立主義和需融入世界經濟以取得新技術和市場的認知之間，存在著先天的矛盾。事實上，自一九六二年的中印戰爭以來，印度和中國始終關係緊張。中國對巴基斯坦日益提升的支持引發印度的不快，在拉達克、不丹，以及阿魯納查邦邊界爭議地區也不時爆發軍事衝突。印度政府推動本土製造，讓他們更有理由嚴加審視對中國商品或技術的依賴。特別是二〇二〇年在喜馬拉雅山邊界爭議的地區與中國部隊爆發衝突，造成十幾名印度士兵喪生之後，印度開始對中國的公司施壓。舉例來說，印度禁用了數百個來自中國的智慧型手機應用程式，利用非官方的手段實際阻止華為和中興通訊等科技公司出售電信設備給無線營運商，並對中國智慧型手機公司小米和OPPO的財務報告進行調查。不過，印度政府並沒有完全排除來自中國的投資——只要它仍被視為有助印度本地價值鏈的發展。[174]

與中國相比，美國是印度最大的貿易夥伴和最重要的出口市場。[175]美國擁有最大的海外印度僑民群體，人數超過四百萬人。而且在美國由移民創辦的新創公司當中，大約有三分之一的創辦人是印度人。兩國政府在共同利益議題，包括安全、能源和氣候以及金融等方面，都維持著高層的聯繫。印度是參與美國推動的ＩＰＥＦ的十二個國家之一，美印兩國還宣告要推動雙邊的「關鍵和新興技術」倡議（iCET），內容著重多個技術領域的長期合作，半導體也包括在內。[176]

在二〇二二年四月，美印兩國的半導體產業協會——美國半導體產業協會和印度電子和半導體協會（India Electronics and Semiconductor Association，簡稱ＩＥＳＡ）——簽署了合作備忘錄，以找出半導體產業的潛在機會。[177]美國包括英特爾和高通等幾十家晶片公司，長期在印度設立晶片設計的子公司，地點集中在班加羅爾。

同樣在二〇二二年四月，印度和歐盟也成立了歐盟印度貿易和技術委員會（EU-India Trade and Technology Council），以解決科技、貿易和安全等潛在合作領域的問題，包括自由貿易協議、5G無線和人工智慧的合作。[178]這項新增的合作將創造與歐洲主要晶片廠商（意法半導體、恩智浦、英飛凌）更完整的技術生態系，這些公司在印度設立晶片設計和軟體開發的子公司都已經超過二十年。

印度的駐台代表戴國瀾（Gourangalal Das）總結印度當前的戰略，強調鞏固印度半導體供應鏈的必要性；他指出印度的晶片需求增長率是全球的兩倍，預期在二〇三〇年將占全球百分之十的需求量。印度最可能得到理想成績的領域是生產六十五奈米到二十八奈米的後緣（trailing-edge）晶片，以及後段的封裝測試。為了達成這個目標，印度目前整體補貼計畫的對象不只是晶片製造廠，也包括電子系統產業——例如手機組裝的富士康等公司——和相鄰技術供應鏈如電信、太陽能光電系統以及電池。[179]和美國的情況一樣，這方面的努力在企業執行力和長期的商業永續經營要靠私人企業主導，最終依賴的不是政府的補貼，而是靠整體經商和法規環境的競爭力。

以色列

關鍵法律和政策

雖然規模相對較小，但以色列身為美國夥伴和全球科技領先者的地位值得特別一提。自一九六〇年代以來，以色列一直推行支持以科學為基礎的產業政策，並培育了一個以中小型企業為主的產業架構。[180]以色列的軍方也著手先進的研發工作，協助以色列建立私營部門強大的人才管道。

以色列政府也採取獎勵措施，去說服跨國科技公司在半導體領域投入製造或研究——這個傳統可以追溯到英特爾在一九七〇年代對初始研究的投資。隨著英特爾投資的增加，以色列政府提供了稅收退款、獎勵金及建築許可方面的彈性——隨著時間推移，來自英特爾和其他跨國企業的工程師，已經孕育出以色列國內充滿活力的半導體新創事業。

以色列的生產和消費

在一九八〇年代，英特爾選擇以色列作為第一個海外晶圓廠的地點。如今它雇用大約一萬名員工從事微處理器製造和研發——這使得以色列成為英特爾最大的海外據點，也讓英特爾成了以色列最大的私營企業雇主。[181]

英特爾的Fab 28晶圓廠在二〇〇〇年代初開始營運，在以色列政府的補助款和稅賦減免的幫助下進行了升級。近來，英特爾宣布了在以色列興建Fab 38晶圓廠的計畫——一座四奈米ＥＵＶ節點的生產基地，預期在二〇二四年開始運作。[182]總投資額預計約一百億美元，包括最多達四十億美元的以色列政府補助款。[183]

二〇二二年二月，英特爾宣布將以五十四億美元收購總部位於以色列的高塔半導體。高塔提供代工服務製造類比晶片，在以色列、美國加州、德州和日本都設有晶圓廠。二〇一七年，高塔計劃與中國企業合夥在中國興建晶圓廠，但其合作夥伴南京德科碼半導體（Tacoma Semiconductor）在稍後破產，計畫顯然也因此結束。近來高塔參與了合資的提案，計劃在印度生產類比晶片。

以色列已有一個小而健康的無廠晶片設計新創公司生態系。在COVID-19疫情之前，每年新增十幾家公司，其中半數資金來自以色列，另外有約四分之一來自美國。[184]成功的新創公司退場的方式往往是賣給更大型的跨國公司。例如英特爾已經買下多家以色列的晶片新創公司，最近收購的一家是人工智慧晶片設計商Habana Labs，以二十億美元在二〇一九年十二月收購。在二〇一七年，英特爾以一百五十三億美元收購專門開發自動駕駛晶片和其他裝置的Mobileye，這是迄今為止收購以色列公司支付的最高金額。

眾多科技公司也在以色列設立或是收購晶片設計中心，包括亞馬遜、蘋果、安謀、微軟、輝達、恩智浦、高通以及三星。Google在二〇二一年設立了設計中心，臉書據傳也在隨後跟進。[185]

外交趨勢和議題

以色列一直維持與美國戰略一致的態勢，然而它同時也和中國建立起包含高科技領域在內的商業關係。不過，與中國科技合作的密切程度一直是依據安全考量作調整。據稱中國最近把以色列視為先進晶片設計和積體技術的潛在來源，包括華為和小米都在以色列當地投資晶片設計。[186]此外，據傳在二〇二三年春季，中國的金融監管機構放慢了他們對英特爾收購以色列的高塔半導體的審查工作——這個動作被解釋是為了報復美國對中國的半導體技術出口管制。[187]

美國迄今仍是以色列最大的出口市場（二〇二〇年占總出口的百分之二十七點七），中國和香港雖位居第二，但占比遙遙落後（占出口值的百分之九點一）。[188]不過半導體在以色列對中國的出口占有很大的比例：以色列的公司銷售檢測設備給中國的晶片製造公司，[189]而以色列對中國的晶片出口——大部分是出自英特爾的子公司——在二〇一八年成長百分之八十，達到二十六億美元。[190]

在川普執政期間，美國施壓以色列進一步阻止中國取得它的先進科技，就如同柯林頓（Bill Clinton）時期以色列對軍民兩用技術所作的類似限制。二〇一九年，以色列設立機制對潛在敏感產業的外國投資進行篩選。即便如此，美國國務卿龐培歐（Mike Pompeo）在二〇二〇年五月仍警告，與中國在通信等敏感領域的接觸，可能會威脅到「美國與以色列在重要計畫上並肩合作的能力」。[191]

從這個角度來看，以色列象徵了本章提及的其他許多美國同盟、夥伴和朋友，都在設法調節的複雜利害衝突。鑑於各國日益矛盾的商業和戰略需求，它們在瞬息萬變的世界中維持與美國立場一致的能力，不僅取決於安全理由，也取決於我們提供市場和投資替代選擇的能力。在這方面，我們本身的經濟表現和我們對志同道合的夥伴在商業上的開放態度，也是維繫整體國家安全的關鍵。

註釋

1. Ministry of Economy, Trade, and Industry [経済産業省], "半導体・デジタル産業戦略検討会議 [Semiconductor and Digital Industry Strategy Conference]," August 2, 2022, https://www.meti.go.jp/policy/mono_info_service/joho/confer ence/semicon_digital.html.
2. Yoichi Funabashi, "地経学時代の経済安全保障論 [Economic Security Theory in the Age of Geoeconomics]," Asia Pacific Initiative, March 9, 2022, https://apinitiative.org/2022/03/09/34746/.
3. Tim Kelly, "Japan Sees Peril in US Chip Hub to Counter China," Reuters, August 17, 2021.
4. Yuki Furukawa and Takashi Mochizuki, "Japan Approves $6.8 Billion Boost for Domestic Chip Industry," *Bloomberg*, November 26, 2021.
5. 索尼的股份將低於百分之二十。另一家日本的公司電裝（Denso）也承諾投資成為股權較低於索尼的合夥人。
6. Kioxia, "Kioxia and Western Digital Jointly Invest in New Flash Memory Manufacturing Facility in Yokkaichi Plant," press release, July 26, 2022.
7. Takashi Mochizuki, "Japan Sets Goal of Tripling Domestic Chip Revenue by 2030," Bloomberg, November 15, 2021.
8. *Sankei News*, "経済安保推進法が成立 半導体などの供給網強化図る [Economic Security Promotion Law Passed to Strengthen Supply Networks for Semiconductors]," May 11, 2022, https://www.sankei.com/article/20220511-SH2HDEMUM5NBZKTTZ55TBP5UDQ.
9. *Nikkei Asia*, "Japan to Subsidize TSMC's Kumamoto Plant by up to $3.5bn," June 17, 2022.
10. Ayumi Shintaku, "TSMC to Open Semiconductor R&D Facility in Tsukuba," *Asahi Shimbun*, June 1, 2021.
11. Takumi Wakai and Shimpei Doi, "Japan Set to Offer 92.9 Billion Yen to Kioxia's Joint Chip Plant Project," *Asahi Shimbun*, July 27, 2022.
12. Kioxia Corporation, "Kioxia and Western Digital Celebrate the Opening of Fab7 at Yokkaichi, Japan," press release, October 26, 2022.
13. *Nikkei*, "半導体人材、「厚み」課題 [Semiconductor Human Resources, 'Depth' Issue]," July 22, 2022, https://www.nikkei.com/article/DGKKZO62842330S2A720C2TB0000.
14. Reuters, "半導体人材、産学官で育成強化 [Strengthening Semiconductor Human Resource Development through Industry-Academia-Government Collaboration]," June 28, 2022, https://www.reuters.com/article/idJP2022050101000750.
15. Mathieu Duchâtel, "Racing for the New Rice—Japan's Plans for Its Semiconductor Industry," Institut Montaigne, April 8, 2021.
16. Semiconductor Industry Association, 2021 *SIA Factbook*.
17. Julian Ryall, "Japan Strengthens Hold on Semiconductor Raw Materials mid Global Chip Shortage," *South China Morning Post*, 2021.
18. Kearney, *Europe's Urgent Need to Invest in a Leading-Edge Semiconductor Ecosystem*, fig. 9, p. 18, 2021.
19. JOGMEC, "ビジネスツールリスト金属部門の各種支援ツールの紹介 [Business Tool List Introduction to Various Support Tools for the

Metals Sector],” June 30, 2020, https://www.jogmec.go.jp/content/300369091.pdf.

20. Asian Development Bank, “Asian Economic Integration Report 2022,” p. 27, 2022; 也用於這個段落其他的市場占比統計。
21. Robert Castellano, “Applied Materials Will Regain Semiconductor Equipment Lead from ASML in 2020,” Information Network, SemiWiki, November 29, 2020.
22. Ministry of Economy, Trade, and Industry, “Minister Hagiuda Visits the United States of America,” May 6, 2022.
23. US Department of Commerce, “Readout of Secretary Raimondo’s Meeting with Minister of Economy, Trade, and Industry Hagiuda Koichi of Japan,” May 4, 2022.
24. Ko Fujioka, “Japan Seeks to Produce Cutting-Edge 2-nm Chips as Soon as 2025,” *Nikkei Asia*, June 15, 2022.
25. *Nikkei*, “キヤノンなど先端半導体で連携　経産省、420億円支援 [Canon and Others Collaborate on Cutting-Edge Semiconductors; METI Provides ¥42 billion in Support],” March 23, 2021, https://www.nikkei.com/article/DGXZQODF231RP0T20C21A3000000/.
26. *Kyodo News*, “Japan, US to Deepen Economic Security Ties amid Supply Disruptions,” May 23, 2022.
27. *Nikkei*, “日米、経済版2プラス2初開催 半導体量産で協力 [Japan and the US to Hold First Economic Version of 2 Plus 2, Cooperating in Semiconductor Mass Production],” July 29, 2022, https://www.nikkei.com/article/DGXZQOUA26C540W2A720C2000000.
28. Tomoya Suzuki, “米中・経済安全保障の総点検—規制に挟撃される半導体産業 [US-China Economic Security Review: Semiconductor Industry Pinched by Regulations],” NLI Research Institute, July 16, 2021, https://www.nli-research.co.jp/report/detail/id=68296?pno=2&site=nli.
29. Changwoon Cho, “日米が最先端半導体で協力、韓国の対応は? 米大統領 訪韓に注目 [Japan and the US Cooperate in Cutting-Edge Semiconductors; How Will South Korea Respond? Focus on US President’s Visit to Korea],” Nikkei XTech, May 10, 2022, https://xtech.nikkei.com/atcl/nxt/column/18/01231/00059.
30. Kim Eun-jin, “Japanese Semiconductor Material Companies Increasing Production in South Korea,” BusinessKorea, May 4, 2021.
31. Sarah Kim, “Moon Says Japan’s Export Curbs Led to Higher Self-Sufficiency,” *Korea JoongAng Daily*, July 2, 2021.
32. Jeong-Ho Lee and Yuki Furukawa, “Japan to Lift Restrictions on Chip Material Exports to South Korea,” *Bloomberg*, March 16, 2023. 原書誤標為三月十五日。
33. Yoichi Funabashi, “地経学時代の経済安全保障論 [Economic Security Theory in the Age of Geoeconomics],” Asia Pacific Initiative, March 9, 2022, https://apinitiative.org/2022/03/09/34746.
34. Funabashi, “地経学時代の経済安全保障論 [Economic Security Theory].
35. Makoto Shiono, “中国ファーウェイ問題を「米国の立場」から見てみるべき理由 [Why We Should Look at the China Huawei Issue from the US Perspective],” *Diamond Online*, September 4, 2019, https://diamond.jp/articles/-/213748?page=2.

36. Yoichi Funabashi, "地経学時代の経済安全保障論 [Economic Security Theory in the Age of Geoeconomics]," Asia Pacific Initiative, March 22, 2022, https://apinitiative.org/2022/03/09/34746.
37. Funabashi, "地経学時代の経済安全保障論 [Economic Security Theory]."
38. Natsuki Kamakura, "From Globalising to Regionalising to Reshoring Value Chains? The Case of Japan's Semiconductor Industry," *Cambridge Journal of Regions, Economy and Society* 15, no. 2 (May 2022): 261-77.
39. JETRO, "海外サプライチェーン多元化等支援事業のサービス [Overseas Supply Chain Diversification Support Project]," September 29, 2022.
40. Antonio Varas, Raj Varadarajan, Jimmy Goodrich, and Falan Yinug, *Strengthening the Global Semiconductor Supply Chain in an Uncertain Era* (Boston, MA: Boston Consulting Group and Semiconductor Industry Association, April 2021).
41. InvestKorea, "Semiconductor Industry Driving Korea's Economic Growth," September 8, 2021.
42. InvestKorea, "Semiconductor Industry Driving Korea's Economic Growth."
43. Sohee Kim and Sam Kim, "Korea Unveils $450 Billion Push for Global Chipmaking Crown," *Bloomberg*, May 13, 2021.
44. KBS World, "'K-Semiconductor Belt Strategy' to Establish the World's Largest Supply Network by 2030," May 17, 2021.
45. Jeong-Ho Lee and Sohee Kim, "South Korea Passes Its 'Chips Act' amid US-China Friction," *Bloomberg*, March 29, 2023.
46. Son Ji-hyoung, "Korea Sets Out Own Chips Act, in Less Ambitious Fashion," *Korea Herald*, January 24, 2022.
47. Jiyoung Sohn, "South Korea Plans Mega Chip-Making Base to Stay Ahead," *Wall Street Journal*, March 15, 2023.
48. *JoongAng Ilbo*, "尹錫悦政権「半導体超強大国達成戦略」を発表 [Yoon Administration Announces 'Strategy to Become a Semiconductor Superpower']," July 21, 2022, https://s.japanese.joins.com/JArticle/293441?servcode=200 § code=200. See also Lee Ho-jeong, "Korea's Chip Indus- trial Policy Takes Shape with Road Map," *Korea Joong-An Daily*, July 21, 2022.
49. *JoongAng Ilbo*, "Yoon Administration Announces 'Strategy to Become a Semiconductor Superpower.'"
50. Edward White, "US Companies Lobby South Korea to Free Jailed Samsung Boss," *Financial Times*, May 20, 2021; Joyce Lee, Soo-Hyang Choi, and Heekyong Yang, "South Korea's Yoon Pardons Samsung's Jay Y. Lee to Counter 'Economic Crisis,'" Reuters, August 12, 2022.
51. InvestKorea, "Semiconductor Industry Driving Korea's Economic Growth."
52. 現代汽車的非記憶體業務在二〇〇四年分拆為美格納半導體（MagnaChip），生產顯示驅動器、感應器和電源積體電路。儘管美格納幾乎沒有進入美國市場，但二〇二〇年中國投資人嘗試購買公司部分股權時，依舊因為美國的干預而受阻。參見George Leopold, "US Blocks Chinese Deal for Magnachip," *EE Times*, June 21, 2021.
53. Asian Development Bank, "Asian Economic Integration Report 2022," p. 27.

54. Jang Seob Yoon, "Import Volume of Semiconductors to South Korea from 2006 to 2020," Statista, September 2022.
55. Eun-jin Kim, "TSMC Widens Its Gap with Samsung in Foundry Business," *Businesskorea*, June 21, 2022.
56. Lee Shoo-hwan, "Qualcomm's 3nm AP Foundry Leaves the Whole to TSMC Instead of Samsung," The Elec (in Korean), February 22, 2022, https://www.thelec.kr/news/articleView.html?idxno=16130.
57. Asian Development Bank, "Asian Economic Integration Report 2022," p. 27.
58. Bo-eun Kim, "Micron Challenges Rivals in Memory Chip Market," *The Korea Times*, June 13, 2021; Katie Schoolov, "How Intel Plans to Catch Samsung and TSMC and Regain Its Dominance in the Chip Market," CNBC, November 6, 2021.
59. Debby Wu, "World's Top Chipmakers Provide Data to US as Deadline Arrives," *Bloomberg*, November 7, 2021.
60. Jeong-Ho Lee and Sohee Kim, "Biden Finds a Key Ally Wary of His Bid to Outpace China on Chips," *Bloomberg*, March 25, 2021.
61. Stephen Nellis, Joyce Lee, and Toby Sterling, "Exclusive: US-China Tech War Clouds SK Hynix's Plans for a Key Chip Factory," Reuters, November 18, 2021.
62. Karen Freifeld and Alexandra Alper, "US Considers Crackdown on Memory Chip Makers in China," Reuters, August 2, 2022.
63. Kim Jaewon and Cheng Ting-Fang, "Samsung and SK Hynix Face China Dilemma from US Export Controls," *Nikkei*, October 25, 2022.
64. *Korea JoongAng Daily*, "Korea, US Launch New Dialogue on Semiconductor Partnership," December 9, 2021.
65. Sue Mi Terry, "Yoon's Strong Start in Foreign Policy," *Foreign Policy*, August 18, 2022.
66. Mi-na Kim, "Yoon, Biden Come Together over Semiconductors," *The Hankyoreh*, May 21, 2022.
67. Bob Sechler and Kara Carlson, "Samsung Weighs Huge Austin-Area Growth: $200 Billion Investment, 11 New Fabs, 10,000 New Jobs," *Austin American-Statesman*, July 20, 2022.
68. Dashveenjit Kaur, "Here's What South Korean Giant SK Group Is Doing with Its US$22b Investment in the US," *TechWire Asia*, July 29, 2022.
69. Jiaxing Li, "Why Is China So Concerned at the Prospect of South Korea Joining a US-Led Chip Alliance?," *South China Morning Post*, July 23, 2022.
70. Chan-kyong Park, "South Korea Plays Down Concerns over Move to Join US-Led Chip Alliance," *South China Morning Post*, August 8, 2022.
71. Terry, "Yoon's Strong Start in Foreign Policy."
72. Young-bae Kim, "Chip 4 Is about More than Korea—It's about Breaking Up Taiwan's Monopoly," *The Hankyoreh*, August 9, 2022.
73. Yoo-chul Kim, "Seoul Expected to Join Washington-Led 'Chip 4' Alliance," *The Korea Times*, July 19, 2022.
74. Kotaro Hosokawa, "South Korea to Track Travel by Chip Engineers as Tech Leaks Grow," *Nikkei Asia*, February 5, 2022.
75. Eun-jin Kim, "Applied Materials to Run R&D Center in South Korea," *Businesskorea*, July 7, 2022.
76. Kim, "Chip 4 Is about More than Korea."

77. Choi Si-young, "Yoon, Calling Japan a Partner, Offers New Vision to Reboot Sour Relations," *The Korea Herald*, March 10, 2023.
78. Hyun-kyung Kang, "Domestic Politics Presents Major Stumbling Block to Korea-Japan Relations," *The Korea Times*, July 25, 2022.
79. European Commission, "A Chips Act for Europe," Commission Staff Working Document SWD (2022) 147 Final, 2022.
80. Key Digital Technologies Joint Undertaking, "KDT JU to Become Chips Joint Undertaking," press release, February 8, 2022.
81. European Commission, *Boosting Electronics Value Chains in Europe*, June 19, 2018.
82. IPCEI, "About the IPCEI," accessed June 21, 2022.
83. Mathieu Duchâtel, "Semiconductors in Europe: The Return of Industrial Policy," Paris: Institut Montaigne Policy Paper, 2022, p. 23.
84. 以總部地點計算的替代方式是以工廠地點來計算，但是這些資料並沒有公開。關於歐盟的數位主權目標，參見Ursula von der Leyen, "2021 State of the Union Address by President von der Leyen," European Commission, September 15, 2021.
85. Nick Flaherty, "Intel, Samsung and TSMC Are Expected to Be Part of European Commission Discussions Today over a 2nm Chip Fab," *EEnews*, April 30, 2021.
86. Sarah Wu and Yimou Lee, "Taiwan's TSMC Says No Plans for Now to Build Factories in Europe," Reuters, June 7, 2022.
87. Council of the European Union, "Chips Act: Council and European Parliament Strike Provisional Deal," press release, April 18, 2023.
88. Duchâtel, "Semiconductors in Europe."
89. Duchâtel, "Semiconductors in Europe," 28-29.
90. Oliver Noyan, "Germany to Invest Billions to Bring Semiconductor Production Back to Europe," Euractiv, September 3, 2021.
91. Reuters, "Intel Seeks $10B in Subsidies for European Chip Plant," Automotive News Europe, April 30, 2021; Dan Robinson, "Intel Rattles the Tin for Another €5B in Subsidies to Build German Fab," *The Register*, March 8, 2023.
92. Duchâtel, "Semiconductors in Europe," 30.
93. European Commission, "A Chips Act for Europe," 22.
94. LFoundry, "Technology to Enable Innovation Worldwide," accessed March 30, 2023.
95. Jeanne Whalen, "Intel to Invest $36 Billion in New Computer Chip Factories in Europe," *Washington Post*, March 15, 2022.
96. European Parliament, "Towards a New EU Policy Approach to China: 21st EU-China Summit-April 2019," 2019.
97. European Commission, "EU-China High Level Dialogue on Research and Innovation," January 25, 2021.
98. Shannon Tiezzi,"China-EU Summit Highlights Diverging Paths," *TheDiplomat*, April 1, 2022.
99. Laurence Norman and Kim Mackrael, "China Wants to Be at Center of New World Order, Top EU Official Says," *Wall Street Journal*, March 30, 2023.
100. European Commission, "EU-US: A New Transatlantic Agenda for Global Change," press release, December 2, 2020.

101. European Commission, "EU-US Launch Trade and Technology Council to Lead Values-based Global Digital Transformation," press release, June 15, 2021.

102. European Commission, "EU-US Trade and Technology Council: Strengthening Our Renewed Partnership in Turbulent Times," press release, May 16, 2022.

103. Grzegorz Stec and Zsuzsa Anna Ferenczy, "EU-Taiwan Ties: Between Expectations and Reality," MERICS, January 17, 2022.

104. Ben Blanchard and Jeanny Kao, "Taiwan 'Happy' to See Chip Investment in EU, Wants Deeper Ties," Reuters July 12, 2022. 不過台積電在二〇二二年初確實曾重新考慮在德國興建新設施。

105. Mathieu Duchâtel, "Semiconductors in Europe," 42.

106. Varas et al., *Strengthening the Global Semiconductor Supply Chain*, 35.

107. John Lee and Jan-Peter Kleinhans, *Mapping China's Semiconductor Ecosystem in Global Context*, MERICS, June 2021, p. 52.

108. Dan Wang, "The Quest for Semiconductor Sovereignty," Gavekal-Dragonomics, April 20, 2021, 20.

109. Sharon Seah, Joanne Lin, Sithanonxay Suvannaphakdy, Melinda Martinus, Pham Thi Phuong, Thao Farah, Nadine Seth, and Hoang Thi Ha, *The State of Southeast Asia: 2022* (Singapore: ISEAS-Yusof Ishak Institute, 2022), 32.

110. Seah et al., *The State of Southeast Asia: 2022*, 20-23.

111. Siew Mun Tang, Hoang T. Tha, Ho, Anuthida Selaow Qian, Glenn Ong, and Pham Thi Phuong Thao, *The State of Southeast Asia: 2020* (Singapore: ISEAS-Yusof Ishak Institute, 2020), 29.

112. X-FAB, "Our Fabs," accessed March 30, 2023.

113. SilTerra, "Technology Overview," accessed March 30, 2022.

114. Dashveenjit Kaur, "Semicon SEA 2022: Malaysia Seeks to Attract Semiconductor Giants like TSMC," *Tech Wire Asia*, June 22, 2022.

115. *The Star*, "Malaysia's Semiconductor Industry to Benefit from Chips and Science Act," August 15, 2022; John Neuffer, Letter to Mohamed Azmin bin Ali, May 28, 2021.

116. Dashveenjit Kaur, "Semicon SEA 2022: Malaysia Seeks to Attract Semiconductor Giants like TSMC," *Tech Wire Asia*, June 22, 2022.

117. Malaysian Investment Development Authority, "The Rise of Test Equipment Giants amid Tech Boom," September 23, 2021.

118. Malaysian Investment Development Authority, "Malaysia Attracted Record Approved Investment of RM306.5B in 2021, Driven by E&E Boom," March 8, 2022.

119. Nazatul Izma, "Labour Crisis Pushes Malaysia's Billion Ringgit E&E Sector to Breaking Point," *Free Malaysia Today*, August 22, 2022.

120. Scott Foster, "Big Chip and Tech Investment Pouring into Malaysia," *Asia Times*, December 23, 2021. 二〇二一年之後，其他近期投資或

已宣布的計畫，包括在半導體材料和元件（奧地利的奧特斯〔AT&S〕、日本的太陽誘電〔Taiyo Yuden〕、富士電機〔Fuji Electric〕、加賀電子〔Kaga〕、羅姆〔ROHM〕）、封裝測試（美國的美光、德國的博世、中國和美國的合資企業通富微電子〔TF-AMD〕）、前端製造（台灣的富士康、日本的電裝和富士電機），以及代工製造（美國的應用工程〔Applied Engineering〕）。

121. Malaysia Semiconductor Industry Association, "MSIA Is Fully Supportive of the Decision by the Government to Defer the Condition That at Least 80% of Companies Workforce Must Be Malaysian," press release, July 17, 2022.

122. 美國半導體產業協會在二〇二一年五月給馬來西亞政府的一封信中，請求免除對電子／半導體產業為期兩週的疫情封鎖，提到「美國與馬來西亞的貿易占了美國半導體全球貿易的百分之二十四，」並指出「美國從馬來西亞直接進口的半導體多過於其他任何國家」。這個說法點出了在其他地區製造的半導體交到美國企業手中之前，會先經由馬來西亞進行封裝測試。參見 John Neuffer, Letter to Mohamed Azmin bin Ali, May 28, 2021.

123. OEC, "Malaysia (MYS) Exports, Imports, and Trade Partners," September 2020; R. Hirschmann, "Net Foreign Direct Investment (FDI) Flows to Malaysia in 2021, by Country," *Statista*, August 10, 2022.

124. US Department of Commerce, "Joint Press Release: US Department of Commerce and Malaysian Ministry of International Trade and Industry Sign Memorandum of Cooperation to Strengthen Semiconductor Supply Chain Resiliency and Promote Sustainable Growth," May 11, 2022.

125. Gloria Harry Beatty, "Malaysia Can Benefit from Semiconductor Supply Chain Disruption," *The Sun*, August 22, 2022.

126. Weng Khuen Lee, "Malaysia to Benefit from Trade Diversion amid Heightened Geopolitical Tensions," The Edge Malaysia, August 16, 2022.

127. Ang Wee Seng, "Speech by MOS Alvin Tan at the SSIA Semiconductor Business Connect 2022," Ministry of Trade and Industry (Singapore), May 19, 2022; Dylan Loh, "Singapore Plays Catch-up with Taiwan as Chip Investments Soar," *Nikkei Asia*, August 11, 2021.

128. Seng, "Speech by MOS Alvin Tan."

129. Hideaki Ryugen, "Micron Taps Singapore as Launch Pad for NAND Offensive," *Nikkei Asia*, February 3, 2021.

130. 美國公司超過一半的晶圓產能實際上是在美國以外的地區生產。參見 "2021 State of the US Semiconductor Industry," SIA, accessed September 7, 2022.

131. Seng, "Speech by MOS Alvin Tan."

132. Gayle Goh, "Singapore Seeking Frontier Firms for Manufacturing 2030," EDB, February 2, 2021.

133. Seng, "Speech by MOS Alvin Tan."

134. Dylan Loh, "Singapore Investment Inflows Show US Chip Hunger amid Overall Dip," *Nikkei Asia*, January 26, 2022.

135. Sharon See, "Global Chipmakers' Investments in Singapore," *The Business Times*, July 22, 2022.

136. Antonio Varas, Raj Varadarajan, Jimmy Goodrich, and Falan Yinug, *Government Incentives and US Competitiveness in Semiconductor Manufacturing* (Boston, MA: Boston Consulting Group and Semiconductor Industry Association, September 2020).
137. John VerWey, "No Permits, No Fabs: The Importance of Regulatory Reform for Semiconductor Manufacturing," CSET Policy Brief, October 2021.
138. NRF Singapore, "RIE2025 Plan," February 20, 2021.
139. Choo Yun Ting, "Applied Materials and A*Star Extend R&D Collaboration with New $286m Investment," *The Straits Times*, December 23, 2021.
140. William Chong, "Singapore and the United States: Speaking Hard Truths as a Zhengyou," *Fulcrum*, April 7, 2022.
141. 中國的貿易統計數字包括了香港。OEC, "Singapore (SGP) Exports, Imports, and Trade Partners," June 2022.
142. Thanh Van, "Vietnam's Semiconductor Market to Grow by $6.16 Billion," *Vietnam Investment Review*, August 3, 2021.
143. Tieying Ma, "ASEAN's Potential in Semiconductor Manufacturing," DBS, September 23, 2021.
144. Filippo Bortoletti and Thu Nguyen, "Vietnam's Semiconductor Industry: Samsung Makes Further Inroads," *Vietnam Briefing*, August 30, 2022.
145. Bortoletti and Nguyen, "Vietnam's Semiconductor Industry"; Nhu Phu, "S. Korea's Amkor Technology to Build US$1.6-Billion Semiconductor Plant in Vietnam," *The Saigon Times*, December 16, 2021.
146. Dezan Shira & Associates, "Q&A: Electronics and Semiconductor Industry in Vietnam," *Vietnam Briefing*, July 2, 2021.
147. Shira & Associates, "Q&A."
148. Atharva Deshmukh, "FDI in Vietnam: A Year in Review and Outlook for 2021," *Vietnam Briefing*, February 17, 2021; Pritesh Samuel, "Vietnam's FDI Drops Slightly, but Reopening Measures Boosting Economy," *Vietnam Briefing*, January 27, 2022.
149. OEC, "Vietnam (VNM) Exports, Imports, and Trade Partners," 2022.
150. Dinsha Mistree, "From Produce and Protect to Promoting Private Industry: The Indian State's Role in Creating a Domestic Software Industry," Stanford Law School Working Paper 07-2018, June 2019.
151. Russ Arensman, "Move Over, China," *Electronic Business*, 2006.
152. Peter Clarke, "Report: 11 Firms Pitch Indian Wafer Fabs," *EE Times*, September 14, 2011; Sufia Tippu, "2 Fabs Get the Final Approval in India," *EE Times India*, September 13, 2013.
153. Ministry of Information and Electronics Technology (India), "Scheme for Promotion of Manufacturing of Electronic Components and Semiconductors (SPECS)," accessed August 12, 2022.
154. *The New Indian Express*, "Rs 76,000 Crore Budget to Design, Make Semiconductor Chips in India Gets Cabinet Nod," December 15, 2021.
155. PIB India, "India Domestic Electronics Production Reached $74.7B in FY2020-2021," *EE Times India*, July 22, 2022.
156. India Semiconductor Mission, "About Us," accessed June 5, 2023.

157. 印度也有至少一家離散式半導體（個別電晶體、二極體等等）的製造商，如Continental Device India，成立於一九六四年。參見https://www.cdil.com.
158. Prasanth Aby Thomas, "India's Vedanta to Make 28-65nm Semiconductor Chips for Local Demand," *DigiTimes*, January 20, 2022.
159. *The Economic Times*, "Vedanta, Foxconn to Set Up Fab & Chip Facility in Gujarat," September 14, 2022.
160. Alok Deshpande, "How Gujarat Pipped Maharashtra to Win Vedanta-Foxconn's $22 Billion Project," *The Indian Express*, September 15, 2022.
161. Alan Patterson, "India Prepares to Build Nation's First Chip Fab," *EE Times*, May 10, 2022.
162. Next Orbit Ventures, "ISMC to Invest $3B in India's First Semiconductor Fab in Karnataka," *EE Times India*, May 6, 2022.
163. *The Hindu*, "How $3 Billion Semiconductor Plant Is Expected to Transform Mysuru," May 3, 2022.
164. Jingyue Hsiao, "India's First Memory Chip ATMP Plant Reportedly to Mass Produce by December," *DigiTimes*, July 25, 2022.
165. Sahasra Semiconductor, "About Us," accessed August 10, 2022.
166. Mint, "Tatas Just Came a Bit Closer to Being India's First Semiconductor Powerhouse," July 1, 2022.
167. Mint, "Tatas Just Came a Bit Closer."
168. Surajeet Das Gupta, "Two Indian Companies to Pick Up over 26% but Less than 51% Stake in ISMC," *The Business Standard*, November 8, 2022.
169. Mumin Chen, "Among International Students Studying in Taiwan, Indians Are the Fastest-Growing Group," *The Week*, February 22, 2022.
170. All India Council for Technical Education, "Circular," April 21, 2022.
171. ANI, "India Has a Lot of Interest in Boosting Semiconductor Industry: AICTE Chairperson," June 19, 2022.
172. FE Education, "IESA to Launch 'Semiconductor Nation-Campus Connect' Initiative," *Financial Express*, August 18, 2022.
173. Mint, "PM Modi Makes Strong Pitch for Self-Reliance in Technology Sector," March 2, 2022; ETAuto, "PM Modi Pitches for Self-Reliance in Semiconductor, Make in India," March 3, 2022.
174. Sankalp Phartiyal, "India Seeks to Oust China Firms from Sub-$150 Phone Market," *Bloomberg*, August 8, 2022.
175. US Department of State, "US Relations with India," July 18, 2022.
176. The White House, "FACT SHEET: United States and India Elevate Strategic Partnership with the Initiative on Critical and Emerging Technology (iCET)," January 31, 2023.
177. Abhilasha Singh, "India, US to Work Together to Beat Semiconductor Shortage," *Times of India*, April 12, 2022.
178. European Commission, "EU-India: Joint Press Release on Launching the Trade and Technology Council," April 25, 2022.
179. *Fortune India*, "India to Invest $30bn into Semiconductor Supply Chain, Tech Sector," June 16, 2022.
180. Dan Breznitz, "Innovation-Based Industrial Policy in Emerging Economies? The Case of Israel's IT Industry," *Business and Politics* 8, no. 3 (2006):

1-35.

181. Intel, "Intel in Israel," accessed June 5, 2023.
182. Scotten Jones, "The EUV Divide and Intel Foundry Services," SemiWiki, March 23, 2022.
183. Assaf Gilead, "Israel Has Major Role to Play in Intel Revival," *Globes*, October 3, 2021.
184. Gonzalo Martínez de Azagra, Noa Shamay, Ben Gilbert, and Jaime Deleito, "2022 Israel Semiconductor Landscape," Cardumen Capital, June 6, 2022.
185. Shoshanna Solomon, "Amid Battle for Workers, Multinationals Scale Up Chipmaking Plans in Israel," *Times of Israel*, April 4, 2021.
186. Dale Aluf, "Israeli Semiconductors and the US-China Tech War," *The Diplomat*, November 14, 2020.
187. Lingling Wei and Asa Fitch, "China's New Tech Weapon: Dragging Its Feet on Global Merger Approvals," *Wall Street Journal*, April 4, 2023.
188. OEC, "Israel," accessed June 5, 2023.
189. Aluf, "Israeli Semiconductors."
190. Jia Shaoxuan, "Israel: The Next Strategic Point for Sino-US Semiconductor Competition?," *iNews*, June 6, 2022.
191. US Department of State, "Secretary Michael R. Pompeo with Gili Cohen of Kan 11," May 13, 2020.

第七章　透過半導體聯合嚇阻北京

博明（Matthew Pottinger）

中國現今對美國和其合作夥伴半導體技術的依賴，讓我們得以選擇使用經濟手段來嚇阻中國在區域的軍事或其他強制舉措。

用什麼方法可以擊破中國領導階層的信心，讓他們不再認定對台動武是最容易的辦法？除了前述半導體供應鏈安全、競爭力、創新相關的重點之外，美國如今面臨的深層問題是：我們擁有——或者缺少——哪些可用的工具，來嚇阻中國領導者採取我們不樂見的軍事或是全球性的脅迫行動？針對台灣的侵略行動是其中關鍵的例子，但並非唯一。

軍事力量，加上使用它的意願，是這類嚇阻力量的核心。台灣、美國和合作夥伴們也有一些清楚的做法可以提升軍事嚇阻——並不是透過戰略清晰的政策，而是在戰略模糊的條件下，透過規劃和協調確保可靠的選項。

除此之外，在中國軍事能力提升的情況下，用軍事力量嚇阻中國領導階層在西太平洋發起傳統戰爭的策略如今已成必要，但仍不夠充分。展望未來，考慮到中國對於美國和其盟友的作為貿易夥伴特殊依賴關係，這種態勢需要一個更深思熟慮的經濟嚇阻策略。

在此，半導體提供了一個獨特，但具有難度的經濟嚇阻選項：美國是否應該和日本、南韓、台灣、荷蘭合作，進一步限制半導體技術、製造設備和設計工具——而不僅限於目前的最前沿技術——出口到中國，以擴大中國目前對晶片進口和夥伴技術的依賴？或者，這樣的進口管制會不會反而弊大於利？確實，這種所謂的「噴射機引擎策略」（jet-engine strategy）——作用在於影響中國取得工具和子系統，而非最終產品——可能讓美國和夥伴公司付出巨大成本，甚至減緩全球半導體前沿技術的進展步伐。但是如果它奏效的話，就可以成為經濟嚇阻的重要工具，免去未來與中國軍事衝突難以估量的代價。

美國在體制上仍缺少全面性的跨部會機制和專業人士（或多邊的論壇）來作完整的評估，並就這個選項的可能動態，與產業界——包括半導體和其他在經濟和技術上與國家安全利益相交的新興領域——進行諮商。

＊　＊　＊

本章將對美國如何動員盟友來降低自身和盟友對中國半導體的過度依賴，提出相關的建議。這方面的努力一旦成功，即可化解中國領導者採取強制手段所倚仗的重要籌碼。它同時可以削弱北京對於攻打台灣時承受供應鏈衝擊能力的信心。

這些建議，是建立在拜登政府在二〇二二年十月七日公布的半導體出口管制的基礎上——這是美國目前為止，為改善自身對抗中國的競爭立足點所採取的最重大經濟措施之一。如第六章所述，美國的合作夥伴在全球半導體供應鏈的不同部分有著關鍵的優勢，同時各自透過不同策略尋求更大的進展。美國應多加協助配合，參與他們的成功。以下的這些建議，希望進一步擴大合作夥伴支持美國對華政策所扮的角色——這些建議也試圖防堵**執行上**的漏洞，這也是近幾十年來美國在進口管制上長期的弱點。

首先，我們必須了解中國領導者習近平總書記追求中國成為全球晶片製造超級大國的決定有多堅定。追求中國在半導體製造的主宰地位，是他多年來明示的目標。在二〇一四年，中國國務院推出了《國家集成電路產業發展推進綱要》，強調習近平的目標：要在二〇三〇年之前，達成在半導體產業的生產、設計、封裝、測試、材料和設備方面的全世界主導地位。[1]這份綱要目標包括在二〇二五年之前，中國本地生產的半導體要滿足國內百分之七十的需求。國務院在二〇一九年進一步提出，在二〇三〇年之前，百分之八十的國內半導體需求應該由本國公司生產。在二〇一八年對中國科學院和中國工程院的演說中，習近平宣示中國必須克服任務中的「短板（弱點）」，以取得包括「高端芯（晶）片」在內之關鍵技術的「高地」。他警告中國目前「關鍵核心技術受制於人的局面沒有得到根本性改變」。[2]

如本報告第八章關於中國半導體雄心的詳細描述，習近平正把大把的資金投入他中意的目標。二〇一七年，位於美國華府的資訊科技和創新基金會（Information Technology and Innovation Foundation）估計中國已經對這個產業撥出一千六百億美元的補貼。[3]二〇二二年十二月，路透社報導北京正準備新一輪大約相當於一千五百億美元的補貼和稅賦減免。[4]這兩筆數額加起來，是美國國會透過標誌性的《二〇二二年晶片和科學法案》分配給支持半導體製造的五百二十億美元的六倍。我們可以說，從二〇二二年十月中共二十大，習近平身為最高領導人進入第二個十年之後，他對於半導體的目標，決心始終未曾動搖。

同樣重要的是，要去理解習近平**為什麼**追求這個目標。透過他的「雙循環」策略，他明白表示，他的目標除了減少中國對高科技進口的依賴，也要讓全球技術供應鏈越來越依賴中國。此外，他也提到另一個目標，是要確保中國可以輕易從另外至少一個國家，得到某個國家進口的替代品。

習近平形容這些動作是防禦性的。他在二〇二〇年的一個重要演說中提到：「我們必須維持並提升整個生態鏈的優越性……我們必須收緊國際產業鏈對中國的依賴，建立一個強大的反制和嚇阻能力對抗以人為方式切斷〔對中國〕供應的外國人。」[5]不過，在實務上，北京的領導者同樣把外國對中國的經濟依賴武器化，作為**攻擊性的**槓桿去推動習近平在海外的政治目的。[6]事實上，北京近年來對澳洲、加拿大、日本、蒙古、挪威、菲律賓、南韓、太平洋島國和其他國家作出貿易的限制，有時成功迫使目標國家在法律、政策或司法程序上作出改變。半導體對習近平的策略至為重要，因為它與北京在未來十年企求掌控的眾多科技都有密不可分的關係——從生物科技和太空探索到自動車和軍事系統。

限制北京的野心

如我在其他地方主張過的，美國和其盟友應採取「限制」（constrainment）的政策，來打擊北京科技自足的雄心，其中當然也包括半導體。[7]這裡的構想倒不是切斷中國的晶片供應（雖然我們應該盡我們所能，不讓中國的超音速導彈、超級電腦以及其他先進軍事和監控系統取得晶片），而是不讓中國用各種手段取得龐大的市場比例，然後切斷對民主國家的晶片供應。用二十世紀的術語來比喻，我們的目標不是要切斷中國的原油供應，而是不讓中國成了OPEC（石油輸出國家組織）。容許中國在晶片製造上取得類似OPEC這樣的主導地位，會讓習近平取得削弱美國和盟友的經濟、損害我們的技術優勢、危及我們軍事優勢的籌碼。

拜登政府在二〇二二年十月的出口規定，如果認真執行，將是限制中國半導體野心一個很好的起步。

這些規定的一個面向，是建立在川普政府所使用、曾經少為人知的「外國直接產品規定」（Foreign Direct Product Rule，縮寫為FDPR）的基礎上。該項規定禁止美國或第三國的公司將美國的工具、軟體或是美國設計製造的產品，賣給被列入黑名單的中國公司。川普政府原本用這個規定來對付通信設備製造商華為，到了拜登政府，新規定把黑名單的範圍擴大到中國參與超級電腦和其他軍事或監控用途的公司。目前為止，除了華為之外，還有四十九家公司被列入了拜登政府的黑名單。[8]

不過拜登政府規定中更重要的部分，是限制重要的美國軟體、設備和技術勞工出口到中國，以達狙擊中國晶片**生產**的目的。這些規定包括對出口美國產品給中國生產十六奈米或以下邏輯晶片晶圓廠的許可證要求（推定禁止）、半導體工具零組件的許可證要求，以及美國人員在中華人民共和國生產先進晶片的半導體公司工作的限制。[9]這些限制標誌著美國戰略上的演進。在過去，美國政策強調的是推動國內產業——以及追求它的短期收益——而不在於限制中國科技朝其產業目標的進展。新的出口管制以及《二〇二二晶片和科學法案》所含的補貼政策兩相結合，意味著華府終於嘗試要同時實現這兩個目標。

美國國家安全顧問蘇利文（Jake Sullivan）在二〇二二年九月的演說，標誌著這項轉變：

> 關於出口管制，我們必須重新審視長期以來在某些關鍵技術上與競爭者維持「相對」優勢的前提。我們原先維持「浮動式」（sliding scale）優勢的做法，認為我們只需維持幾個世代的領先。這並不是我們今天所處的戰略環境。有鑑於某些科技——例如先進邏輯晶片和記憶體晶片——的基礎本質，我們有必要維持儘可能大幅的領先。[10]

新的出口管制說明美國政府願意採取行動，即便它們對美國產業的代價高昂；這些管制規定，一開始是單方面宣布，猶如某種「頭期款」，接下來將演變成多邊的措施，需要美國的盟友們也作出商業上的犧牲。華府方面也心知肚明，如果新政策要達成預期的效果並延續下去，就需要把關鍵的盟友帶進來一起行動，而且越早越好。

半導體製造設備子系統的例子

荷蘭的主要半導體設備製造商艾司摩爾形容自己的角色是「整合者」。艾斯摩爾從全球供應鏈取得共十萬個零組件——這些零組件往往分別來自不同的獨家供應商——製造用來生產最複雜晶片的複雜機器。

同樣地，中國新興的本土半導體設備製造商也想追求能媲美西方廠商的能力——目前他們仍須依賴這些西方廠商，固定向美國、日本和歐洲的眾多供應商購買子系統的零組件。中國主要生產半導體製造設備的公司，包括北方華創（NAURA）、得昇科技（Mattson）、盛美半導體（ACM Research）、瀋陽芯源（KingSemi）、拓荊科技（Piotech）、中科信（ZKX）、華海清科（Hwatsing）和睿勵科學儀器（Raintree Scientific Instruments）。近年來，這些公司向美國及其夥伴的供應商購買子系統——包括電力供應、流體輸送系統、靜電吸盤（electrostatic chucks）、真空系統和磁鐵。同時，他們也動用高額薪資、紅利和股權來招聘海外工程師。

限制某幾類中國用以建造晶圓廠設備的子系統運往中國，或許是一個可以減緩中國打造先進半導體製造設備能力的選項。事實上，中國主要的設備製造商的確依賴美國、歐洲、日本或韓國的子系統供應商：[11]

- **北方華創**是中國最大的半導體設備製造商，二〇二一年的銷售額為十二億美元，複合年成長率為百分之五十三（兩年）。它為物理氣相沉積（Physical vapor deposition，簡稱ＰＶＤ）、化學氣相沉積（chemical vapor deposition，簡稱ＣＶＤ）、磊晶（epitaxy，在晶體薄膜上生長出另一層薄膜的做法）和原子層沉積（Atomic Layer Deposition，簡稱ALD）程序，以及電漿蝕刻機、工具熱管理系統、清潔工具提供設備。北方華創的美國子系統供應商包括萬機科技（MKS Instruments）、闊斯特（CoorsTek）、愛德華（Edwards Vacuum）、艾儀（Advanced Energy）。而來自其他區域的供應商也包括Comet（歐洲）以及日本公司（或其韓國子公司），包括京瓷（Kyocera）、大恆（DAIHEN）、住友（Sumitomo）、以及京三（Kyosan）。

- **得昇科技**創立於美國，總部仍設於加州的佛利蒙——但是二〇一六年它由北京市政府轄下的「北京經濟技術開發區」所收購。得昇科技二〇二一年登記的銷售額為三點七四億美元，年成長率為百分之四十七，供應的製造能力包括散熱系統、電漿蝕刻和光阻剝膜，以及磊晶程序。和北方華創類似，它的美國和其他夥伴的子系統供應商包括了闊斯特、愛德華、艾儀、Comet、大恆、住友和京三。
- **中微公司（AMEC，全名Advanced Micro-Fabrication Equipment）**規模和德盛科技類似，二〇二一年銷售量為三點八八億美元，年成長率為百分之三十一。中微公司供應電漿蝕刻機和CVD設備，借助的外國子系統供應商包括闊斯特、愛德華、艾儀、Comet、大恆、住友和京三。
- **拓荊科技**總部設於瀋陽，二〇二一年銷售額是四千八百萬美元，年成長率百分之三十，供應CVD和ALD設備給晶片製造商。供應拓荊科技子系統零組件的美國公司包括XP Power / Comdel、萬機科技、艾儀；美國夥伴國家的供應商包括Comet、日本的堀場（Horiba）、琳得科（LINTEC）和大恆；以及韓國的高美可（KoMiCo）和

New Power Plasma（NPP）。

- 北京中科信電子在二〇二一年只有一千五百萬美元的銷售額，供應離子植入設備。它採購的來源包括美國的英特格（Entegris）、紐西蘭的巴克利系統（Buckley Systems），還有日本的京瓷和松定精準（Matsusada Precision）。

此處重點並不是要強調特定的公司或供應商有問題，而是要展示在美國和許多夥伴國家的參與者——其中有一些是中小型的企業——是如何持續作出這些看似合理的商業決定，供應給在中國有意願的買家。而與此同時，這些買家是在政策框架下運作，第一步明顯是要把這些外國技術內化到公司，進一步取而代之，包括中國國內的市場，還有最終透過貿易取代他們在全球的地位。從高速鐵路到發電廠零組件，再到電信業，我們已經在其他科技推動的產業反覆看到這種模式上演。

因此，限制運送這些關鍵的半導體子系統到中國，可以維持中國對西方設備的依賴並限制它打造先進半導體的能力。美國的合作夥伴們對這個戰略的合作意願，牽涉到各國政府對於中國取得這方面能力所帶來安全和商業影響的看法，以及達成這種多邊承諾的進程和框架。

「輸出管制統籌委員會（COCOM）」2.0版

出口管制不是萬靈丹——它可以延後、卻不能阻絕對手取得敏感的科技。出口管制如能結合其他的措施，才會更加有效，這就是為什麼它僅是本章提出多種方法的其中之一。然而，出口管制畢竟是重要的工具，美國和它的夥伴自一九四〇年代就有有效運用的豐富經驗。而且根據蘇利文前述引言背後的邏輯，延遲北京的科技野心本身就是有價值的目標。此外，由於關鍵的技術咽喉點高度集中在美國和幾個夥伴國家——特別是日本和荷蘭——少數企業的手中，出口管制非常適合用於限制北京的晶片製造雄心。換句話說，如果美國能號召合作夥伴支持這個行動，並且能嚴格執法，將非常有利於出口管制的有效運作。

美國的領導力是最終的決勝關鍵，始終如此。一九四九年，美國國會通過了《出口管制法》（Export Control Act），賦予杜魯門總統（Harry Truman）一個不太尋常的權力：在和平時期限制美國科技出口的權力。這類的授權通常只限於戰爭時期。不過，隨著史達林（Josef Stalin）這個美國二次大戰的盟友搖身一變成為冷戰時期的對手，杜魯門政府制定了管制清單，列入清單的項目要不是禁止出口，就是需要取得國務院或商務部的許可。不久之後，美國把這項措施多邊化，與盟國建立了一個出口管制體制，稱為「輸出管制統籌委員會」（Coordinating Committee for Multilateral Export Controls，簡稱COCOM）。COCOM於冷戰初期成立，這個由十七個會員國組成的組織，同意限制出售敏感科技給蘇聯。

約翰・亨蕭（John Henshaw）在史汀生中心關於COCOM歷史的描述中提到：「美國和其盟國最初對蘇聯和東歐的COCOM清單項目的出口管制相對較成功。」[12]他接著說：「簡而言之，COCOM的有效性與美國的領導品質息息相關。」任何出口管制制度，最大的致命弱點就在於替代的供應源，這也是採取結盟的策略——而非單邊做法——如此重要的原因。特別是與荷蘭和日本共同合作，同時也把南韓、台灣、德國、以色列和其他國家拉入管制的陣營，可搶先一步防範中國有機會利用合作上的漏洞。

限制中國，乃至於限制俄羅斯、伊朗和北韓的微晶片生產，可以作為重啟COCOM架構的核心。這個架構之所以必要，其中一個原因是在冷戰之後，俄羅斯已經加入了取代COCOM的《瓦聖納協定》（Wassenaar Arrangement）。隨著俄羅斯如今在歐洲發動戰爭，我們早就需要一個將威權侵略國家排除在外的新機構。

以下是美國政府可用來號召夥伴國家，並擴大近期出口管制規定影響的八項措施：

1. **提升和擴展**。把**半導體管制**的三方會談提升到美國、荷蘭和日本的國家安全顧問和特定內閣官員的層級。同時也擴大機制，把南韓、德國、以色列、台灣、英國和印度同步納入，專門就半導體的**供應鏈韌性**進行討論。這個組織應該委託進行針對現有的以及計畫中的先進和傳統節點晶圓廠的產能研究，以及半導體產業相關環節如晶片封裝和測試的研究。
2. **別忘了「成熟（製程）」（legacy）很重要**。我建議美國和其盟國擴大管制範圍，禁止出口可用來製造十六到二十八奈米邏輯晶片的設備到中國。基於中國在二十八奈米晶圓廠已經具備強大實力，我們應考慮使用關稅等貿易工具，來鼓勵美國和盟友的晶片製造商持續生產這些成熟晶片。當然，拜登政府已經祭出規定，限制美國出口有助中國製造先進邏輯晶片——也就是蝕刻精度低於十六奈米的電路——的商品，但是較舊一代的晶片——也就是所謂的成熟節點（mature or "legacy" nodes）——通常不在規範之內，儘管如本報告第二章所描述，這些晶片有很多專業的商業和軍事用途，在全球市場的占比也仍然很大。二十八奈米和更老的晶片仍為消費電子產品、車輛和運輸設備、大容量儲能系統，以及我們最先進的武器系統提供動力。特別是，如果讓中國主宰二十八奈米邏輯晶片的市場，或是其他特殊類比晶片、感應器晶片以及射頻晶片的市場，可能對目前既有的、在全球較分散的生產基地帶來更大的破壞。由於先進節點不得其門而入，中國持續的半導體補貼政策可能讓全球市場充斥廉價的成熟晶片，致使現今自由市場的晶片製造商無處容身，最終導致美國或其夥伴對中國晶片供應出現新的依賴。美國和盟國晶片製造商，可能進一步失去這些因研發成熟晶片而創造的收入。

3. **限制深紫外光**。要阻止中國打造全球最大的二十八奈米邏輯晶片生產基地的野心，最有效的辦法是讓荷蘭限制艾司摩爾銷售蝕刻這類晶片的ＤＵＶ微影機工具。荷蘭人會主張中國如今早已有許多這類機器。話雖如此，但是規模大小仍是關鍵。台灣和其他許多中國以外地區的晶圓廠還在等候艾司摩爾德ＤＵＶ機器到貨。荷蘭可以簡單調動

DUV機器的交貨順序，先把機器交給其他國家而對中國進行實質的「軟性禁令」。同樣地，日本和美國的公司也應該限制出口工具和高技術勞動力在中國製造二十八奈米晶片。

4. **擴大黑名單**。「外國直接產品規定」的黑名單應該擴及到中國黑名單公司的附屬子公司和相關企業，以免這些列名的中國公司利用相關企業輕鬆逃避進口管制。黑名單也應該把中國的機具公司納入，以限制北京當局在這個領域達成自給自足的目標。

5. **超越晶片之外**。為了使美國和其盟國打造有韌性的微晶片供應鏈，並減少潛在的脅迫籌碼，不僅要鼓勵盟國製造記憶體和邏輯晶片，也要鼓勵製造配套的印刷電路板、晶錠與封裝和測試的組裝服務。根據「特別競爭研究計畫」（Special Competitive Studies Project）的瑞克・史維澤（Rick Switzer）的說法，中國雖然目前尚未達成目標，但正朝著控制這些市場區塊的百分之八十這項目標前進。政策制定者應該深入檢視並採行政策工具，調動私人資本（例如透過與「美國國際開發金融公司」〔US International Development Finance Corp.〕的投資夥伴關係），積極推動這些生產線往東南亞、印度和墨西哥的轉移。

6. **限制美國政府暴露於中國的晶片**。美國國會通過的《二〇二三年國防授權法案》（2023 National Defense Authorization Act）有一項條款，規定美國政府採購的產品不得含有與中國共產黨有聯繫的中國晶片公司所製造的半導體晶片，以藉此強化國防系統的安全，這些公司包括了中芯國際、長江存儲和長鑫存儲。這個立法也要求美國政府和它的供應商了解他們的供應鏈。要填補這項重要法案的漏洞，國會應該把它適用的範圍擴大到「國安系統」之外——國安系統這個過時的說法，範圍僅限定在武器和某些國防和情報活動所需的設備——而將「關鍵基礎設施」也納入。正如中國駭客二〇一五年侵入美國人事管理局最敏感的人事紀錄所顯示的，我們的國家安全強烈依賴「商用的」基礎設施。更新後的條文應該把涵蓋範圍從採購的商品擴大到服務。公家機關和私營部門通常每年花在服務的費用要多於商品。透過如雲端運算這類服務造成的中斷或損害，可能比單一的設備影響更嚴重。基於這個理由，這個法案不止應禁止政府購買中國商品，同時也要禁止購買依賴中國晶片的**服務**。

7. **讓台灣和南韓成為力量倍增器（force multipliers）**。我們應該鼓勵世界最頂尖的晶片製造商台積電進一步分散它的生產基地到台灣和中國以外的地區，除了有其他商業利益之外，更重要的是可避免暴露於中國經濟或軍事脅迫的風險。同樣地，南韓的公司目前在中國生產大約全球百分之十二的動態隨機存取記憶體晶片和百分之十九全球NAND Flash晶片；[13]他們也應該被鼓勵移轉更多的生產到中國以外的地區。台灣和南韓都非常依賴美國的防衛，行政部門應該與他們二者協調，遵守外國直接產品規定的目標。這個協調工作可預先防範台灣和南韓製造的非美國設計晶片流入中國軍工複合體（military-industrial complex）這種較長期的風險。

8. **對歐盟的合作關係進行測試**。拜登政府投入了大量時間和資源，透過ＴＴＣ和歐盟進行協調。ＴＴＣ應該是歐洲展示他們對戰略科技嚴肅態度的場所，藉以和拜登政府聯合進口管制，或是以貿易行動圍堵中國半導體的野心。歐洲如不能做到這一點，將使人們對TTC的戰略重要性存疑。

執行

美國的出口管制措施的好壞，重點仍要看它的執行——而長久以來，執行始終是個大難題。

中國是個獨裁政權，其列寧式的政黨凌駕於法律之上。黨可以透過各種方式對企業的行為下指導棋，無須在乎某個特定公司的經營管理結構。這種特徵讓它可以輕鬆利用美國出口管制的各種漏洞。在規範存在落差的情況下，中國的這些實體可透過美國規範外的國內中間商取得禁運的商品、技術和軟體，從而規避這些管制。

舉例來說，在二〇二一年有報導說中國取得了名義上受管制的美國積體電路設計和技術，因此得以超越美國在超音速武器的發展。[14]一些位在中國的晶圓廠，在成功取得並採用西方技術之後，製造出了比美國更加先進的晶片。[15]中國還轉移了「受管制的」美國積體電路來協助美國的敵人，包括兩個受禁運制裁的國家——俄羅斯聯邦和伊朗伊斯蘭共和國——他們的武器被發現內含有美國的晶片和其他零組件。[16]

負責執行美國出口管制的單位是美國商務部的工業和安全局。工業和安全局的人手不足、缺少中國問題專家，而且傳統上關切出口收入多過於國家安全疑慮。反過來看，美國和夥伴公司靠著出口軟體、設備和服務給中國受政府高額補貼的晶片產業來賺錢，自然毫不意外地會向政府遊說，要求「微妙」地拿捏法規，以免傷及他們在中國的商業機會。為了解決這種分裂的利害取向，美國國會應該撥給工業和安全局更多經費（不光是通貨膨脹的調整）來處理它不斷增加的責任。它在二〇二二年的財政年度預算是一點三三億美元，而二〇二三財政年度它要求的是兩億美元。一項戰略和國際研究中心（Center for Strategic and International Studies，簡稱CSIS）的研究發現，自二〇一〇財政年度後，工業和安全局的出口管制預算已經趕不上通膨的腳步，而它要求增列的六千六百萬美元預算有近九成將被嚴重的通貨膨脹以及其他無關出口管制的支出所吸收。[17]

撇開別的問題不談，工業和安全局需要先增加人手。據說有些時候局裡只有兩名官員負責執行中國最終用途出口檢查。

而且工業和安全局需要將技術系統升級到私營企業的標準。工業和安全局的內部資料庫，「是如此不可靠，同樣的資料搜索連續執行兩次，不一定會出現相同的紀錄，因為系統的各個部分經常當機或因其他原因而無回應。」根據CSIS的說法，官員們「只能取用過期的微軟Excel版本。」當工業和安全局的官員還在用二十世紀的方式做事，我們無法合理預期他們能適切執行這些管制。

工業和安全局應當善用民間的市場情報供應商，並在處理中國問題時放棄有缺陷的「終端使用」的典範模式。中國的軍民融合政策代表北京當局可以要求私人公司——不論其出身如何——為中國的軍事現代化服務，而且是祕密進行。光靠少數的美國官員——更別提只有兩名官員——不能期盼他們合理判定在如此龐大而複雜體系中誰是美國晶片最終的「終端使用者」。美國的官員應該先預設，北京方面只要有辦法違反終端使用協議，就一定會這麼做。

最後一點，允許美國人員在中國晶片廠工作，還有技術的的直接移轉，就算僅限於成熟晶片的專業知識和訣竅，仍然可能間接對中國前沿節點的晶片製造能力，也就是適用技術移轉限制規定的部分，帶來重大的影響。工業和安全局應該大力鼓勵美國人才離開中國的半導體產業並轉往別處工作，包括有眾多晶圓廠正在興建中的美國。

《晶片和科學法案》提供的主要機會之一，是協助美國或夥伴順利移轉離開中國——不管是人員、產能或設備銷售——同時免去商業成本高昂的種種限制。[18]

削弱北京對戰爭的信心

在台灣有一個流行的觀念認為，台灣在晶片領域的主導地位提供了一個「矽盾」——也就是一個戰爭的嚇阻力量，因為戰爭時期對台灣晶圓廠造成的任何損害，都可能造成供應的動盪，對中國經濟的傷害將不亞於其他任何國家。[19]

如本報告其他章節討論過的，北京方面對於台灣「矽盾」有多大的認知和尊重恐怕有待商榷，甚至是值得懷疑。中國一些民族主義的評論者主張，台灣的晶圓廠**有利於**北京入侵台灣，基於他們（錯誤的）假設，這些晶圓廠將收歸國有並輕鬆地進行晶片生產，成為中國強大產業體系的一部分。[20]事實上，即便中國能迅速進占台灣，台灣的晶圓廠也很難在戰後生產任何東西。晶圓廠即便沒有受到導彈的破壞，沒有台灣工作者的支持仍很難維持運作，更不用說它需要美國、日本和其他民主國家的公司每天提供設備、工程、耗材、軟體，以及設備的升級。美國和它的盟友將不樂於支持中國的產業，就如同俄羅斯在二〇二二年二月再次入侵烏克蘭後，他們不樂於支持俄羅斯的經濟一樣。同時，台灣代工晶圓廠的商業模式——需依賴晶片設計客戶和製造商之間密切合作與深度信賴——也將毀壞殆盡。如果真有「矽盾」保衛台灣上空，北京目前為止尚未感到畏懼。

即使如此，北京方面仍然毫無疑問地正在權衡戰爭發生對其供應鏈的可能影響。半導體雖然不大可能成為北京支持或反對對台動武的主要因素，美國仍應該盡其所能幫助北京去思考戰爭的可能情境及對中國半導體供應的影響。北京任何合乎現實的評估，都應該把包括武力犯台在內的任何敵對行為所造成的供應鏈震盪——包括半導體以及中國依賴於西方的廣泛商品、服務和基礎設施——當成動武的「不利因素」，而非「有利因素」。

北京決定對台灣採取侵略行動，說到底，將是習近平出於**樂觀想像**而做出的行為——樂觀地認為透過戰爭可以比透過和平手段讓他得到更多，樂觀地認為戰爭的代價將在可控的範圍。阻斷習近平將中國打造成微晶片的ＯＰＥＣ的道路（後面幾章將描述這個歷程），或許可打擊他認為中國可以應付武力犯台所帶來經濟震盪的樂觀想法。因此，把美國的合作夥伴納入協調一致的半導體戰略——既分擔共同成本，也一起開放市場來迎接新的共同機會——是值得一試的做法。

註釋

1. Robert D. Atkinson, Nigel Cory, and Stephen Ezell, "Stopping China's Mercantilism: A Doctrine of Constructive, Alliance-Backed Confrontation," ITIF, March 16, 2017.
2. Ben Murphy, Rogier Creemers, Elsa Kania, Paul Triolo, and Kevin Neville, trans., "Xi-Jinping: 'Strive to Become the World's Primary Center for Science and High Ground for Innovation,'" DigiChina, March 18, 2021; see also Chinese original: "努力成为世界主要科学中心和创新高地," Qiushi, March 15, 2021 (speech given May 28, 2018), https://archive.vn/pC0k7.
3. Robert D. Atkinson, Nigel Cory, and Stephen J. Ezell, "Stopping China's Mercantilism: A Doctrine of Constructive, Alliance-Backed Confrontation," ITIF, March 2017.
4. Julie Zhu, "Exclusive: China Readying $143 Billion Package for Its Chip Firms in Face of US Curbs," Reuters, December 13, 2022.
5. Matt Pottinger, "Beijing's American Hustle: How Chinese Grand Strategy Exploits US Power," *Foreign Affairs*, August 23, 2021.
6. Pottinger, "Beijing's American Hustle."
7. Matt Pottinger, Matthew Johnson, and David Feith, "What China's Leader Wants—and How to Stop Him from Getting It," *Foreign Affairs*, November 30, 2022.
8. 「外國直接產品規定」最先於二〇二〇年使用於華為和其相關企業，之後再次於二〇二二年十月用於支持中國超級電腦應用的二十八家公司，在二〇二二年十二月又再擴大涵蓋二十一家參與中國軍方電腦運算的公司。參見 Ellen Nakashima, Jeanne Whalen, and Cate Cadell, "US Widens Ban on Military and Surveillance Tech to China," *Washington Post*, December 15, 2022.
9. Bureau of Industry and Security, "Commerce Implements New Export Controls on Advanced Computing and Semiconductor Manufacturing Items to the People's Republic of China (PRC)," US Department of Commerce, press release, October 7, 2002.
10. The White House, "Remarks by National Security Advisor Jake Sullivan at the Special Competitive Studies Project Global Emerging Technologies Summit," September 16, 2022.
11. 我要感謝史丹佛大學戈爾迪結中心的史蒂夫・布蘭克（Steve Blank）對於子系統買家和賣家的核算。
12. John H. Henshaw, "The Origins of COCOM: Lessons for Contemporary Proliferation Control Regimes," Henry L. Stimson Center, Report No. 7, May 1993.
13. Son Ji-hyoung, "Is US Export Ban Forcing Korean Chipmakers to Exit from China?," *Korea Herald*, October 18, 2022.
14. 飛騰信息技術（Phytium Information Technology）是總部位於中國的軍事超級運算和模擬公司，它被列入美國黑名單之前，已能取得自身設計、由台灣台積電利用中國所控制能力生產的先進邏輯晶片。參見Coco Feng and Che Pan, "US-China Tech War: Supercomputer Sanctions on China Begin to Bite as Taiwan's TSMC Said to Suspend Chip Orders," *South China Morning Post*, April 13, 2021.

15. 如本報告稍早所述以及最初TechInsights的報導，中芯國際二〇二二年的MinerVa比特幣挖礦機製造，並沒有使用列入進口管制的極紫光蝕刻技術（有可能是DUV）來製造商業銷售的七奈米特殊應用積體電路（ASIC）。參見TechInsights, "SMIC 7nm Technology Found in MinerVa Bitcoin Miner," accessed June 6, 2023.

16. Ian Talley, "US Export Limits Target 28 Chinese Entities, Citing Alleged Ties to Iranian Military," *Wall Street Journal*, March 2, 2023; see also Dorsey & Whitney LLP, "United States Continues Expansion of Export Control Sanctions on Chinese Companies," JDSupra, February 17, 2023.

17. Gregory C. Allen, Emily Benson, and William Alan Reinsch, "Improved Export Controls Enforcement Technology Needed for US National Security," CSIS, November 30, 2022.

18. 榮鼎諮詢（Rhodium Group）這份二〇二二年的分析估算了不同程度的出口管制帶給西方半導體公司的成本範圍，並且指出在中國以外地區新供應鏈的投資抵銷這些成本的可能性：Reva Goujon, Lauren Dudley, Jan-Peter Kleinhans, and Agatha Kratz, "Freeze-in-Place: The Impact of US Tech Controls on China," Rhodium Group, October 21, 2022.

19. 「矽盾」概念的另一種說法是，台灣在全球半導體供應鏈的角色如此重要，因此全球的大國不會忍受中國對它進行攻擊。

20. Jianrong Cai, "Ten Benefits of Taking Back Taiwan: We Can Nationalize TSMC Immediately," YouTube, September 23, 2021, translated and re-uploaded October 11, 2021.

第八章　中國滯後的技術民族主義

譚安（Glenn Tiffert）

中國過去運用過哪些工具，來提升它半導體供應鏈的競爭力和自給自足能力——它未來成功的展望又如何？目前為止，中國政策的設計和執行的成果好壞參半。不過，和其他產業領域一樣，可預期中國會承受虧損，不計成本持續調整它的做法。

* * *

二〇二一年，中國的全國半導體市場為世界之冠，銷售額達一千九百二十五億美元，近全球總額的百分之三十五。[1]經過國家數十年來的慷慨挹注，中國半導體業的資本存量蓬勃發展，不過總部設於中國的公司總產值只占消費的百分之六點六，本土企業在許多關鍵市場區段仍然落後。[2]因此，中國在半導體以及製造它們的技術和輸入品上，依賴進口的程度依然嚴重。[3]此外，缺乏效率、貪腐、低價競銷，以及外國的許可成本亦導致獲利不易。中國的政策制定者雖然加倍努力進行國家技術基礎的現代化、培養自給自足能力和改善供應鏈安全，但美國提高反制的力道給中國的成功展望蒙上烏雲，並可能阻絕了他們對未來的規劃。

技術民族主義的產業起源

充滿對抗意味的技術民族主義激發了中國的半導體產業政策。[4]從十九世紀到二十世紀，科技上的劣勢讓中國屢屢遭受外敵侵略。在中國，有人將這段「百年國恥」與如今據稱中國在美國強權下屢屢受挫的雄心抱負相提並論。在中共總書記習近平領導下，「絕不再現」（never again）的心態益發顯著，抱持這種想法的人夢想著要扭轉局勢，對於任何試圖——例如，利用出口管制措施——圍堵中國、箝制或扼殺中國（習近平所說的「卡脖子」）的對手進行反擊。對習近平而言，這事關重大，他引述了中國看似強大的創新能力、達成的技術突破，並且重新讓世界經濟以中國為中心，來印證他標誌性的「新型舉國體制」社會主義優越於其他意識形態。[5]

中國政府在一九五六年首次將半導體納入國家計畫和產業政策，不久之後，中國自稱在這個新興科技已居於東亞的領先地位。它在一九六五年製造了第一個積體電路，比美國晚了七年。而到了一九七〇年代，中國已經落後於它的一些鄰國，至今一直在苦苦追趕之中。

從一九九〇年到二〇一四年，中國政府進行了一連串國家領導的發展計畫，雖然未能達成既定目標，但終究為今日成果奠立了基礎。[6]它一步一步進口機具、與外國合夥人建立合資企業、派遣學生出國留學取得產業經驗、雇用外籍人才、爭取外資，並透過合法和非法手段尋求外國的智慧財產權和商業機密——這一切都是為了促進技術轉移和建立國家的重點企業。中國於二〇〇一年加入世界貿易組織，其龐大且日益富裕的消費基礎、在全球電子產業製造的中心地位、政府持續擴大的獎勵措施以及保護主義的本地採購政策，都加速了它的進步。今天一些領先的企業——例如華虹集團（旗下包括華虹半導體、華虹宏力和上海華力）還有中芯國際——是其中主要的受益者。[7]

中國的半導體業雖然這幾十年來快速進展，卻仍無法趕上外國的競爭對手——因為他們進展得更快，每一代的技術都牽涉到更高的進入壁壘。除了華為的子公司海思之外，中國沒有國內的公司在設計和製造的商業市場上達成突破性的成功。同樣地，由於需求增加的速度遠超過國內生產的速度，中國半導體業的貿易逆差也持續擴大。受到挫敗的中國政府並未因此改變路線，反而更進一步推動重商主義的進口替代和扶植國家重點企業政策，同時加強尋求外國技術和專業知識。

二〇一四年之後的加碼投入

二〇一四年，國務院發布了一份《國家集成電路產業發展推進綱要》。這是稍早的《國家中長期科學和技術發展規劃（二〇〇六—二〇二〇年）》所構想的十六個超大項目之一（參見表8.1關於《綱要》和二〇一四年之後其他重要國家政策的時間表）。[8]這份綱要和習近平領導下推出的許多產業政策一樣，是大膽的、政治動員式的計畫，大規模調動資源並將計畫的成敗視為紀律和意志力的考驗。它的目標包括掌握低至十六到十四奈米製程節點，以及發展在組裝、封裝和測試、設備、材料以及設計環節的本土先進參與者。它提出由國家投資基金（名為「大基金」）資助這些計畫，並提供有力的稅收條件和配套的風險投資、股權投資與債務融資工具。為了加速科技和技能的移轉，它也建議強化和外國研發機構的合作，並透過「千人計畫」等方式「積極推動」招募海外技術、管理和創業團隊。[9]隨後地方和省級政府也推出了衍生的措施。[10]

「中國製造二〇二五」計畫和十四五規劃（二〇二一—二〇二五）再次確認了這個框架。十四五規劃把半導體列為「攻關」的七大前沿領域之一，具體要求加強針對設計工具、關鍵設備和高純度材料的研發工作；絕緣閘雙極電晶體和微電子機械系統的突破；記憶體技術的進展，以及寬能隙半導體（碳化矽、氮化鎵和其他）的發展。[11]為了支持這些優先項目，國家級的部會、省和地方單位又再次配合推出一系列的相關配套政策。[12]

中國半導體業的國家支持持續成長。根據評估，到二〇二一年國家控制或擁有了該產業百分之四十三的註冊資本。[13]經濟合作發展組織估算了從二〇一四年到二〇一八年的國家補貼，在中國三大本土半導體製造商總收入所占的比例分別是：中芯國際，百分之四十；紫光集團，百分之三十；華虹，百分之二十二。可以對比一下三大主要外資公司——台積電、三星、英特爾——的數字是百分之三。[14]同樣的，根據二〇一九年的一項估算，中國援助其半導體產業的總額占其全球銷售額的百分之一百三十七——相對之下日本是百分之十一，台灣是百分之三點八，歐盟是百分之二點三，而南韓和美國都是百分之零點零一。[15]根據一項估計，在美國擁有一座新的製造設備（晶圓廠）的總成本比在中國高出了百分之三十七到五

表8.1　中國重大國家及半導體政策時間表

年	政策	詳細內容
2014年	國家集成電路產業發展推進綱要（2014綱要），國務院	標誌現階段半導體政策的開始。 設定初步目標、稅賦減免、直接資助和政府相關的中央和地方投資基金提供股權資金。 設立國家集成電路產業投資基金（「大基金一」），籌資總和約200億美元。 2019年，大基金再次籌資大基金二期約320億美元。
2015年	中國製造2025（MiC 2025），國務院	著重中國自給自足目標。 設定中國半導體消費於2020年達成40%、2025年達成70%自給率的具體目標。 指示中國企業在2030年前達成製程節點90奈米和以下，以及包括極紫外光在內微影製程設備達成「國際一流水準」。[a] 目標被證明為不切實際—之後已不見於官方的論述。
2015年	數字絲路（DSR）	以「一帶一路」倡議的延伸進入官方論述中。 可能的目標：擴展中國科技公司的終端市場、執行一系列戰略目標，以及加強採行中國的數位標準。
2016年	「十三五」國家科技創新規劃2016-2020（13th FYPSTI），國務院	半導體目標包括14奈米蝕刻設備和28奈米浸潤式微影機器。

年	政策	詳細內容
2020年	新時期促進集成電路產業和軟件產業高質量發展若干政策（若干政策），國務院	對前沿製造（小於28奈米）、設計還有軟體公司提供有條件的稅賦減免；改善材料和設備的進口關稅豁免。 為公司在相關證交所上市提供加速的IPO審查流程。
2021年	十四五規劃2021-2025（14th FYP），國務院	將半導體以獨立類別處理（不同於「十三五」），半導體是國家優先突破的七大前沿技術之一。 具體目標設定在積體電路設計工具、關鍵半導體設備和材料、先進記憶體技術、和第三代寬能隙半導體的突破。[b]

a. John Lee and Jan-Peter Kleinhans, *Mapping China's Semiconductor Ecosystem in Global Context: Strategic Dimensions and Conclusions,* Stiftung Neue Verantwortung and MERICS, June 2021.

b. Xinhua News Agency, "中华人民共和国国民经济和社会发展第十四个五年规划和2035年远景目标纲要," March 13, 2021, http://www.gov.cn/xinwen/2021-03/13/content_5592681.htm (CN).

十，而其中百分之四十到七十的差距與中華人民共和國政府的獎勵措施有直接的關係。[16]這些獎勵措施包括七百三十億美元國家和地方層級的政府相關半導體投資基金、不確定金額的政府補助款、水電費率減免、免費或優惠價格的土地，以及優惠貸款，其中優惠貸款可能超過了五百億美元。[17]不過這些統計仍可能略去了其他形式的支持。例如二〇二一年光是上海市政府就在中國工信部的支持下，撥出五百億美元資助一個上海的積體電路聚落。[18]

這些數額和它背後代表的政治訊息引發了一股淘金熱。從二〇一四年到二〇二〇年，流入中國半導體產業的風險基金成長超過十倍。[19]在二〇一四年到二〇二一年之間，超過一百一十座新的晶圓廠在中國宣布興建，總共投資金額達到一千九百六十億美元，[20]整個生產團隊都是從台灣和南韓招募，前來擔任這些設施的員工，並負責訓練本地人員。一份二〇一九年的報告，估計有超過三千名工程師——相當於台灣當時半導體研發部門近百分之十的人力——在原本家鄉兩至三倍薪水的誘惑下搬到了中國。[21]這些移入的人才包括一些知名人物，例如前台積電營運長蔣尚義、前台積電和三星資深主管梁孟松、華亞科技董事長高啟全和前聯電副董事長孫世偉。

今日得失互見的結果

這種結合國家支持、技術移轉以及保護主義的做法，結果有得有失。一方面，根據美國半導體產業協會和市場研究公司IC Insights的估計，中國在二〇二一年的全球半導體銷售額排名第六。（參見圖8.1：請注意「銷售」所指的是晶片最終的採購對象，它往往是獨立於製造地點的晶片設計公司；舉例來說，美國在二〇二三年的銷售額會包括美國無廠晶片設計公司高通，它透過台積電代工晶圓廠生產它最新的高通驍龍8 Gen 2晶片〔Snapdragon 8 Gen 2〕，然後出售給中國的智慧型手機製造商小米。）

同樣的，中國的組裝、封裝和測試在全球市場有百分之四十六的占比，它也生產全球四分之一的NAND Flash記憶體（包括韓國公司在中國製造的晶片）。整體來說，中國有全球晶圓約四分之一的產能——幾乎全數用在高容量的後緣產品（同樣也包括在中國境內由外國公司擁有的晶圓廠）。[22]隨著新晶圓廠陸續上線，中國在這個區間的市場占比預期將快速成長。

中國本土公司在全球晶片供應鏈的某些領域占有重要的位置（表8.2）。舉例來說，在本地採購政策的幫助下，中國本土最大的純代工晶圓廠——中芯國際、華虹半導體、合肥晶合集成（Nexchip）——在二〇二一年在全球晶片代工製造收入排名第四、第五和第九，全球市占率分別是百分之五點一、百分之二點七和百分之一點一。相比之下，產業的領導者台積電和三星在晶片代工製造收入的占比分別是百分之五十三點二和百分之十七點五。[23]在二〇二二年，中芯國際開始了十四奈米節點的大量生產，同時，如前文所描述，生產了令全世界感到驚訝的初階七奈米特殊應用積體電路（ASIC）。在這同一年，長江存儲公司超前競爭對手，推出了全世界第一個超過兩百層的NAND Flash記憶體晶片。[24]長江存儲的NAND全球生產占比從二〇二〇年的百分之一，在二〇二一年提高到了約百分之五，據報導獲得了政府兩百四十億美元的補貼。[25]

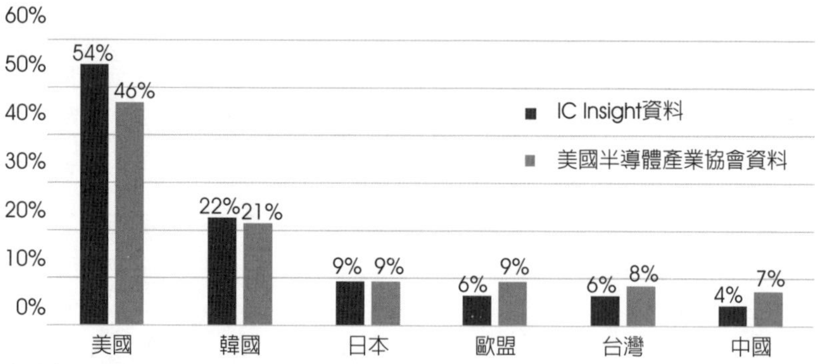

資料來源：Research Bulletin, IC Insights, April 5, 2022, Semiconductor Industry Association, 2022 Factbook, April 21, 2022, 3.

圖8.1　2021年全球半導體銷售比例，以公司總部所在地區分

表8.2　中國主要半導體製造公司排名，按類別區分（2021年）

製造類別	公司	該類別的全球市場排名	該類別的全球市場占比
純晶圓代工廠[a]	中芯國際	4	5.1%
	華虹	5	2.7%
	合肥晶合集成	9	1.1%
DRAM[b]	長鑫存儲	5	1.4%
NAND[c]	長江存儲	6	4.4%

a. Thomas Alsop, "Leading Semiconductor Foundries Revenue Share Worldwide from 2019 to 2022, by Quarter," Statista, June 20, 2022.

b. Horizon Advisory, "Project 506: CXMT and China's Semiconductor Industrial Policy," December 2022; Tom Coughlin, "ChangXin Memory Technologies Supplies Chinese Consumer DRAM Market," *Forbes*, June 9, 2021.

c. Kim Eun-jin, "US Moving to Limit NAND Production Equipment Exports to China," *Business Korea*, August 3, 2022.

兆易創新（GigaDevice）是NOR flash記憶體（用於需要高度可靠性的醫療設備應用）的無廠設計商，二〇二一年全球銷售額排名第三，在這個特殊專業市場有百分之二十三點二的市占比。[26]新創公司鎔銘微電子（NETINT）的視覺處理器（video processing units，通稱VPU）雖然只是個很小的專業市場，但廣泛使用於中國的內容傳送網絡、社群媒體平台以及數據中心。[27]最後，移遠通信（Quectel）、廣和通（Fibocom）和日海智能（Sunsea），在嵌入智慧電表、銷售點系統（point-of-sale）終端機、健康醫療裝置、汽車和工業系統的行動物聯網（IoT）模組，占了全球半數的市場。這些中國的科技產品，介面會聯繫到實際物理環境，已引發資料安全和隱私的顧慮。[28]

另一方面，中國國內半導體供應鏈仍存在著關鍵的缺口。[29]例如，中國在全球市場上沒有主要的類比混合信號微處理器、微控制器，或特殊邏輯晶片製造商，同時它的產業仍依賴國外重要的智慧財產權——特別是用在晶片設計的電子設計自動化軟體，和定義晶片的指令集架構（instruction set architectures，簡稱ISA）還有IP核。[30]（如本報告第二章所述，ISA即裝置的處理器和在上面運作的軟體之間的介面。一個知名的例子是英特爾率先開發的x86架構。IP核，如英國安謀公司所提供的，供設計者可授權使用於他們的晶片的離散功能邏輯塊。[31]）此外，中國的設備製造商也落後於市場的領先者。[32]由於本土半導體製造設備的限制，中國自給自足的僅限九十奈米以上的製程節點——事實上，在蝕刻和熱處理方面，中國本地最先進的設備只能到達二十八奈米節點。[33]近期美國針對這個瓶頸執行出口管制，阻止中國取得更先進的外國技術——這個動作將迫使中國去設計規避的策略和替代方案。[34]

表8.3　中國製造2025績效報告

年	目標	實際生產	本國公司生產
2020年	40%	15.9%	5.9%
2025年	70%	19.4%*	7.5%*

(*) = 預測值

資料來源：IC Insights, "China Forecast to Fall Far Short of Its 'Made in China 2025' Goals for ICs," January 6, 2021.

儘管有數千億美元的國家支援，成果仍遠遠不及政策目標。雖然中國境內外資和本地公司半導體生產的絕對淨值有大幅的增加，不過在國內消費占比上，從二〇一四年到二〇二一年之間只成長不到兩個百分點，由百分之十五點一增至百分之十七。[35]於中國營運的外國公司在二〇二〇年的產出是中國公司的兩倍，而且會持續領先至少到二〇二五年。根據正式的中國海關統計數字，在二〇二一年中國半導體進口的美元價值，大約比半導體出口高出了二十八倍。[36]這個失衡的狀態原因出在中國是全球百分之三十六電子產品的製造者，又是全世界第二大半導體電子產品終端消費市場的雙重地位。[37]

尤其中國本國公司生產的消費占比，呈現了難以令人樂觀的景象。「中國製造二〇二五」的計畫大膽設定二〇二〇年達百分之四十，以及二〇二五年達百分之七十自給自足比例的目標。但一份產業刊物估計，中國在二〇二〇年只達成百分之五點九的自給率，在二〇二五年則預測達百分之七點五（表8.3）。[38]

是什麼阻礙了中國的發展？

中國過去的表現受到限制，最主要歸咎於本土的因素，其中四點最為核心：人力資本、經濟、詐欺和裙帶關係。

首先，中國的半導體業苦於在國內尋找合格的人才，而且非常仰賴從國外招募產業需要的高階主管、工程師和開發人員。人力開發仍存在嚴重的瓶頸。二〇二〇年，中國半導體相關主修的大學畢業生有二十一萬人，不過其中許多人據說技能薄弱，儘管青年失業率高，但只有百分之十三點七七的年輕人投入半導體產業。未來趨勢仍然不利。中國的勞動力市場正在萎縮，其中只有百分之十二點五是大學畢業生，況且具有技術專業的畢業生，不管在中國或是其他地方都有眾多的職涯選擇。

此外，苛刻的工作文化、激烈的競爭，以及其他高科技職業的誘惑力，造成產業的高流動率。尤其是晶圓廠受留不住人才的困境所苦，因為投資它們的政府實體和國營企業著眼的是輸出的最大化，而不是員工的發展，而且高資金成本也限制了營運的預算。在二〇二〇年，中芯國際的員工離職率有百分之十七，相較之下，整體產業的離職率為百分之十二點五。產業觀察家的報告指出，生產線上的工程師離職是為了找尋設計的工作，因為那有較高的薪資，且可預期的工時也較短——如第二章所述，以軟體為導向的工作比製造的角色更具吸引力，這是在美國也存在的現象。公司苦於補足離職的缺口，同時還要趕上雄心勃勃的擴展計畫。分析家預測，到二〇二三年中國將出現超過二十萬的職缺，不過半導體需求的下降或可稍微縮小這個缺口。[39]

其次，市場力量不利於取得領導地位和自給自足。整體來說，中國的半導體政策採取一套雙軌的做法：一方面是透過本地採購政策、國家協助的技術移轉以及可優先獲得的獎勵措施，來培育國家重點支持的企業安全可靠的生產基地；另一方面則是發展具有活力的生態系，迫使其他與全球市場相連結的公司在其中競爭。原先的目的是希望能創造良性的循環，讓後者來推動國內的創新並提升前者。但事實證明，這個關係背後兩端所依據的重商主義和市場原則，實際上彼此扞格。

中央政府將一小部分企業隔絕於外國競爭和市場紀律之外——同時還更強勢地掌控它們的管理——阻礙了這些公司最迫切需要的效率和創新。而省級和地方政府，追求較低投資風險和較高的資本回報，通常會忽視本土的公司，選擇擁有更優越技術和卓著實效的知名外國競爭者。全球領導企業像是英特爾、SK海力士、三星、台積電和聯電充分利用這種偏好，爭相在政府獎勵措施之下把製造移轉到中國。到今天，這些外資廠商主宰了中國的產量。他們帶來了中國亟需的技術、訓練了本地的人員，並刺激了一個次級供應商生態系的發展——這一切，隨著時間推移，或許可以提升中國這些重點支持企業的競爭力。不過，在這些本土企業充分接受市場約束之前，他們登上技術領導地位的潛力——更別提產量和價格方面——仍存在許多疑問。

風險投資也隨市場而動，進一步壓抑了本地追求自給自足的嘗試，轉而支持其他全球供應鏈中常見的分散式分工。於是，在二〇二〇年，中國半導體產業百分之六十七點二的風險投資交易牽涉到設計公司，主要的誘因之一是它相對較低的啟動成本。這些投資讓中國躍居全球第三大無廠晶片設計中心。根據一項估計，在二〇二二年在中國有十幾家公司推出五奈米的設計，其中一些已準備進軍三奈米領域。[40]為了實現他們的創作，這些設計公司使用他們能獲得的最先進工具和合作夥伴——即美國軟體和台灣晶圓代工廠——姑且不論進口管制的結果如何，這些設計公司造成的連帶效應已讓中國在許多關鍵環境處於落後，包括如電子設備自動化工具、製造設備、支援軟體架構以及高端材料，尤其是晶圓和化學品。[41]既然本土公司已經能夠取得來自世界的最好資源，本地的投資者自然沒有經濟誘因再白費功夫（參見圖8.2）。

第三個問題，國家將因此不得不自行承擔為追求自給自足所形成的資本密集的負擔——而且就如昔日的「大躍進」一樣，浮誇、浪費、貪汙的現象盛行。在官方慷慨挹注下，大批公司爭相登記為積體電路相關的企業——光是二〇二〇年的前十個月就出現了五萬八千家。根據報導，許多公司從其他產業匆忙改弦易轍，成了任意揮霍國家資產的「三無」企業：沒有經驗、沒有人才，也沒有技術。[42]

數十家承諾興建的晶圓廠不見下文，而一些備受矚目的計畫和公司在駭人聽聞的醜聞和詐欺的指控中崩垮。武漢弘芯就是臭名昭著的例子。在二〇一八年初，武漢市的官員在某個場址破土，據稱這裡將興建中國第一個七奈米生產線和一個配套的十四奈米生產線，每月將各自量產三萬片晶圓。這項計畫聘請前台積電營運長蔣尚義擔任首席執行官，手下團隊

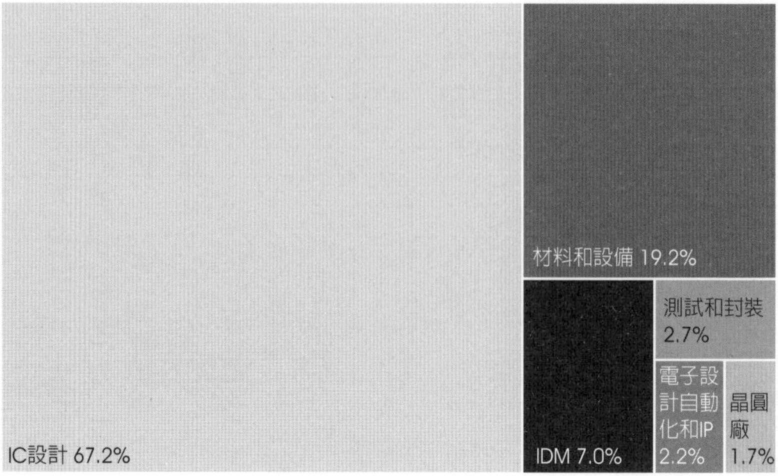

註：IDM = integrated device manufacturer（整合元件製造商），IC = integrated circuit（積體電路）

資料來源：Jane Zhang, "China's Semiconductors: How Wuhan's Challenger to Chinese Chip Champion Turned from Dream to Nightmare," *South China Morning Post*, March 20, 2021. Investment data from Winsoul Capital.

圖8.2　中國半導體風險投資按類別區分（2020年）

是超過百位來自台積電的工程師。根據武漢市政府的說法，這個計畫最終會涉及一百八十五億美元的投資，其中二十億美元已經在二〇一九年年底到位。但是當這個計畫在隔年夭折時，所有建築都未完工，如今現場成了一片荒地。這個計畫的共同創辦人當中，其中一人只有小學畢業學歷而且以假身分運作此事；另一人則是以販售傳統藥草和煙草聞名，而非高科技產品的經銷商。這兩人都下落不明。[43]在二〇一九年到二〇二一年之間，至少五個重大的晶片投資項目宣告失敗，包括一個美國格羅方德和成都市政府之間，號稱是「奇蹟」的一億美元合資計畫——但它未曾開始生產。德科碼半導體和德懷半導體的計畫也遭遇類似失敗命運，但在這之前它已獲得政府數十億人民幣的融資。[44]

紫光集團的一飛沖天史無前例，其後一落千丈的程度也是無人可及。這家公司由擁有特殊管道可取得政府信貸的房地產大亨領軍，在《二〇一四綱要》打開機會大門之前，進軍了半導體事業，隨即迅速用燒錢的方式登上了中國半導體業的頂峰。在五年的時間內，紫光集團試圖向西方國家的公司投資四百七十億美元，包括以兩百三十億美元收購美光的提案，令美國監管機構為之震動，並因此加強了中國企業投資的審查，最終透過美國外資投資委員會的程序阻止此案進行。在背負三百億美元債務違約之後，紫光集團在二〇二一年宣布破產，並於隔年在經過法院主導的重組和所有權變更之後，重新站起來。[45]

第四點，除了赤裸裸的詐欺行為之外，這些交易背後國家權力和資本的聯姻，強化了中國治理中更微妙的既有病態現象，為菁英階級內部競爭、裙帶關係還有尋租行為創造了豐厚的機會。舉例來說，已故的共黨總書記江澤民的兒子江綿恆，他透過一系列投資工具掌控大量的國家和外國資金，親自主導了上海崛起為中國半導體之都的過程。[46]在北京，紫光集團流星般的閃現（儘管充滿了詐欺）是始於胡海峰——前總書記胡錦濤的兒子——出任紫光集團母公司清華控股的黨委書記。二〇二〇年有一篇文章寫道，官方媒體探討了武漢弘芯倒閉事件和軍方高層的隱晦關係，其中包括空軍上將劉亞洲和他的弟弟：解放軍情報部門的少將劉亞蘇，他們在二〇二一年十二月悄悄被捕。劉亞洲是已故中國國家主席李先念的女婿，李先念曾任武漢市長。此文如今已遭到刪除。[47]

二〇二二年夏天，當局某種程度上默認了裙帶關係和高層腐敗的嚴重性，逮捕或著手調查了多名長期指導半導體政策實施的官員，包括工業和信息化部（工信部）前部長肖亞慶、前「大基金」總裁和工信部主管半導體政策的司長丁文武、負責管理大基金的前華芯投資總裁路軍、華芯投資副總裁和中芯國際董事任凱、前紫光集團和長江存儲董事長趙偉國，還有前紫光集團聯席總裁刁石京。[48]這些案件的細節或許永遠無法完全水落石出——但是綜觀上述令人失望的績效表現和醜聞，這些人的個人過失姑且撇開不論，他們的下台落馬和他們暗中連結的高層政界以及軍方裙帶關係網絡，已經引發人們對最高權力階層的陰謀論。[49]

未來展望

自二〇一八年美國強化出口管制以來，中國在半導體產業的差距和漏洞已然暴露。如果美國嚴格執行管制，則在微影工具、EDA軟體、高效晶片和零組件的限制，不僅會阻擋中國產業的價值鏈往上提升，還可藉著阻礙運作中設備的表現、維修和汰換來拉低它既有的能力。政府對美國公民和綠卡持有者的受僱限制——加上台灣的類似措施，以及日本與韓國日益感到的不安——將扼制中國在人才最薄弱的領域——包括高層管理、製造、和研發——引入國外人才。美國商務部實體清單（貿易黑名單）上不斷增列的半導體公司，包括中芯國際（邏輯晶片）、長江存儲（NAND）、以及寒武紀科技（人工智慧晶片），將損害中國部分龍頭企業的營運。這些措施所造成的短期到中期衝擊，將充滿破壞性。

不過，習近平顯得毫不畏縮，身為技術民族主義者，外國的壓力正中他的下懷。這裡可舉一個例子：他在二〇二二年七月選了金壯龍擔任工業和信息化部長。在擔任這個職位之前，金壯龍曾任中國商飛（COMAC）的董事長，中國商飛是商業航空市場中，與空中巴士和波音公司相競爭的中國本土航空業者，之後他也擔任中央軍民融合發展委員會辦公室常務副主任，這個單位負責的是協調中國的軍民融合政策。金壯龍的任命，暗示了中央要採取更積極的態度來管理半導體產業。同時，這也代表中國可能會站在偏向國家安全考量和大國競爭的立場，而不是以全球合作為導向的立場。

國家持續對半導體產業投入大量資源，同時也持續推出新政策、完善舊政策，以應對當前的挑戰。例如到目前為止，中國的公司如果有優秀的外國替代品可選擇的話，多半不太願意選用國內的半導體製造設備。原則上來說，近期美國的出口管制把相當多的市場讓給了中國本土的供應商，而中國政府據說已準備提供進行轉換的補貼政策。中國的設備製造商應當迎接這樣的契機，開發出滿足市場需求的產品。[50]在深圳有類似的做法，政府正準備擬定本土ＥＤＡ工具的補貼，在這個領域本土企業仍難望外國競爭者項背。這項計畫也資助使用先進ＩＰ核於本國的晶片設計、推動先進封裝技術（例如小晶片）的研發工作，以及補貼RISC-V（reduced instruction set computer “five”，精簡指令集電腦「五」）——一個吸引中國公司熱切關注的免費開源指令集架構——的發展。[51]推展國產設備和RISC-V，反映出中國將美國技術排除在供應鏈之外以減輕風險的廣泛努力。如果外國公司認為幫中國企業化解對美國的依賴可讓他們有利可圖、與中國有一致的利害關係，美國出口管制的有效性和美國科技在市場的地位將因此被削弱。

一系列其他的計畫正在進行中。中國的大學站在半導體相關領域基礎研究的最前線。[52]二〇二二年，中國政府開始承諾資助清華大學、北京大學和華中科技大學積體電路專業學院；這些學校和產業界結盟，希望促進基礎研究的商業化並教導實用技能。他們的目標是建立管道，把受過更好訓練的工程師和技術人員送入半導體業，並改善職務安排和留職率。

為了彌合新興新創公司和國家重點支持企業之間的差距，官方啟動了一個新計畫，在戰略重要領域的中小企業選擇一萬個「小巨人」提供支持。這個計畫記取了先前的經驗，希望透過仔細地篩選申請還有追蹤績效來避免詐欺。[53]監管機關也批准了大批國內首次公開募股（initial public offerings，簡稱IPO）的申請，以改善關鍵領域本土公司資金的取得。在二〇二二年的前十一個月，共有四十六家設計、製造、零組件和材料的公司公開上市——相較之下，前一年同期則為十九家。[54]工銀瑞信資產管理和華夏基金等證交所交易基金，讓外國投資人得以參與這個市場。

在中國的公司正以有創意的方式適應前進道路的障礙。比如說，有些公司隱瞞了他們的成果以避免不必要的審查。中芯國際和長江存儲在二〇二二年都沒有公開宣布他們在七奈米和兩百三十二層規格的重大突破——這類的成績若在早些年會得到相當熱烈的讚揚。相反地，產業界的觀察家是在它們進入供應鏈之後，才發現和分析了這些晶片。其他公司如阿里巴巴和壁仞科技則是降低他們最新設計的性能，如此台積電才能繼續幫他們製造晶片而不致

表8.4　研發經費占銷售額百分比（2020年）

	美國	歐洲	日本	中國	新興市場	全球
研發費用占銷售額百分比	18.6%	17.1%	12.9%	6.8%	8.6%	13.7%

資料來源：Semiconductor Industry Association, 2021 State of the US Semiconductor Industry, September 2021, 18.

違反美國的限令。[55]

由於追求高端製造的進程受阻，中國產業界把投資轉到後緣的邏輯和記憶體晶片，這些仍是全球銷量的主力。就如同過去太陽能板、電池和通信的例子，在這些領域透過補貼政策擴大輸出，讓中國的公司得以用低於市場的價格競爭，迫使外國的對手退出市場。如果中國利用這個招式獲得成功，外國的公司將失去再投資於研發以維持長時間競爭力的重要收入，而這些收入將會流入中國，資助中國企業的崛起。

中國將透過這個策略發揮自身的優勢。到目前為止，中國半導體產業的研發經費還不到全球平均值的一半（表8.4）。這樣的模式雖無法支持它在技術的領先，但是可以資助它建立在成熟技術上的主宰地位。壓制競爭將會拖慢整個產業的創新步伐。[56]

結論

半導體的領導地位和自給自足是沒有明確基準的政治目標。不過習近平追求這些目標的決策不容低估，他的政府會動用一切可用手段去達到目的——包括外交、智慧財產權竊盜，以及間諜活動。

半導體是市場的大宗商品，其可靠性、成本和功能都至關重要。建立技術領導地位需要的不只是資源、紀律和意願，也需要一套形塑組織和文化條件的發展模式，來有效分配輸入、用有競爭力的價格持續創新，並贏得客戶的信任。自給自足的標準則更高，不僅是本土無縫銜接的產業鏈，而且生產鏈還需要定期升級，因為技術的進展始終是現在進行式。

不管以什麼衡量標準，中國拼裝車式的半導體產業距離目標仍然道阻且長。中國的經濟正在趨緩，勞動力的人口數和教育結構不利於發展，而政府正更加堅決地把手伸入主要科技公司的管理階層，這可能損及創新和市場紀律。重商主義的政策、內政上的鎮壓，以及升高的地緣政治緊張，使中國疏遠了外國合作夥伴，並放大了把中國排除在全球供應鏈的呼聲。此外，美國的出口管制正設法切斷中國熱切渴望的技術、設備和人才，以阻止中國的進展。

儘管面臨重重逆境，中國或許能透過自身的努力，成為後緣的記憶體和邏輯晶片等成熟產品量產的領導者。光憑這一點，中國手裡就有了與美國對抗的新籌碼，因為它可以控制包括消費商品、醫療器材、汽車、工業系統和軍事載台等廣泛產品所使用的晶片。但是，如果沒有讓中國企業得以超越競爭對手的重大突破——或是足以挫敗對手的國家補貼——中國要在半導體取得廣泛的自給自足能力或領導地位，在可預見的未來應仍屬遙不可及。

註釋

1. Semiconductor Industry Association, 2022 Factbook, 13.
2. IC Insights, "China-Based IC Production to Represent 21.2% of China IC Market in 2026."
3. Semiconductor Industry Association, "US Needs Greater Semiconductor Manufacturing Incentives," July 24, 2020.
4. Alex Capri, "China's Microchip Ambitions: Semiconductors Advance the Next Phase of Techno-Nationalism," Hinrich Foundation, June 22, 2021.
5. *Xinhua*, 习近平主持召开中央全面深化改革委员会第二十七次会议強调 健全关键核心技术攻关新型举国体制 全面加強资源节约工作 [Xi Jinping Presided over the 27th Meeting of the Central Committee for Comprehensively Deepening Reform, Stressed Improvement of the New Type Whole-Nation System of Core Research and Development, and Comprehensively Strengthening of the Work of Resource Conservation], September 6, 2022, http://www.news.cn /politics/leaders/2022-09/06/c_1128981539.htm; Max J. Zenglein and Anna Holzmann, "Evolving Made in China 2025: China's Industrial Policy in the Quest for Global Leadership," MERICS, July 2, 2019.
6. For instance, National Development and Reform Commission, "高技术产业化"十一五"规划 [11th Five-Year Plan for High-Technology Industrialization]," April 10, 2008, http://www.mofcom.gov.cn/aarticle/b/g/200804/20080405470382.html.
7. Douglas Fuller, "Growth, Upgrading, and Limited Catch-Up in China's Semiconductor Industry," in *Policy, Regulation, and Innovation in China's Electricity and Telecom Industries*, edited by Loren Brandt and Thomas G. Rawski (New York: Cambridge University Press, 2019), 267-79; John VerWay, "Chinese Semiconductor Industrial Policy: Past and Present," *Journal of International Commerce and Economics*, July 2019, 9-12.
8. State Council, 国家中长期科学和技术发展规划纲 (2006-2020), December 20, 2005, http://www.gov.cn/gongbao/content/2006/content_240244.htm.
9. State Council, "《国家集成电路产业发展推进纲要》正式公布 [Guideline for the Promotion of the Development of the National Integrated Circuit Industry Officially Promulgated]," China Semiconductor Industry Association, October 30, 2019, http://www.csia.net.cn/Article/ShowInfo.asp?InfoID=88343.
10. Eastmoney Securities, "东方财富证券 [The First Phase of Fundraising Bears Fruit, The Second Phase is About to Begin]," 大基金一期投资硕果累累，二期蓄势待发，December 31, 2019, p. 9, https://pdf.dfcfw.com/pdf/H3_AP201912311373119321_1.pdf?1577789587000.pdf.
11. State Council of the PRC, "中华人民共和国国民经济和社会发展第十四个五年规划2035年远景目标纲要 [Outline of the 14th Five-Year Plan and 2035 Vision for National Economic and Social Development of the PRC]," March 12, 2021, http://www.gov.cn/xinwen/2021-03/13/content_5592681.htm.

12. Beijing Municipal People's Government, "北京市国民经济和社会发展第十四个五年规划和二〇三五年远景目标纲要 [Outline of the 14th Five-Year Plan and 2035 Vision for the National Economic and Social Development of Beijing]," January 27, 2021, http://fgw.beijing.gov.cn/fgwzwgk/zcgk/ghjhwb /wnjh/202104/P020220614554396990009.pdf; Shanghai Municipal People's Government, 上海市国民经济和社会发展第十四个五年规划和二〇三五年远景目标纲要 [Outline of the 14th Five-Year Plan and 2035 Vision for the National Economic and Social Development of Shanghai]," January 27, 2021, https://www.shanghai.gov.cn/cmsres/8c/8c8fa1641d9f4807a6897a8c243d96ec/c70c2c6673ae425efd7c11f0502c3ee9.pdf; Zhejiang Province Development and Reform Commission, "浙江省国民经济和社会发展第十四个五年规划和二〇三五年远景目标纲要 [Outline of the 14th Five-Year Plan and 2035 Vision for the National Economic and Social Development of Zhejiang Province]," February 23, 2021, https://zjjcmspublic.oss-cn-hangzhou-zwynet-d01-a.internet.cloud.zj.gov.cn/jcms_files/jcms1/web3185/site/attach/0/6abf4850723f40 ce863f0a7d517072b4.pdf.
13. Semiconductor Industry Association, *SIA Whitepaper: Taking Stock of China's Semiconductor Industry*, July 2021, 3.
14. OECD Trade Policy Papers, *Measuring Distortions in International Markets: The Semiconductor Value Chain*, No. 234, December 12, 2019, p. 8.
15. Stephen Ezell, "Moore's Law under Attack: The Impact of China's Policies on Global Semiconductor Innovation," ITIF, February 18, 2021, p. 22, https://itif.org/publications/2021/02/18/moores-law-under-attack-impact-chinas-policies-global-semiconductor/.
16. Antonio Varas, Raj Varadarajan, Jimmy Goodrich, and Falan Yinug, *Government Incentives and US Competitiveness in Semiconductor Manufacturing* (Boston, MA: Boston Consulting Group and Semiconductor Industry Association, September 2020), 1.
17. Semiconductor Industry Association, *SIA Whitepaper*, 3; Tianlei Huang, "Government-Guided Funds in China: Financing Vehicles for State Industrial Policy," Peterson Institute for International Economics, June 17, 2019; Yifan Wei, Yuen Yuen Ang, and Nan Jia, "The Promise and Pitfalls of Government Guidance Funds," June 21, 2022, abstract available at https://ssrn.com /abstract=3812796.
18. *Xinhua*, "十四五"先进制造业集群发展蓝图酝酿待出 [The Blueprint for the Development of Advanced Manufacturing Clusters in the '14th Five-Year Plan' Is Brewing and Ready to Come Out]," March 23, 2021, http://www.xinhuanet.com/techpro/2021-03/23/c_1127243005.htm; PRC Ministry of Industry and Information Technology, "先进制造业集群决赛优胜者名单公示 [Advanced Manufacturing Cluster Finalist List Announcement]," March 22, 2021, https://www.miit.gov.cn/jgsj/ghs/gzdt/art/2021/art_c59a0995a34d4c26a850faae580f0544.html.
19. Wei Sheng, "Where China Is Investing in Semiconductors, in Charts," TechNode, March 4, 2021.
20. Semiconductor Industry Association, *SIA Whitepaper*, 5.
21. Kensaku Ihara, "Taiwan Loses 3,000 Chip Engineers to 'Made in China 2025,'" *Nikkei Asia*, December 3, 2019.
22. Capacity is in terms of potential water starts per month, not necessarily outputs or value created. See Semiconductor Industry Association, *SIA Whitepaper*, 2.

23. Thomas Alsop, "Leading Semiconductor Foundries Revenue Share Worldwide from 2019 to 2022, by Quarter," Statista, June 20, 2022.
24. Dylan Patel, "2022 NAND-Process Technology Comparison, China's YMTC Shipping Densest NAND, Chips 4 Alliance, Long-Term Financial Outlook," *SemiAnalysis*, August 12, 2022.
25. Qianer Liu and Eleanor Olcott, "China's Chip Darling YMTC Thrust into Spotlight by US Export Controls," *Financial Times*, October 13, 2022.
26. IC Insights, "Top Suppliers Enjoy Big Gains in Small NOR Flash Market," June 21, 2022.
27. Dylan Patel, "Meet NETINT: The Startup Selling Datacenter VPUs to Byte-Dance, Baidu, Tencent, Alibaba, and More," *SemiAnalysis*, August 14, 2022.
28. 例如，美國網際安全和基礎設施安全局（Cybersecurity and Infrastructure Security Agency，簡稱ＣＩＳＡ）二〇二二年九月在一份諮詢報告指出，總部位於上海的米可達斯（MiCODUS）所生產摩托車騎士使用的ＧＰＳ晶片，含有硬碼後門密碼允許未經許可的位置追蹤。參見 Alexi Drew, "Chinese Technology in the 'Internet of Things' Poses a New Threat to the West," *Financial Times*, August 10, 2022.
29. Mathieu Duchâtel, *The Weak Links in China's Drive for Semiconductors*, Institut Montaigne (Paris: January 2021).
30. IC Insights, "China Forecast to Fall Far Short of Its 'Made in China 2025' Goals for ICs," January 6, 2021.
31. Scott Fulton III, "Arm Processors: Everything You Need to Know Now," ZD Net, March 30, 2021.
32. Will Hunt, Saif M. Khan, and Dahlia Peterson,"China's Progress in Semiconductor Manufacturing Equipment: Accelerants and Policy Implications," Center for Security and Emerging Technology, March 2021.
33. Julie Zhu, "Exclusive: China Readying $143 billion Package for Its Chip Firms in Face of US Curbs," Reuters, December 13, 2022.
34. "Implementation of Certain 2021 Wassenaar Arrangement Decisions on Four Section 1758 Technologies," *Federal Register* 87, no. 156, August 15, 2022, 49979-49986; "Revisions to the Unverified List: Clarifications to Activities and Criteria that May Lead to Additions to the Entity List," *Federal Register* 87, no. 197, October 13, 2022, 61971-61977.
35. IC Insights, "China-Based IC Production to Represent 21.2% of China IC Market in 2026," May 18, 2022; IC Insights, "China Forecast to Fall Far Short of Its 'Made in China 2025' Goals for ICs."
36. General Administration of Customs of the PRC, "二〇二一年十二月进口主要商品量值表（美元值）[December 2021 Table of Imports of Major Commodities in Terms of Volume and Value (in Dollars)]," January 18, 2022, http://www.customs.gov.cn/customs/302249/zfxxgk/2799825/302274; General Administration of Customs of the PRC, "二〇二一年十二月出口主要商品量值表（人民币值）[December 2021 Table of Exports of Major Commodities in Terms of Volume and Value (in RMB)]," January 18, 2022, http://www.customs.gov.cn/customs/302249/zfxxgk/2799825/302274. The Internal Revenue Service's aver- age currency conversion rate for 2021 of 6.452 RMB to the dollar was applied.

37. Semiconductor Industry Association, *SIA Whitepaper*.
38. IC Insights, "China Forecast to Fall Far Short of Its 'Made in China 2025' Goals for ICs."
39. Jin Yezi, "集成电路人才缺口仍超20万，这些岗位最紧缺 [Integrated Circuit Talent Shortfall Still Exceeds 200,000, These Positions Are in the Shortest Supply]," *Sina*, October 29, 2019, https://finance.sina.com.cn/roll/2021-10-29/doc-iktzscyy2370774.shtml.
40. Sheng, "Where China Is Investing in Semiconductors"; Mark Lapedus, "China Accelerates Foundry, Power Semi Efforts," *Semiconductor Engineering*, November 22, 2021.
41. John Lee and Jan-Peter Kleinhans, *Mapping China's Semiconductor Ecosystem in Global Context: Strategic Dimensions and Conclusions*, Stiftung Neue Verantwortung and MERICS, June 2021, 40-51.
42. Song Jie and Guo Fang, "大跃进与烂尾潮同现　国产芯片路在何方?·[Great Leap Forward and Rotten Tide at the Same Time: Where Does the Domestic Chip Road Lie?]," *China Economic Weekly*, November 2, 2020, 44-48, http://www.ceweekly.cn/2020/1102/318726.shtml.
43. Wei Sheng, "HSMC Promised China's First 7nm Chips: It Didn't Go Well," *TechNode*, September 9, 2020.
44. Sidney Leng, "US Semiconductor Giant Shuts China Factory Hailed as 'a Miracle,' in Blow to Beijing's Chip Plans," *South China Morning Post*, May 20, 2020; Emily Feng, "A Cautionary Tale for China's Ambitious Chipmakers," NPR, March 25, 2021.
45. Che Pan, "China's Tsinghua Unigroup Completes Debt Restructuring, Ownership Change to Keep Afloat Its Major Semiconductor Operations," *South China Morning Post*, July 12, 2022.
46. Joanne Lee-Young, "Analysis: The Digital Prince of China," CNN, March 6, 2001.
47. *Securities Times*, "千亿武汉弘芯：空壳股东障眼法　"芯骗"团伙钻产业空子 [Hundred Billion Wuhan Hongxin: Shell Shareholders Cover Up 'Core Fraud,' Gang Exploits Industry Loopholes]," September 25, 2020, https://archive.ph /Zqliz.
48. Li Yuan, "Xi Jinping's Vision for Tech Self-Reliance in China Runs into Reality," *New York Times*, August 22, 2022.
49. Dan Macklin, "What's Driving China's Chip Sector Crackdown," *The Diplomat*, August 29, 2022.
50. Zhu, "Exclusive: China Readying $143 Billion Package."
51. Justice Bureau of Shenzhen Municipality, "深圳市关于促进半导体与集成电路产业高质量发展的若干措施（征求意见稿）[Several Measures of Shenzhen City for the Promotion of High-Quality Development in the Semiconductor and Integrated Circuit Industry (Draft for Comment)]," October 8, 2022, http://sf.sz.gov.cn/ztzl/gfxwj/gfxwjyjzj_171008/content/mpost_10156478.html.
52. Takeshi Hattori, "ISSCC 2023、論文採択件数で中国が北米を抜いて史上初 の首位に [ISSCC 2023: China Surpassed North America in the Number of Papers Adopted for the First Time in History]," Tech+ , November 21, 2022, https://news.mynavi.jp/techplus/article/20221121-2519134/.

53. Coco Feng, "China Has Named Nearly 9,000 'Little Giants' in Push to Preference Home-Grown Technologies from Smaller Companies," *South China Morning Post*, September 9, 2022; Ministry of Industry and Information Technology, "工业和信息化部办公厅关于开展第四批专精特新"小巨人"企业培育和第一 批专精特新"小巨人"企业复核工作的通知 [Notice of the General Officer of the Ministry of Industry and Information Technology on the Cultivation of the Fourth Batch of Specialized New 'Little Giant' Enterprises and the Review of the First Batch of Specialißzed New 'Little Giant' Enterprises]," Enterprise Letter no. 133, May 15, 2022, https://www.miit.gov.cn/jgsj/qyj/wjfb/art/2022/art_9d88f62a3c5d47bd8698e84d7a486274.html.
54. Che Pan and Ann Cao, "Tech War: Fresh Funding Pipeline Enables China's Sanctions-Hit Semiconductor Industry to Cope with Latest US Trade Restrictions," *South China Morning Post*, November 27, 2022.
55. Qianer Liu, Ryan McMorrow, Nian Liu, and Kathrine Hill, "Chinese Chip Designers Slow Down Processors to Dodge US Sanctions," *Financial Times*, November 6, 2022.
56. Ezell, "Moore's Law under Attack."

第九章　化解中國非市場行為對半導體的影響

戴博（**Robert Daly**）
特賓（**Matthew Turpin**）

美國和它的合作夥伴應該戒慎警惕，以化解中國新興半導體公司的非市場行為。

雖然產業的起步居於弱勢，中國領導者正強勢尋求國內半導體目標——第一步先減少對進口依賴，之後透過晶片供應鏈的出口進占全球市場。正如在其他產業所見到的，中國政府提供各種目標和補貼，這意味著中國的半導體公司在非市場的誘因下運作，極有可能削價與既有美國和合作夥伴的半導體公司競爭。

中國半導體公司這種非市場行為可能對美國或夥伴生產商帶來短期負面影響——例如在成熟晶片製造方面。長此以往，也可能創造出美國或合作夥伴對中國供應鏈新的依賴，損害美國的戰略自主性。

美國政府有各種工具來監管和限制這類出口傾銷的衝擊。同樣也值得關注的是美國的合作夥伴對中國晶片產生新依賴的風險。

*　*　*

半導體是這場科技競賽的原爆點。

——美國商務部長雷蒙多[1]

自從中國在一九六五年生產它第一個積體電路之後，左右它半導體政策的因素包括材料和技術發展的需求、追求大國地位、對美國的關係，以及對技術自主性的追求，特別在二〇一五年之後。就如同其他產業一樣，中國在不可避免的學習和適應階段樂於接受對全球半導體供應鏈的依賴。然而隨著在二〇一〇年代中期中國掌握或取得關鍵技術之後，它展開了意圖反客為主的一場運動。

美國在二〇一九年及之後在二〇二二年實施的出口管制，令中國的規劃者震驚，也讓中國的半導體業者將重點從追求主導轉為求生存。它當前的目標是：第一，掌握先進節點的設計和製造技術，以免自身持續在高科技領域脫節；第二，保護它的供應鏈不受未來可能的禁運影響。中國唯有同時滿足對成熟和先進半導體的需求，才能讓取得產業主導地位的夢想重新成為政策的首要目標。在這段過渡時期，它的目標是防禦性質的，而中國半導體產業界的情緒則在堅定決心和茫然絕望之間擺盪。

警鐘長鳴

自一八七二年清朝政府派遣留學生赴美以來，獲取技術以求國家發展和軍事力量一直是中國對美關係的主要目標。[2]他們對美國不願提供領先技術的懷疑——以及美國對中國科技戰略的目的和手段的懷疑——一直是雙邊關係的主調之一。

中國在二〇〇六年宣布了它的自主創新計畫，同時間又向歐盟施壓要求解除對「六四」天安門事件的武器禁運，加劇了美國長期在經濟上和戰略上的擔憂。[3]自主創新並不是祕密，當中國的政府部會在二〇〇九年宣布計畫的細節，它在國內被喻為是產業政策全面性的計畫，可讓中國「在二〇二〇年成為科技強國，在二〇五〇年成為全球領導者。」[4]當外國政府和企業表示此計畫將威脅他們的利益，並且指稱中國的方法違反了全球規範，北京當局似乎感到驚訝和困惑——中國的領導者日後淡化了自主創新的相關宣傳，但仍持續全力施行這個戰略。

大肆宣告、引發反彈、縮編規模，這樣的模式在二〇一五年「中國製造二〇二五」（MiC 2025）政策推出時又重演了一次。「中國製造二〇二五」是針對中國企業的投資和研究計畫，目標在使中華人民共和國在十項產業領域成為世界領導者（定義是達到百分之七十的全球市占比）：(1)資訊科技；(2)自動化工具機和機器人；(3)航空和太空設備；(4)海洋工程設備和高科技航運；(5)現代鐵路運輸設備；(6)新能源汽車和設備；(7)電力設備；(8)農機設備；（9）新材料；（10）生物醫藥和先進醫療產品。儘管這個計畫是中國的驕傲，在國際上卻被看成是厚顏大膽的宣告，代表中國會用盡各種手段——憑靠的是「對外國投資的差別對待、強制技術轉移、智慧財產權竊盜，以及網路間諜活動」——來減低中國對世界的依賴，並把世界鎖入對中國的依賴。[5]再一次，中國似乎對批評感到意外，彷彿它作為戰略上無害的發展型國家，地位已經牢固確立，沒有人應該質疑它的動機。中國領導者在二〇一八年之後就較少談及這個計畫——但是對外國政府和企業而言，警報已經拉響。

「軍民融合」這個命名恰如其分的政策始於一九九〇年代，是西方國家另一個警訊的來源。在當時六四事件武器禁運的限制下，這個政策制定的目標是在二〇二七年中國人民解放軍（People's Liberation Army，簡稱ＰＬＡ）成立百週年之前，透過「信息化、智能化、機械化」達成中國軍隊的全面現代化。「軍民融合」要求：任何中國產業界和學術界可獲得的技術，都應提供給解放軍。中國有這樣的政策並不讓人意外。作為中國戰略發展核心的「四個現代化」——最早是周恩來在一九六三年提出，稍後由鄧小平加以擴大——強調了中國農業、工業、科學技術和國防的基本融合。中國「舉國制度」反映在習近平執政下頒布的一系列《國家情報法》，規定國內包括大學在內的所有實體提供政府所徵求的任何資訊。[6]

白邦瑞（Michael Pillsbury）的《二〇四九百年馬拉松：中國稱霸全球的祕密戰略》（*The Hundred-Year Marathon*）對於「自主創新」、「中國製造二〇二五」、「軍民融合」和《國家情報法》這些計畫的戰略邏輯，解釋得讓許多美國國會議員——特別是共和黨這一邊的議員——感到滿意。[7]這本二〇一五年出版的書宣稱，中國早就規劃將美國取而代之，主導一個全球新秩序。同樣的觀點（或許更對民主黨的胃口）也出現在杜如松（Rush Doshi）的《長期博弈：中國削弱美國、建立全球霸權的大戰略》（*The Long Game: China's Grand Strategy to Displace American Order*）。[8]美國和歐洲的商界都留意此事，且在二〇一七年初的美國商會和歐洲商會報告中，都指出了中國的政策將會對他們會員造成的損害。[9]

美國兩黨對即將到來的科技競賽以及大國競爭的關注程度，隨著習近平在擔任總書記的前兩個任期中達成的里程碑和作出的投資而更加提升。中國不再僅只是世界上人口最多、出口最大宗的國家——它很快就成了全球最大的電動車和電池生產國與消費國，以及行動支付、風力和太陽能發電、專利授權、同儕評論期刊引用研究，以及受STEM訓練大學生人數的全球領導者。它是全世界用於多數電子裝置和汽車的成熟晶片成長最快速的製造商。[10]同時中國還大量投資於推動下一世代發現（包括超級電腦在內）的硬體設施、全球最大的無線電波望遠鏡（使用率可能過低），以及全世界最先進的風洞之一——被官方用在開發超音速武器。二〇一六年，中國與歐洲夥伴合作發射了全世界第一個量子衛星，完成了和量子地面站的聯繫。[11]

這些進展，都是在中國仍受到幾乎所有發達經濟體全面的武器禁運，並且身為多邊軍民兩用出口管制實施對象的情況下達成的。如本報告第七章提到，在冷戰之後美國和其盟國解散了「輸出管制統籌委員會」，以《瓦聖納協定》取代，將前蘇聯共和國和它的東歐集團衛星國家納入。一九八九年北京因六四天安門事件而遭受武器禁運，故而並沒有受邀請加入《瓦聖納協定》，如今它仍在這個多邊體制之外。

正如「自主創新」、「中國製造二〇二五」、「軍民融合」和《國家情報法》等計畫所描述的，半導體——和半導體所推動的人工智慧與高效能運算——是中國商業和軍事計畫的基本關鍵。中國要想達成「中國製造二〇二五」或軍事現代化的目標，甚或掌握量子運算、奈米科技或其他新興科技，就不能沒有穩定供應的先進晶片，也不能沒有製造這些晶片所需的設計、軟體、製造設備和零組件。如今美中交往的時代已經結束，中國的問題在於，半導體的供應鏈必須放在中國境內才足夠安全穩定，偏偏先進半導體供應鏈大部分的組成元素都是在外國人——尤其是美國人——的手上。

地緣政治／地緣經濟

半導體再次成為超級大國對抗的關鍵領域，就如同早期在美蘇對抗中所扮演的角色。[12]不過這個戰場只是超級強國全球競爭的一小部分，帶有一些冷戰時期的色彩。中國和美國長期的、全面性的、「極端的」地緣政治競賽，將決定雙方為贏得半導體戰役所運用的戰略。[13]換另一個方式來說，就算科技和金融是它主要的戰場，推動這場競賽的仍然是國家安全的考量——而不是在於技術進展或經濟的效率。

北京感受到美國意圖圍堵，甚至想推翻中國共產黨的生存威脅，[14]因此把提升安全視為迫切必要，範圍不僅在高科技產業，也包括了糧食供應、[15]文化、[16]生物藥品領域和媒體。除此之外，西方國家對俄羅斯在二〇二二年二月入侵烏克蘭的快速反應，也促使中國設法建立可抵禦制裁的經濟。中國脫鉤的傾向並非始於半導體戰爭，甚至不是始於美國總統川普在二〇一八年發動的貿易戰。事實上，「自給自足」自一九二一年起就一直是中國共產黨思想的基石，許多中國的現代產業打從一開始就不曾和西方密切接合。直到最近，中國似乎都還是有信心可以選擇性地按自己的步調進行脫鉤。但如今中國已經改弦易轍，儘管我們不清楚，決定從眾多領域快速脫鉤，北京是否完整考慮過需要付出的代價，或是計算過它成功的可能性。

華府如今的觀點認為，中國經濟和科技實力的擴展並不符合美國的利益，也不利於以法治為基礎的國際秩序。因此美國不打算再賣繩子給中國，以避免被中國在全球市場上或是戰場上絞殺。套用本報告中戰略模擬情境的術語，華府接受一個朝著「西部」象限移動的世界——如果這意味著要靠阻絕中國軍方取得先進晶片和人工智慧，來阻礙中國在教育、科學、醫學和經濟的持續進步，也只好這樣了。如果這代表美國消費者要面臨更嚴重的匱乏和更高的價格、美國企業得到更少的利潤、全球供應鏈因此脫鉤，那也無妨吧。

在川普總統的大力推動、拜登總統基本上也未質疑的情況下，反全球化的敘事——相對於鼓勵增加志同道合合作夥伴的市場進入——為成本高昂的脫鉤過程鋪下基礎。這些敘事反映著更大範圍的地緣政治趨勢。當台積電的創辦人張忠謀二〇二二年十二月在亞利桑那州鳳凰城的台積電新晶圓廠演說時，他說：「二十七年已經過去了，〔半導體產業〕見證了世界的大變化，全球地緣政治格局的大變化。全球化幾乎已經死了，自由貿易幾乎已經死了。許多人仍希望它們會回來，但是我不這麼認為。」[17]

即使如此，在美中之間沒有直接軍事衝突的情況下，我們所謂「全球化」的樣貌也很可能隨著時間而出現變化，經濟活動會廣布到更多國家和地區。在許多方面來說，我們把過去四分之一世紀錯誤地標籤為「全球化」時期——它其實是高度集中在一個國家的時期：這國家叫作中國。[18]

基於導致這種經濟活動高度集中在中國的許多獨特地緣政治環境已消失，企業和國家很可能會把他們的供應鏈和製造分散到中國以外的地方。這個過程會有相對的收益，當然也有不小的成本，並將因此出現贏家和輸家。如許多人已經指出的，中國在其中可能會失去比較多。[19]

中國的目的、美國的手段

在二〇一九年之前，北京的半導體政策重點在於增加生產的各個階段——從設計到封裝——在全球市場的占比，和生產更先進的節點。這個議程被積極推動，不過前提是慢慢斷絕中國生產者對外國供應者的依賴，然後再尋求超越。換句話說，中國對全球供應鏈採取務實的態度——它並未打算立即和美國與第三國的技術脫鉤，而是打算隨著時間慢慢減低對他們的依賴。這種做法沒有明說的假設是認為，外國公司參與中國的國內市場僅限於北京允許他們的程度，而中國可以依照自己的能力來達成整合或是自給自足。只要半導體產業是由技術進步和經濟效率的邏輯所推動，中國廣大市場對跨國科技公司的吸引力將可讓中國維持主導的地位。也就是說，中國認定它能控制對它有利的脫鉤步調，而其他國家則因為過於仰賴中國而無法阻止它的成功。

美國把中興通訊（在二〇一六年）和華為（在二〇一九年）放入商務部實體清單——納入美國出口管制——是強烈的信號，說明北京的假設是錯的。其他人也可以控制脫鉤的步調，而中國並不是決定中國科技未來的唯一創作者。二〇二二年八月的《晶片和科學法案》進一步突顯了這一點。同樣也是在八月，美國商務部下令禁止銷售電子設計自動化軟體給中國，並通知輝達，它需要新的許可證，才能出口它的A100和H100晶片給中國，且即刻生效——此二者都對人工智慧的研究至為重要，並且在中國有百分之九十五的市占率。[20]輝達的DGX企業ＡＩ基礎設施系統（內置A100或H100）以及「任何未來輝達積體電路峰值性能（peak performance）和晶片對晶片輸入／輸出性能（chip-to-chip I/O preformance）相等或是大於……A100，及包含這些電路的任何系統」都涵蓋在這個命令規範中。[21]這個行動不僅禁止輝達銷售先進的圖形處理器，同時也禁止了超微半導體公司，或是美國其他技術符合禁令中詳列標準的無廠晶片設計公司的任何產品出口中國。在中國尚未準備好獨立自主之前，它已撕裂了中國多年來打造人工智慧和數據分析策略的基礎。

雖然二〇二二年八月的出口管制，如戰略和國際研究中心的葛瑞格・艾倫（Gregory Allen）所寫的，目的是「扼殺中國科技產業的大部分領域……意圖是消滅它，」[22]但是從美國的角度來看它已有所節制，因為這些管制給美國預留了更多升級管制的可行步驟。拜登政府的政策並未尋求與中國技術上的完全脫鉤，而是要限制中國掌控訓練ＡＩ模型的晶片，這類ＡＩ模型具有先進軍事上的應用。然而，這種細緻的操作或許中國並未曾察覺，因為中國並沒有「輝達ＧＰＵ立即的替代品，來訓練ＡＩ模型進行自動駕駛、語意分析、影像辨識、氣象變數和大數據分析」，而所有中國的買家都會受到這個新規定的影響。[23]

對輝達和其他美國供應商的一個難題是，他們沒有可以立即替代中國的市場。在二〇二二年第三季，輝達「為中國的晶片銷售預訂了四億美元晶片……如果〔中國〕公司決定不購買輝達的其他產品，這些訂單將因此流失。」[24]話雖如此，這些公司所受影響不應單獨看待；中國失去了通往先進晶片技術優越性的路徑，在國家安全和經濟競爭力帶來的成本，會遠遠大於輝達所受的銷售影響。

如果說輝達的宣布引發中國半導體策略列車的劇烈晃動，那麼美國商務部工業和安全局在二〇二二年十月七日改變出口管制的宣布，則把整列車撞出了軌道。工業和安全局對於先進運算和半導體製造規定：任何送往中國晶圓廠支援其國內打造十四奈米或以下的邏輯晶片、十八奈米半間距或更小的DRAM記憶體晶片、一百二十八層或以上NAND Flash記憶體晶片的美國產品，都必須申請新的許可證。按照葛瑞格・艾倫的解釋，拜登政府試圖要：

(1)掐斷中國取得高端ＡＩ晶片的途徑以扼殺中國ＡＩ產業；(2)掐斷中國取得美國製造的晶片設計軟體的途徑以封阻中國在國內設計ＡＩ晶片；(3)掐斷中國取得美國生產的半導體製造設備的途徑以封阻中國製造先進晶片；(4)掐斷中國取得美國製零組件的途徑以封阻中國在國內生產半導體的製造設備。[25]

這些規定也對未經許可的美國公民或綠卡持有人在中國晶圓廠支援設計或生產先進晶片方面有所限制。[26] 這類的限制代表著受僱於中國產業的數百名美國人（確切人數無法得知），包括四十三名高階主管在內，都必須立刻辭去工作。其中有多位主管是華裔的歸化美國公民，他們擁有美國大學的高學歷和在矽谷工作的長期經驗。[27]

中國的回應

在二〇二二年十月出口管制公布之後，中國原本要按照自己的步伐穩定朝產業主導前進，並假定一路皆可獲取外國技術和人才的策略，不得不被迫放棄。由於中共第二十次全國代表大會的舉行就緊接在美國的這項宣布之後——同時它本身伴隨了一系列習近平「動態清零」政策所引發的經濟和社會危機——我們並不清楚在年底之前，北京能否完全化解新出口管制對帶來的衝擊。

在川普時代，中國當局因美國的行動而感覺受到攻擊時，它的回應方式是立即比照辦理作出反擊。在整個貿易戰過程中，例如當二〇二〇年美國要求中國官方媒體登記為外國使團、或是突然關閉中國駐休士頓領事館，中國的回應都非常強勢。基於這種以牙還牙的傾向，有些評論者預期中國對美國的新規定會作出反擊，禁止稀土、藥品和前驅藥物（medical precursor）或成熟晶片等產品銷售到美國。不過，在過去五到十年裡，中國在涉及科學和技術的事件中，仍缺乏成功回應的籌碼或能力。舉例來說，在華為列入「實體清單」一年多之後，全國人大通過並採行了《出口管制法》，試圖比照美國做法，拒絕中國先進科技輸出到美國。[28]就如同美國的出口管制條例（Export Administration Regulation，簡稱ＥＡＲ）提供商務部和國務院出口管制的法律基礎，中國的二〇二〇年《出口管制法》也建立了域外的管轄範圍，指示管制名單和黑名單的設置，並定義了對軍民兩用項目和軍事產品的管制。對北京而言，遺憾的是，這項立法只是空洞的監管框架，因為中國對於超越對手的先進技術仍缺乏控制。我們可以想像未來中國將在這方面作出真正對等的回應，但時候未到。

到目前為止，中國並沒有對美國的出口管制作出反擊，而是採取了五個廣泛的長期策略來限制它的影響，並在可能情況下，尋求在推動技術安全和主導地位的進展：

1. **增加投資**興建包含大小規模的中國半導體公司、人員訓練，以及及設計和製造中心
2. **鼓勵**對既有技術的**變通辦法**
3. **勸阻第三國**和美國的合作
4. **靜候時機**，期待脫鉤的成本、美國企業的利益和美國合作夥伴的壓力，能淡化出口的管制
5. **控制**技術脫鉤的**國際輿論**

策略一：增加投資

中國基於國內市場規模和它對企業和大學的投資，致力於達成半導體產業的主導地位，正好和美國政策制定者對中國所帶來挑戰的理解相一致。[29]如本報告的第八章所述，當前推動資助產業的行動開始於二〇一四年。[30]在這一年，中國發布了《國家集成電路產業發展推進綱要》，目標「到二〇三〇年，集成電路產業鏈主要環節達到國際先進水平。」[31]它同時建立了國家集成電路產業投資基金（或稱「大基金」）以提供估計達一千五百億美元國家基金來支持研究。到二〇二〇年，中國擁有一萬多家半導體公司，[32]在同一年之內這個數字增加了一倍以上。[33]其中許多是在一夕之間成立，目的只為了取得政府的補貼。有一些著名的失敗案例，例如在習近平的母校清華大學創立的紫光集團，在二〇一五年還曾一度打算以兩百三十億美元收購美光公司，但最後慘敗作收，突顯了中國政府投資計畫充斥的浪費問題。[34]紫光集團得到了政府的上百億美元支持，但仍在二〇二〇年出現債券違約。其他公司如二〇一六年創立於武漢的長江存儲，如今是中國主要的記憶體晶片製造商，則是耀眼的成功案例。[35]加拿大的半導體和微電子分析公司TechInsights最近宣稱，「以他們目前的創新速度，長江存儲可望在二〇三〇年之前，成為全球NAND Flash記憶體技術無庸置疑的領導者。」[36]中國在二〇二一年七月發布了最新的五年規劃，承諾每年公家和私營的研發支出要提高百分之七——這個增加比例高於它在軍費的增加——並以半導體為優先要務。[37]

要預測中國在產業增加投資的規模，目前仍為時太早，不過中國主要城市市政府回應二〇二二年十月出口管制的速度，說明了重大的再投資已經在進行中。在二〇二二年十月底，（上海）臨港新片區（自由貿易區）、上海大學以及上海的集成電路行業協會——他們都對美國工業和安全局針對中國半導體公司中美國員工的禁令感到震驚，也都得到市政府獎助——成立了新的產教基地，以培養半導體產業的人才。[38]儘管中國在發展STEM人才得到廣泛的成功，這類訓練工作仍舊得到了政府的支持。

根據喬治亞大學的安全和新興技術中心的研究，「在二〇二五年之前，中國大學每年將產生超過七萬七千個STEM博士畢業生，相對之下美國則是約四萬人。如果國際學生不列入美國的統計，則中國的STEM博士畢業生將是美國的三倍以上。」[39]儘管如此，這樣的優勢對半導體業並沒有帶來太多幫助。中國半導體行業協會預期中國二〇二二年和二〇二三年短缺的半導體工程師人數已達到二十萬人，而一個中國主要的教育人才機構報告說，大部分STEM人才偏好在人工智慧和大數據的工作，而非薪資較低的半導體業（諷刺的是，如本報告稍早所述，這正好與我們與觀察到美國STEM畢業生的情況如出一轍）。[40]

在深圳，市政府在二〇二二年十月八日，也就是美國工業和安全局發布了重磅消息的隔天，宣布對其半導體產業架構再投資的計畫。深圳市的發展改革委員會宣布將提供百分之二十，或最高每年達一百四十萬美元的補貼，贊助企業研發經費尋求在設計和發展邏輯晶片的重大突破，包括中央處理器和圖形處理器的研發。[41]總部設在深圳的華為運用它在城市既有的網絡和人才投資全國各地的公司，包括北方華創（中國主要的晶片設備製造商）在內，以打造中國限定的完整供應鏈。福建晉華集成電路（JHICC）——曾在二〇一八年因竊取美光公司的智慧財產而被川普政府列入實體清單，並在二〇一九年初宣告破產——重新在這個網絡扮演重要角色。[42]據傳華為的工程師在晉華集成電路的泉州廠祕密工作，以協助這家電信巨頭從二〇一九年被列入實體清單的地位重新站起——[43]儘管華為或晉華的工程師都缺少協助他們達成這些目標的最先進軟體、工具或零組件。

策略二：尋找變通辦法

傑弗瑞・坎恩（Geoffrey Cain）在《美國事務》（*American Affairs*）一書中宣稱，目前為止中國無法達成「中國製造二〇二五」晶片發展的目標，原因在於深植的「外交孤立；……由上而下挑選國家重點扶植企業的壓迫性任務；……落後於產業領先者美國、台灣、南韓和日本幾代的弱勢地位」，以及貪腐問題。[44]在中國國內，大部分的評論者對中國使用既有技術打造本土尖端半導體供應鏈的展望也同樣感到悲觀。因此，中國正在尋找能在性能上與西方競爭對手所開發和控制的系統相抗衡的新技術。

舉例來說，北京開源芯片研究院——一個包括中國科學院、騰訊、阿里巴巴等研究中心和企業組成的團體[45]——正使用由加州大學柏克萊分校所創造的RISC-V開源晶片設計架構來發展國內半導體相關的智慧財產。如果成功的話，這個團隊的「香山RISC-V架構」將可以幫助中國擺脫安謀公司的智慧財產權限制；總部位在英國劍橋的安謀所擁有的技術，是包括蘋果產品在內的大部分手機的基礎。[46]中國可能也期望藉由發展光子晶片（在積體電路上使用光子而非電子[47]）以及實驗利用非矽基板（nonsilicon substrates），例如立方砷化硼、石墨烯、[48]和矽化碳，[49]來化解對美國設計的先進節點的需求。不過，如本報告第二章所述，在這些領域發生可進入市場的重大突破之前，可能都還需要幾十年的時間，而且中國在這方面的前進腳步，在一、兩年之後，當禁運的晶片、零組件和製造工具的庫存用罄或是需要維修時，同樣會面對嚴峻的考驗。

策略三：拉攏美國的盟友

美國關鍵的半導體設計、軟體、製造工具和零組件在全球供應鏈無所不在，讓美國商務部可以動用「實體清單」和「外國直接產品規定」來迫使盟國和合作夥伴支持禁令，不與中國半導體產業合作。[50]荷蘭、台灣、南韓、日本和大部分其他供應商，都和美國同樣擔憂中國對安全、智慧財產權和全球秩序的威脅——但是他們也非常重視和中國的貿易關係。中國會密切關注這種矛盾帶來的機會，在美國夥伴關係中播下分歧的種子，並獲取它發展產業和軍力所需要的晶片和晶片製造設備。

中國占了全球半導體設備年需求的百分之二十五以上。它毫無疑問會盡可能買下艾司摩爾每部造價一億美元的極紫外光微影機，只要這家荷蘭公司能賣，但是荷蘭政府在二〇一六年已同意，不出售艾司摩爾的高端機器給中國。《彭博》（*Bloomberg*）在二〇二一年十二月七日報導，荷蘭政府同意執行美國二〇二二年十月的出口管制。[51]不過，艾司摩爾會繼續銷售成熟節點的製造設備給中國；而且，儘管這家公司宣稱在目前市場條件下，它可以把盡可能多的產品賣給其他客戶，但是中國是它潛在最大獲利中心的事實，應會不時在艾司摩爾領導高層的心頭煩擾。[52]

美國在「晶片四方聯盟」的亞洲夥伴應該也會跟進——但是這麼做對他們代價不小，而且中國會對他們強力施壓，找出變通和規避美國規定的辦法。如第六章所述，美國的合作夥伴自己也在半導體供應鏈的強項和企圖心，包含一部分在中國的銷售或生產。在二〇二一年，台灣銷售給中國價值一千五百五十億美元的晶片，占了台灣對中國出口的百分之六十二。不過，最新的數據顯示台灣對中國和香港出口的晶片在二〇二三年二月已經連續四個月下滑——較一年前的出口減少了百分之三十一。[53]半導體製造機具和材料是日本的第二大出口，三分之一由中國購買——這項貿易在二〇二一年達到九十五億美元。[54]中國在二〇二二二〇二二年購買百分之四十三的南韓出口晶片——若加上香港則為百分之五十八——對南韓貿易總值超過四百九十億美元（加上香港為六百六十億美元）。[55]美國商務部最近給予三星和ＳＫ海力士出口管制一年的豁免期，允許它們提供在中國的工廠原先已經遭禁的功能一年的時間——但是這類的豁免應該沒有機會繼續延長。

台灣、日本和韓國在完全配合美國工業和安全局規定的過程裡，很可能要面對北京的吹捧討好、威逼利誘。他們也可能因為在半導體方面和美國合作，而在政治和貿易關係的其他方面向北京作出保證以作為補償，而北京也會密切關注這類的機會來削弱聯盟的意志，擴大美國和亞洲夥伴之間的分歧。

因此，認真維護和管理同盟關係，對美國政策的成功至為重要。這裡我們再次觸及了貫穿本報告的一個主題：美國在安全議題針對中國所作的各種努力，其永續性取決於美國能否在商業上吸引合作夥伴。我們的第一步是透過《晶片和科學法案》讓美國的補貼政策對結盟夥伴具有吸引力——而不要受制於跟安全無關的短期美國社會問題或保護主義政治。[56]我們需要讓志同道合的合作夥伴相信，在這五年之後，美國會持續提供市場進入和雙邊投資。

策略四：靜候時機

中國國內的公司對美國施壓最有效的回應或許是：在還買得到的時候趕緊庫存晶片和設備（例如輝達在二〇二三年九月之前，會繼續從它的香港物流中心運送ＡＩ晶片[57]）；管理他們的資金儲備，以度過目前全球晶片需求趨緩的時刻；以及期待如今的風風雨雨趕快過去。目前來說，美國的立場似乎可確定，但強硬態度或許不會持久。二〇二四年政權的更替也可能帶來施政優先順序的變化。或者，隨著禁運讓美國公司付出的代價清晰可見，美國或許會退縮。對中國的銷售，給超微半導體、英特爾、輝達、高通帶來巨大的利益，應用材料、科磊和科林研發等美國半導體製造設備公司也是如此。[58]儘管大部分美國的跨國企業不再向國會遊說爭取擴大對中國貿易（如同他們在二〇〇一年中國加入世界貿易組織之前的所做的），公司高層主管和他們的股東還是會要求政府取消一些最嚴苛的出口管制。

距離二〇二二年十月七日才兩個月後，中國已經看到美國立場鬆動的跡象，以及在出口管制下進口先進晶片的機會。根據美國工業和安全局的新規定，包括長江存儲和北方華創在內的三十一家中國公司被列入「未經核實清單」（unverified list）並且有六十天的時間來證明他們從美國進口的管制物品並未用於武器製造或是移轉到中國軍方。「核實」的過程包括由進行「最終用途檢查」的美國官員到中國的公司進行實地視察。在過去歷史上，中共把這類程序視為對國家主權的侵害，並拒絕美國作必要的檢查。不過，美國主管工業和安全的商務部副部長艾斯特維茲（Alan Estevez）在十二月九日於戰略和國際研究中心的一場活動中說，中國商務部自十一月起就配合美國的最終用途檢查，讓這些列入未經核實清單的公司有機會通過驗證，並因而得到合法進口美國先進晶片和設備的資格。

美國合理認定，中國的軍民融合計畫和《國家情報法》都可證明——如果這還需證據的話——中國在任何地方取得的任何技術，只要可行，就必定會用於軍事用途。隨著美中對立的局勢擴大，軍事衝突越來越有可能，這樣的看法似乎意味著美國對中國出口管制的執行會堅決而澈底。然而艾斯特維茲的評論，暗示中國或許看到了一絲希望：配合美國商務部最終用途檢查，讓公司脫離未經核實名單並拖延時間，或許是它短期內為科技進口保持開放通道的最佳策略。

儘管有這種短期可能的騷動，長期來看，時間可能站在美國和它的盟友這一邊。如果如第一章戰略情境規劃所描繪，趨勢是朝向供應鏈的持續多元分散，蘋果這類的公司減少對中國生產基地和市場的依賴，那麼北京如今從外國公司取得技術所運用的籌碼未來將逐漸消散。[59]隨著世界從如今高度集中的情況，轉變為高科技製造業更加多元分散並減少對中國的依賴，企業把先進能力留在中國的激勵因素也將減少。目前提供先進晶片能力給中國的商業邏輯，是因為全世界大部分的電子產品製造都是在中國進行。隨著這個情況改變，提供先進晶片的商業思考也會出現變化。南亞和東南亞國家很可能是這些趨勢真正的受益者。製造業的就業機會和伴隨而來基礎建設的資金流、科學和技術的專業知識以及經濟發展，將流向這些國家，正如同樣的利益在過去四分之一個世紀流向中國的情形一樣。他們並不是兩大超級強國相爭時被踐踏的草地，人口接近二十二億的南亞和東南亞將體驗到經濟大幅成長／繁榮。

策略五：設定國際輿論框架

打造「話語權」是中國「國家綜合實力」重要的成分。二〇二二年九月一日，在美國宣布限制出售輝達的圖形處理器給中國後，中國外交部的發言人汪文斌說：

> 美方一再泛化國家安全概念、濫用國家力量，企圖利用自身科技優勢，遏制打壓新興市場和發展中國家發展。此舉違反市場經濟規則，破壞國際經貿秩序，擾亂全球產業鏈供應鏈穩定。[60]

在十月八日，中國外交部發言人毛寧聲稱：

> 美國出於維護科技霸權需要，濫用出口管制措施，對中國企業進行惡意封鎖和打壓，這種做法背離公平競爭原則，違反國際經貿規則，不僅損害中國企業的正當權益，也將影響美國企業的利益。這種做法阻礙國際科技交流和經貿合作，對全球產業鏈供應鏈穩定和世界經濟恢復都將造成衝擊。[61]

這類的聲明目的並不是說服華府改變它的政策。它們的意圖是：第一，說服中國人民，中國是美國惡意行為無辜且正義的受害者；其次，說服第三世界國家——全球南方（Global South），特別是中國的非民主夥伴國家——美國是發展中國家的霸凌者和全球秩序的威脅。這些訊息由國營的中國環球電視網（CGTN）傳送到全世界，它也是非洲和太平洋島嶼主要的新聞供應者。[62]中國對美國的批判在中東、拉丁美洲以及許多參與一帶一路協議國家，也得到了響應。

過去十年來，中國透過宣揚一個大敘事（master narrative），讓國內外的觀眾們準備好接受關於科技戰的這些訊息，這個大敘事是它反駁美國的主要論點：**美國基本上誤解了中國的意圖和政策，因為它擔心中國和平的、對全球有益的崛起及治理模式的成功，將威脅到美國自身的霸權**。不過，全球的民調顯示，中國資源充足、精心規劃的全球輿論外交戰，結果頂多只能說是好壞參半。[63]在已開發的民主國家，它是澈底的失敗，不過在全球南方則有一些擁護者，在那裡它幾乎不會遭遇美方訊息的挑戰。

屈而不服

除了這五種可觀察到的對於實施出口管制的反應之外，我們也合理相信中國在二〇二二年之後，加速了它既定的科技獲取方法。這些方法包括智慧財產權的竊盜、駭客攻擊、數位和傳統間諜活動、「千人計畫」這類的人才招募行動、第三國科技專家的招募，以及全球影響力的運作，向外國大眾以及海外僑民宣揚中國的敘事。

中國政府對於美國在二〇二二年堅決推動科技戰感到憤怒，但並未感到意外。中國商務部和美國最終用途檢查的合作，說明美國工業和安全局的作為已得到北京全副心力的關注，許多中國半導體公司則處於絕望的境地。許多公司會因此倒下。要預測這些發展的進程目前還言之過早，不過已經很清楚的是，中國正作出調整來限制損害，只是它並沒有重新考慮國家目標，也還未施展所有可用的武器。

北京不大可能放棄它的雙重目標，也就是在先進半導體的發展取得領導地位，以及在廣泛用途的半導體生產達成自給自足。如本章所述，由於美國採取的行動以及美國可以說服其他國家壓制半導體的咽喉點，中國的第一個目標越來越難以實現。中國將尋求解除限制的變通方法，但顯然美國已密切關注中國的行動，並且有足夠的空間去升高管制規範阻礙中國。不過，在追求第二個目標方面，國家補貼和其他的獎勵提供中國一條路徑，穩固它在成熟晶片製造上趨於主導的地位。雖然表面上這是經濟的行為，但終究它會給國家安全問題帶來重要影響，這是美國和其夥伴必須考量的。

下一個挑戰

展望未來，美國和其夥伴必須規劃政策，來對應中國半導體產業政策所帶來的兩個相互關聯的挑戰。

第一個是**軍事的**。美國禁不起喪失長期享有的、不對等的科技優勢。在美中衝突越來越可能發生的時代，美國必須阻止中國在最先進半導體和人工智慧的應用，來取得質方面的軍事優勢。

第二個是**經濟的**。即使美國出口管制實際執行並擴展，中國仍可能生產過量的成熟晶片並主導家用電器、汽車、物聯網等晶片的全球市場。這種主導地位將賦予中國政治和經濟的籌碼，正如同它近乎壟斷的稀土開採和精煉所做到的一樣。隨著中國把大量低成本、品質堪用的成熟晶片送入全球市場，美國和其他國家製造這些晶片的能力將減弱，利潤也將降低，影響到它為下一代新產品進行商業研發。中國從成熟晶片所得到的利潤，可增加投資在設計和製造先進節點所需的教育和研究，從而抵銷美國出口管制的影響。

拜登政府禁止銷售先進晶片、設計軟體、製造設備和零組件給中國，它正式宣告的理由是這些技術被應用在針對美國的武器，還有監看和迫害中國公民的監視系統。不過限制中國在成熟和先進節點市場主導地位，在經濟上的論述也同樣強而有力。如果中國達成了它所設定的半導體產業目標，技術的鎖定效應（lock-in）和創新拖累（innovation drag）的全球風險將提高。一個很有教育性的例子是中國在太陽能板生產的主導地位。資訊科技與創新基金會[64]所作的研究認為，在中國把其他製造商從太陽能板的市場上擠出去之後，這個年輕有活力的技術領域的創新就陷入停擺。[65]中國太陽能板的生產由共產黨所控制的國家重點企業主導，它既沒有動機也沒有能力去進一步發展技術。中國如果主導了晶片設計和製造，同樣的情況也可能發生，尤其當它主要是靠接受補貼的國營企業進行。

事實上，中國正朝向成為成熟晶片主要生產者的道路邁進。如果它在其他產業的行為可作為在傳統半導體業行動的借鏡，我們應該會預期這些較舊型的晶片有大量的生產過剩，導致其他每一家製造商的價格崩跌。採購商業電子產品的消費者可從微薄的降價中獲利，但是中國傾銷受政府補貼的半導體將嚴重傷害目前在南韓、台灣、日本、美國、歐洲和中東生產成熟晶片的公司。這些公司將失去改善資本以及為下一代半導體進行研發的收入。這一切可能導致半導體製造商的整合，而外國的無廠晶片設計公司將越來越依賴中國成熟節點的製造設施。這種依賴關係今天並不存在。

商業的整合和對中國傳統半導體晶圓廠增加依賴，對國家安全將有重要的影響。正如本報告第二章所述，先進晶片對軍事優勢的至為重要——但是用在國防應用的大多數半導體都是成熟晶片，包括專用供應商的晶片（應用範圍較敏感，或是有特殊功能需求，如抗輻射晶片），以及商業供應商的現貨晶片。失去由友好的商業供應商所組成的、運作健全的成熟晶片全球生態系，可能會增加成本或導致國防產業基地需要依賴單一來源的生產者，從而限制了創新。國防產業或許看起來龐大，但和成熟晶片的商業領域比起來則顯得渺小。即使各國能避免國防產業依賴中國的成熟晶片，整體更大範圍的經濟也可能因成熟晶片的產量過剩和傾銷受害。

防制中國半導體產業政策嚴重危害的其中一個化解之道是先發制人，立即對中國生產的晶片徵收反傾銷／反補貼稅（AD/CVD）。傳統上，像美國這樣的國家只有在傾銷的損害已經發生時——也就是說，要等到受害的公司已經破產、員工已經被解雇了，才會實施反傾銷／反補貼稅。然而，從中國產業政策過去的紀錄來看，美國和其他國家應該採取主動做法，現在就祭出規範，以防範中國的半導體政策傷害國內的晶片製造商。如果徵收反傾銷／反補貼稅還不足夠，各國也可以封鎖中國製傳統半導體的進口。這樣的動作可以迫使電子產品製造商採用非中國的成熟晶片，或是進一步把電子產品製造移到中國以外地區。

雖然這類行為可能導致北京當局向世界貿易組織提出訴訟，不過中國提出的論證將等同於欺詐行為（bad faith），因為中國過去對其他的世貿會員國也未能履行其義務，並在過程中對全球貿易體系造成傷害。[66]美國和其他國家不應迴避就這個問題和北京對抗——套用中國外交部發言人趙立堅常說的話（雖然他是用來批評西方國家），中國在世貿組織的抗議就有如「賊喊捉賊」。[67]

雖然這個威脅看似比取得和製造先進晶片的威脅更加遙遠，但是短期內不採取類似的行動，將危及美國在中程限制中國發展先進半導體的能力。半導體業首要的仍是一個由市場力量塑造的商業產業，我們很難預測北京傾銷成熟晶片會給整體產業帶來多大損害——尤其是對那些花費龐大資金興建新晶圓廠、購買更先進的新工具，又投資在研發工作的公司而言。雖然我們有可能把成熟晶片傾銷的效應侷限在少數的半導體公司，但是無法排除它的傳染效應會削弱甚至是最先進的製造商。基於這些不確定性，美國和它的盟友應該寧可採取強硬且協調一致的行動來對抗北京的計畫。不難理解，各國企業和政府都希望採取成本最低做法——但是基於複雜的商業、地緣政治以及技術的動態，我們幾乎不可能準確預測怎樣的做法才是最完美的平衡。在這個關鍵且快速變動的產業領域，我們應該追求一個「全數採用」（all of the above）的做法，來阻止中國有能力達成它的目標。在這樣的情況下，我們主張排除的做法寧可多，不可少。

採取這種做法是否會鼓勵北京更堅定其目標？如果是的話，我們是否該和緩反應，安撫和說服北京不要追求他們的目標？目前為止，美國和盟友過去在安撫中國和說服它放棄有損我們利益的目標方面，紀錄一向不佳。再次把信心放在我們的說服能力恐怕會太過天真。與其試圖安撫中國，我們應該把重點放在拒絕的策略。這正是二〇二二年十月管制規定所宣告的策略。既然我們已度過那條不可逆的界線，也知道中國準備在這些條件下與美國競爭，謹慎漸進主義（cautious gradualism）的時刻便已經過了。

簡而言之，應對中國半導體政策的兩個挑戰——軍事的和經濟的——需要不同的工具、不同的合作夥伴、以及不同的策略。實施和協調這些策略的複雜性，以及成功所需的投資規模和外交力度，都需要政府的指導。它不能全留給市場決定，因為它成功與否的主要衡量標準並不在於利潤。美國的任務，是限制中國取得全世界最強大的晶片，以阻止中國發展可幫助它贏得戰爭的先進人工智慧——**同時要避免這些措施反過來成就它取得全球傳統半導體市場的主導地位**。

註釋

1. US Department of Commerce, "Remarks by US Secretary of Commerce Gina Raimondo on the US Competitiveness and the China Challenge," November 30, 2022.
2. See Robert Daly, "Thinkers, Builders, Symbols, Spies?: Sino-US Higher Educational Relations in the Engagement Era," in *Engaging China*, edited by Anne F. Thurston (New York: Columbia University Press, July 2021).
3. Peng Heyue, "China's Indigenous Innovation Policy and Its Effect on Foreign Intellectual Property Rights Holders," China Law Insight, September 9, 2010; and Kristin Archick, Richard Grimmett, and Shirley Kan, "European Union's Arms Embargo on China: Implications and Options for US Policy," Congressional Research Service, January 26, 2006.
4. James MacGregor, "China's Drive for 'Indigenous Innovation': A Web of Industrial Policies," APCO Worldwide, 2009.
5. James McBride and Andrew Chatzky, "Is 'Made in China 2025' a Threat to Global Trade?," Council on Foreign Relations, May 13, 2019.
6. Murray Scot Tanner, "Beijing's New National Intelligence Law: From Defense to Offense," Lawfare, July 20, 2017.
7. Michael Pillsbury, *The Hundred-Year Marathon: China's Secret Strategy to Replace America as the Global Superpower* (New York: Henry Holt and Co., 2015).
8. Rush Doshi, *The Long Game: China's Grand Strategy to Displace American Order* (New York: Oxford University Press, 2021).
9. European Union Chamber of Commerce in China, "China Manufacturing 2025: Putting Industrial Policy ahead of Markets," March 7, 2017; and US Chamber of Commerce, "Made in China 2025: Global Ambitions Built on Local Protections," March 16, 2017.
10. Semiconductor Industry Association, "China's Share of Global Chip Sales Now Surpasses Taiwan's, Closing In on Europe's and Japan's," January 10, 2022.
11. Karen Kwon, "China Reaches New Milestone in Space-Based Quantum Communications," *Scientific American*, June 25, 2020.
12. US General Accounting Office, "Export Controls: US Policies and Procedures Regarding the Soviet Union," May 24, 1990.
13. AP News, "Biden: China Should Expect 'Extreme Competition' from US," February 7, 2021.
14. 在此同時，美國視中國為「唯一有重塑國際秩序意圖，且日益具備推進此目標的經濟、外交、軍事和科技實力的競爭者」，意圖用有利於威權政體的國際體系來取代自由的、以規則為基礎的秩序。參見See the White House, Executive Office of the President, "National Security Strategy," October 2022.
15. Asim Anand, "What Xi Jinping Brings to the Table in China's Quest for Food Security," S&P Global, November 17, 2022.

16. Neil Renwick and Qing Cao, "China's Cultural Soft Power: An Emerging National Cultural Security Discourse," *American Journal of Chinese Studies* 15, no. 2 (January 2008): 69-86.
17. Cheng Ting-Fang, "TSMC Founder Morris Chang Says Globalization 'Almost Dead,'" *Nikkei Asia*, December 8, 2022.
18. 以二〇一五年而言，中國生產或組裝全球百分之二十八的汽車、百分之四十一的船舶、超過百分之八十的電腦、超過百分之九十的行動電話、百分之六十的彩色電視、超過百分之五十的冰箱、百分之八十的冷氣機，以及百分之五十的鋼鐵。參見European Chamber of Commerce in China, "China Manufacturing 2025: Putting Industrial Policy Ahead of Market Forces," March 2017.
19. George Magnus, "Why China Has More to Lose from Decoupling than the US," *South China Morning Post*, June 29, 2022; Minxin Pei, "China Can't Afford to Decouple from the West," *Bloomberg*, January 30, 2022; Kinling Lo, "Tech War: Beijing Will Come Out of Decoupling Worse Off than the US, Say Chinese Academics," *South China Morning Post*, February 1, 2022; and Shen Lu, "A Report Detailed the Tech Gap between China and the US—Then It Disappeared," *Protocol*, February 9, 2022.
20. Debby Wu, Ian King, and Vlad Slavov, "US Deals Heavy Blow to China Tech Ambitions with Nvidia Chip Ban," *Bloomberg*, December 2, 2022.
21. Nvidia, "Form 8-K," Securities and Exchange Commission, August 26, 2022.
22. Gregory C. Allen, "Choking Off China's Access to the Future of AI," CSIS, October 11, 2022.
23. Che Pan, "Tech War: Why the US Nvidia Chip Ban Is a Direct Threat to Beijing's Artificial Intelligence Ambitions," *South China Morning Post*, September 12, 2022.
24. Stephen Nellis and Jane Lee, "US Officials Order Nvidia to Halt Sales of Top AI Chips to China," Reuters, August 31, 2022.
25. Allen, "Choking Off China's Access to the Future of AI."
26. US Department of Commerce, Bureau of Industry and Security, "Commerce Implements New Export Controls on Advanced Computing and Semiconductor Manufacturing Items to the People's Republic of China (PRC)," October 7, 2022.
27. Liza Lin and Karen Hao, "American Executives in Limbo at Chinese Chip Companies After US Ban," *Wall Street Journal*, October 16, 2022.
28. Yujing Shu and Xiaotang Wang, "China Overhauls Its Export Control Regime: What China's New Export Control Law Changes and How to Respond," K&L Gates, December 7, 2020.
29. 在中國啟動半導體重大投資計畫的十八個月內，歐巴馬政府發布了處理這個問題的戰略，並延續到川普政府（參見Report to the President Ensuring Long-Term US Leadership in Semiconductors, Executive Office of the President, President's Council of Advisors on Science and Technology, January 2017），部會首長發表公開演說討論這項挑戰（參見"Semiconductors and the Future of the Tech Economy," speech by Secretary of Commerce Penny Pritzker, CSIS, November 2, 2016），同時美國也阻止了中國收購美國和歐洲的半導體公司（參見Paul Mozur, "Obama Moves to Block Chinese Acquisition of a German Chip Maker," New York Times, December 2, 2016; and Ana Swanson, "Trump

Blocks China-Backed Bid to Buy US Chip Maker," *New York Times*, September 13, 2017).

30. Paul Mozur, "Using Cash and Pressure, China Builds Its Chip Industry," *New York Times*, October 27, 2014.
31. Congressional Research Service, "China's New Semiconductor Policies: Issues for Congress," April 20, 2021.
32. Kathryn Hille and Sun Yu, "Chinese Firms Go from Fish to Chips in New Great Leap Forward," *Financial Review*, October 13, 2020.
33. 《紐約時報》（"The Failure of China's Microchip Giant Tests Beijing's Tech Ambitions," July 19, 2021）報導的數字為五萬八千，而《金融時報》（"Chinese Firms Go from Fish to Chips in New Great Leap Forward," reprinted in *Financial Review*, October 13, 2020）宣稱的數字則是一萬三千。兩個報導引述的似乎是同一份中國政府研究。
34. *New York Times*, "The Failure of China's Microchip Giant."
35. 至少在美國於二〇二二年十月開始對長江存儲採取監管行動前是如此。參見Karen Freifeld and Alexandra Alper, "US Adds China's YMTC and 30 Other Firms to 'Unverified' Trade List," Reuters, October 7, 2022.
36. Che Pan, "China's Top Memory Chip Maker YMTC Takes Latest Step to Become a Global Market Leader, but US Sanctions Could Derail Its Ambitions," December 1, 2022.
37. Paul Mozur and Steven Lee Myers, "Xi's Gambit: China Plans for a World without American Technology," *New York Times*, March 10, 2021.
38. Ann Cao, "Tech War: Shanghai Launches New Campus to Train Personnel for Semiconductor Sector as US Curbs Decrease China's Chip Talent Pool," *South China Morning Post*, October 26, 2022.
39. Remco Zwetsloot, Jack Corrigan, Emily S. Weinstein, Dahlia Peterson, Diana Gehlhaus, and Ryan Fedasiuk, "China Is Fast Outpacing US STEM PhD Growth," CSET, August 2021.
40. Coco Feng, "China's Semiconductor Self-Sufficiency Drive Needs to Strengthen Development of Talent and Skills, Education Agency Executive Says," *South China Morning Post*, October 5, 2022.
41. Iris Deng, "Shenzhen Plans to Shower Cash on Local Chip Industry to Bolster Development after Intensified US Trade Restrictions," *South China Morning Post*, October 10, 2022.
42. Cheng Ting-Fang, "Huawei Dives into Chip Production to Battle US Clampdown," *Nikkei Asia*, September 22, 2020.
43. Cheng Ting-Fang and Shunsuke Tabeta, "China's Chip Industry Fights to Survive US Tech Crackdown," *Nikkei Asia*, November 30, 2022.
44. Geoffrey Cain, "The Purges That Upended China's Semiconductor Industry," *American Affairs* 6, no. 4 (Winter 2022).
45. Anna Gross and Qianer Liu, "China Enlists Alibaba and Tencent in Fight against US Chip Sanctions," *Financial Times*, November 30, 2022.
46. Ann Cao, "Tech War: China Bets on RISC-V Chips to Escape the Shackles of US Tech Export Restrictions," *South China Morning Post*, November 12, 2022.

47. Ann Cao, "China's Chip Executives Brace for Winter as US Sanctions Push Country's Semiconductor Industry to the Brink of Desperation," *South China Morning Post*, November 12, 2022.
48. Jason R. Wilson, "China Taps in Graphene Technology to Replace Silicon-Based Chips & Breaking the Monopoly with 10 Times the Performance," WCCF Tech, November 22, 2022.
49. Dave Yin, "China's Plan to Leapfrog Foreign Chipmakers: Wave Goodbye to Silicon," Protocol, November 8, 2021.
50. US Department of Commerce, Bureau of Industry and Security, "Foreign-Produced Direct Product (FDP) Rule as it Relates to the Entity List § 736.2(b)(3)(vi) and footnote 1 to Supplement No. 4 to part 744," October 28, 2021.
51. Reuters, "Netherlands Plans New Curbs on Chip-Making Equipment Sales to China—Bloomberg News," December 8, 2022.
52. 根據二〇二二年與其中一位作者私下交談所說的話。
53. Dashveenjit Kaur, "Chip Alliance: The Hefty Price Taiwan Is Paying for Choosing US over China," TechWire Asia, October 11, 2022; and Yoshihiro Sato, "Taiwan Chip Exports to China Sputter on Tensions, Falling Demand," *Bloomberg*, March 19, 2023.
54. Kazuaki Nagata, "Following US on China Chip Export Curbs Would Hit Japan's Industry Hard," *Japan Times*, November 17, 2022.
55. 詳列於Korea International Trade Association export database (integrated classification code HS 8542), http://kita.org/kStat/byCom_SpeCom.do.
56. 美國商務部醞釀對《晶片法案》補助接受者增加要求，包括兒童照顧要求和股票回購限制，韓國晶片產業參與者最初的反應並不令人鼓舞。參見如Yonhap News Agency, "Trade Minister Leaves for US for Talks on Chips Act," March 8, 2023.
57. Kif Leswing, "Nvidia Says US Government Allows A.I. Chip Development in China," CNBC, September 1, 2022.
58. Alex He, "Beijing and Washington Joust over Semiconductors," Centre for International Government Innovation, November 9, 2022.
59. Yang Jie and Aaron Tilley, "Apple Makes Plans to Move Production out of China," *Wall Street Journal*, December 3, 2022.
60. Ministry of Foreign Affairs of the People's Republic of China, "Foreign Ministry Spokesperson Wang Wenbin's Regular Press Conference on September 1, 2022," September 1, 2022.
61. Ministry of Foreign Affairs of the People's Republic of China, "Foreign Ministry Spokesperson Mao Ning's Regular Press Conference on October 8, 2022," October 8, 2022.
62. Merriden Varall, "Behind the News: Inside China Global Television Network," Lowy Institute, January 10, 2020.
63. Laura Silver, Christine Wang, and Laura Clancy, "Negative Views of China Tied to Critical Views of Its Policies on Human Rights," Pew Research Center, June 29, 2022.
64. David M. Hart, "The Impact of China's Production Surge on Innovation in the Global Solar Photovoltaics Industry," ITIF, October 5, 2020.

65. Nigel Cory, Stephen Ezell, David M. Hart, and Robert D. Atkinson, "Innovation Drag: The Impact of Chinese Economic and Trade Policies on Global Innovation," ITIF, June 10, 2021.

66. 事實上，中國商務部在二〇二二年十二月十二日，針對美國工業和安全局在十月七日發布的先進半導體規定，向世界貿易組織提出了訴訟。Orange Wang, "China Files WTO Suit against US over Chip Export Controls, Saying Policy Is 'Trade Protectionism,'" *South China Morning Post*, December 13, 2022.

67. Andrew Methven, "A Thief Crying 'Stop Thief!'—Phrase of the Week," *China Project*, May 20, 2022.

結論和建議討論

前面的章節，對半導體的動態和快速演進的全球競爭，描繪了豐富而充滿挑戰的景象，美中台的三角關係和世界其他部分都被捲入其中。

如我們的報告所顯示，國際上半導體競爭的這個新階段，對美國及其盟友和合作夥伴的經濟安全與國家安全，具有攸關生存的意義，特別是對台灣這個引領全球半導體生產，令人讚嘆、充滿活力卻也脆弱的民主社會。在最後這一章，我們要總結前面幾章的主要觀點和建議，強調那些普遍獲得我們參與者——由史丹佛大學胡佛研究所和亞洲協會美中關係中心所組織的半導體與美台安全工作小組——所支持的部分。在少數例子裡，我們也會提到參與者有不同意見的領域。雖然最後一章代表的是編輯對工作小組學習所得和所作結論的最終判斷，但它得益於許多參與者的廣泛意見和反饋。

1、國內的韌性

如本報告各章所揭示，我們正向其邁進的世界，志同道合的國家將更加強貿易往來，並大幅減低對敵對國家關鍵供應鏈的依賴。因此美國未來幾年的半導體政策框架原則，應該是盡可能讓自願加入這個新貿易集團的參與者——包括美國在內——感到可靠和有吸引力。

美國的目標應該是確保輸入的半導體成品和供應鏈的關鍵輸入品，盡可能來自志同道合的可靠貿易夥伴，例如目前外國的產業領導者台灣、韓國和日本，以及其他不致因政治分歧而影響持續合作的國家。

為此，均衡的美國政策應該透過貿易和增加市場進入，尋求這個新成立的關鍵技術貿易夥伴聯盟的效率和成長。我們的政策同時也必須致力於重振美國國內半導體從設計到製造各個生產環節。要達成這個目標，美國的政策應努力減少國內稅收和法規的障礙，以提升美國半導體產業的競爭力。

即使這個做法取得成功，美國在半導體供應鏈的關鍵輸入品、材料、零組件和製程仍需高度依賴國際夥伴。但至少這個做法較不易因不可靠的供應者施壓而讓我們受到傷害。除此之外，美國生產的提高——再加上其他強化國內韌性的措施——有助培養人才和專業知識，並刺激美國的經濟成長。我們的目標是建立一套保險政策，防範在中華人民共和國封鎖或攻打台灣、南海爆發衝突、朝鮮半島周遭的軍事事故，或遭逢重大天然災害時，外國供應鏈出現災難性的中斷。

我們建議以下的步驟來減低供應鏈風險並強化美國半導體產業基礎。

a、供應鏈回流本土

對於如今美國產業中產能不足或缺少全球成本競爭力的領域，如先進半導體製造或封裝，美國政府應該提供適度額補貼以建立新的半導體產業鏈產能。《二〇二二年晶片與科學法案》當中關於以製造為導向的實施要素，它的評估標準應該側重在突發而嚴重的半導體供應鏈中斷時，減低國內短期成本的能力。雖然美國不能也不應該尋求完全的自給自足，但增加的產量在重大危機發生時將變得極為重要。

資金的獎勵，應該提供給就技術風險和營運效率而言，最有機會執行承諾的公司，不管他們總部是設在國內，或是海外友好的司法管轄區。

對這些目的是快速打造國內半導體供應鏈最低可行性的初始設施，應考慮《國家環境政策法》的類別豁免（或加速審核）。此外，關於半導體製造的補貼，國會和行政部門應避免引入不必要的新規定或政策，以致阻礙或延後美國半導體新計畫，或減低對志同道合外國夥伴的投資吸引力。

b、資訊共享

美國政府應當提供資助——或自行建立——一個類似於美國能源部能源資訊署的機構，以改善全球半導體市場的情報蒐集、數據分析、經濟模型建立以及資訊共享。這類的資料融合中心可由政府機構如商務部直接運作，或交由聯邦政府資助的研發中心等專業承包商負責。

利用既有的產業數據服務為起點，美國政府應與業界合作，尋求這些資訊價值和商業敏感性之間的平衡。這些資料可以管理供內部和公共使用，也可以提供給全球合作夥伴以回報他們的參與。

即使不對私營企業強加這些額外披露情報的要求，美國商務部也可以多加利用它既有的，關於貿易和智慧財產權在全球半導體供應鏈中流動的資訊。舉例來說，商務部可以更大範圍地在跨部會程序中分享這些資訊，或是以摘要形式（降低資訊的商業敏感程度）來和國會分享。

c、晶片的庫存

總體來說，美國產業使用數量和種類驚人的專用晶片——多到我們無法用儲備石油這類主要大宗商品的方式進行庫存。我們仍相信，對於半導體比較有限度的「智慧」戰略庫存的可行性值得進一步研究——它有助增加市場的流動性，也可以公私營合作模式來運作。在此同時，美國政府也應該探索其他有效的選項，在全球供應鏈突然中斷時，緩衝國內短期內晶片供應。

首先，針對關鍵武器載台所需的重要半導體，美國國防部應該鎖定適當目標，預先儲備多年的庫存，甚至按武器系統的預期壽命來購買存貨（正如近期對一個武器載台的做法）。其次，美國政府對晶片消費和晶片整合企業（例如汽車、航空、國防、機械、電子），應該建立一個庫存超過四十五天可獲百分之二十五稅賦減免的新制度，以鼓勵私營部門採用延長庫存管理的策略。

韌性問與答

問：美國政府是否應該關切半導體產業的商業市場和投資週期，以及這種供需變化產生的效應？

答：否。不過我們確實認為，基於較十年前更加顯著的新國安顧慮，美國政府增加對半導體產業的關注確有必要。美國政府現今為了更長期的公共利益，需要培養包括半導體在內整體關鍵科技的技術競爭力。在此同時我們要強調，開放、競爭的市場是科技創新的基礎，美國政府的政策設計應避免，或盡可能減少會導致市場扭曲的干預。

問：以提升韌性為目的的國內晶片產業補貼，是否應偏袒在美國註冊的半導體公司？

答：否。它們對任何夥伴國家的任何公司都應該盡可能公平，但應在競爭的基礎上提供給多個獎助對象，以讓成功實施的機會極大化。

問：國內晶片產業的補貼是否應著重在製造尖端邏輯晶片？

答：否。這些措施應促成國內生產前沿或接近前沿的邏輯晶片，不過安全考量的獎勵措施也要延伸到成熟邏輯晶片、記憶體晶片、存儲晶片、類比晶片的最小可行性生產，包括上游的輸入品以及下游的封裝。

2、商業環境

美國需要尋求半導體供應鏈的新能力，特別是相對於其他全球貿易夥伴，如今較缺少成本競爭力的環節。不過這些努力，不該損害美國既有創新領域的競爭力或者在全球半導體供應鏈中的優勢強項。我們在這段時期重要的優先要務之一，應該是為掌握半導體供應鏈重大優勢和專業的美國盟友和夥伴，創造有利的投資和營運環境——這樣的商業環境應該延伸到《晶片和科學法案》補貼政策的五年時間框架以外。提供在美國營運的外國科技公司一個公平商業機會和市場進入，也有助於外國同盟和夥伴政府協調一致，處理與中國商務往來成本高昂的管控問題。為了達成這個目的，美國聯邦與州政府應該採取步驟，降低這個產業和其他關鍵科技產業在美國的經營成本。

a、聯邦稅務效率

基於這個產業資本密集的特性，私人投資將是美國國內半導體供應鏈規模化的主要途徑。因此，私人資本效率對於推動選址決定，最終會比相對額度較小且不確定的政府補貼更關鍵：

- 舉例來說，新的半導體晶圓廠超過半數成本，是來自製造商打造生產線所採購的設備。國會應該考慮把短期資本資產的百分之百稅收折舊率延長實施至二〇二二年之後，以改善美國半導體和半導體設備製造商的競爭力。

- 同樣，國會也應該考慮把《晶片和科學法案》通過的百分之二十五晶片製造稅減免延長到原定的二〇二七年之後。此外，它應該考慮適度擴大，涵蓋國內上游半導體材料輸入品，還有包括蝕刻、沉積、微影和測量工具等半導體製造設備。
- 現代半導體晶圓廠和半導體設備製造商每年把大比例的收入再投資到研發，以維持領先優勢。然而自二〇二二年之後美國企業研發支出的扣除額必須分五年攤銷，而不是在發生當年的當期扣除（依據的是二〇一七年的《減稅與就業法案》）。我們建議恢復在發生年度全額扣除研發支出，這將可刺激這個產業和其他關鍵的研究密集產業更大幅度的知識投資。
- 要充分發揮這些扣減優惠效益，可能需要取消《二〇二二年降低通貨膨脹法案》通過的替代最低稅和另加的公司稅，它們歷來被認為會抑制跨國企業對國內生產和其他投資的興趣。即便如此，我們認為取消這些稅賦對半導體業和其他戰略科技尤其重要，恢復這些產業一定程度的國內生產，對美國經濟和國家安全非常關鍵。

b、聯邦環境法規

接受聯邦政府補貼的新晶片製造設施，將受到《國家環境政策法》的規範和審查。然而，基於這個產業短短兩年的技術週期，NEPA環境評估需時約十八個月的時間框架可能會阻礙美國生產全世界最先進的晶片——更不用說完整的環境評估報告約四到五年的時程表。本意是要加速產業發展的聯邦資助，不應該造成延緩程序的非預期扭曲效果。為了化解這個問題，美國政府應該考慮為半導體和其他關鍵產業設立加速審核和定義的機構。

除此之外，美國環保署對晶圓廠這類關鍵產業的及時審查政策（例如，指定特殊的三個月上限）可以提升私人投資者對計畫交付進度的信心。基於大量前期資本支出，還有需要協調數十家廠商、交貨時間較長的訂單，這個信心尤其重要。有彈性的空汙排放許可——例如奧勒岡州的「工廠現場排放限制」（PSEL）方案——可提供公司整體設施營運和投資的彈性（只要它符合整體排放的限制），而不需額外聯邦或州的審查程序。

同時，還需要和業界密切諮商，以避免除了現有的州和聯邦政府氣候變遷或水質管理規範之外，無意間給晶片製造引進了新的法規障礙。和全球其他具吸引力的地點相比，美國在這個領域的投資已需要面對更高的合規總成本。過度的環境審查或緩解要求，可能迫使製造商轉往外國——如此一來，汙染只是改成在其他地方排放（而且不管如何，會內嵌在我們的進口貨品裡）。應該要特別注意的，是在國內缺乏可行替代品的氣體和其他製造輸入品。在這方面，優先要務是提供資助和獎勵給發現和開發對環境友善的替代材料和程序。

c、州級的商業環境

半導體公司在全世界有廣泛的投資機會。因此，在美國各地便於經商的考量，仍是決定投資地點的重要考量。例如台積電的領導階層估算，在美國經營一座先進晶圓廠大約百分之五十的成本溢價中，有一半源自於缺少有助提高工廠運行時間和產量的備用設備、服務公司和工人的地理群聚。所以，從更廣泛的國家利益來看，具有先進製造條件的各州，應該在生活成本、供電成本和可靠性、水權、地方稅和本地建築法規上，維持經商的吸引力。

聯邦政府應該和州政府與地方政府協調，實施可創造這類有利經商環境的選擇加入（opt-in）政策，以打造科技中心。這些由州政府贊助的科技中心，可以採用在國家層級可能無法通過的有利稅收和法規改革。透過先導計畫的實驗和成功，應當可鼓勵對建立這些中心的立法進行微調。

商業環境問與答

問：水資源供應是否應該限制半導體在美國西部的製造活動？

答：否。由於水資源回收和淨化的科技進展，我們認為大部分地區，水資源不應該是現代半導體製造業的重大障礙。更重要的是要有可靠、負擔得起的電力和本地基礎設施，能讓相關供應商和服務公司形成群聚。

問：半導體產業是否應該接受稅收和法規的特別待遇，或者我們應尋求更廣泛的經商成本改革？

答：這是價值判斷的問題。我們認知到美國存在許多相互競爭的產業和商業政策優先要務。在此同時，歷史紀錄清楚告訴我們，美國半導體製造和封裝的經商環境，甚至與一些盟友和合作夥伴比較起來，都不具有成本的競爭力。

針對性地改革和廣泛改革的中間之道，是優先改善影響國安的關鍵新興技術——例如晶片——在美國商業環境的競爭力，它的投資和智慧財產權的流動將越來越限於志同道合的貿易集團。

3、技術競爭力

隨著世界更加轉向貿易、投資、智慧財產權，以及人力資源在志同道合國家組成的自願集團之中流動，美國在關鍵技術組合的長期領導地位，將顯著影響集團中所有參與國家的繁榮和安全。

因此美國應該尋求全面的、市場導向的產業政策措施，同時關注美國夥伴的利益。為了透過技術和經濟領導地位達成戰略自主性，這些政策應該實現以下的目標：

- 透過擴大創新規模和培育國內配套的製造活動，來提升價值捕捉和研究的商業化。
- 減少對不可靠競爭國家的依賴並分散地理風險，來強化國家安全和經濟安全。
- 透過投資美國突破性技術的研究能力來擴大價值創造，這個過程對半導體而言，與先進製造活動密切相關。
- 透過國內的改革以及與盟國和合作夥伴的諮詢協商，強化全球智慧財產權制度，對抗中國系統性竊取開放社會技術的行為。

a、移民和勞動力

更多技術移民和勞動力的立法措施，可以大幅提升《晶片和科學法案》和其他近期國內半導體製造私人投資的影響力，並有助於平緩勞動市場的快速轉換。

美國政府對半導體和其他戰略製造產業，應提供以工作者為導向的稅賦獎勵措施。目標應該是提高他們的實得收入，並協助半導體公司在國內勞動市場爭取高技能（碩士和博士畢業生）勞動力。例如美國公民畢業後在產業中工作一定時間，得解除他們的學生貸款。

在此同時，我們應該支持位在半導體製造群聚地區的社區學院和相關產業實習工作，以提供熟練技工和工具操作員，這些人是晶圓廠設施職務的主幹。技術人員的訓練應該針對工作崗位所在的地區。

最後，我們建議提供H-1B簽證，給所有在美國認可的大學完成科學或工程畢業課程的國際學生，而不設定簽證人數的上限。在美國能夠大幅增加本地相關科學和工程人才的供應之前——這樣的任務至少要花十年，甚至更久——美國恢復它在高科技製造的國際競爭力唯一的替代辦法，就是找出新方法來留住在美國受教育和訓練的國際人才。

b、市場為導向的公共基礎設施

鼓勵半導體製造產能回流本土的補貼措施應該盡量減少市場扭曲，同時盡可能配合既有的私有企業產能。

舉例來說，資助新創公司取得原本因成本高昂而不可能取得的原型設計設施，可以協助他們克服晶片設計越來越嚴峻的進入門檻。隨著時間推移，這類的機會將可鼓勵競爭。不過，與其為這個目的建造單一的公共設施，美國商務部公私合營的國家半導體技術中心應該促成全國各地新的開拓者晶圓廠（pathfinder fab）和設施共同組成數位和實體的網絡。它們可以著重於模擬、人工智慧支援的晶片設計，並且發展能夠模仿較昂貴的實體晶片製造過程的數位測試環境。

同樣的，商務部尤其應該用《晶片和科學法案》的「國家先進封裝製造計畫」資金來贊助提升自動化的技術發展。這裡的目標應該要提升每個封裝員工產出效率一到兩個數量級，以確保長期而言經濟上可持續營運。更廣泛來說，基於美國勞動成本的考量，美國半導體製造應該透過自動化來追求員工生產力。

其他研發工作的補貼應該基於成本競爭力的基礎來發放。舉例而言，美國政府或可扮演補貼計畫中開發產能的客戶，之後要求爭取補貼的公司提高籌集私人資本，以補充取自納稅人的經費。

c、反壟斷

美國政府過去曾經擔憂大型網路科技公司變得更大、更壟斷帶給消費者的可能影響。不過我們認為，美國的反壟斷政策應該考慮一家公司對美國經濟競爭力、創新能力，以及對國安效應的廣泛影響。要做到這一點，就必須認識到一家公司的市場規模，對其進行有價值的研究、發明，之後擴大新技術規模——尤其是資本密集的技術——的重要性，以及它與其他國家受保護產業競爭的能力。

特別是，國會可以考慮對半導體產業響應《晶片法案》進行的合作提供反壟斷保護，但是要超出競爭前研發（precompetitive R&D）的限制範圍。美國的監管機構必須理解，這些公司是在國際上與其他國家的大型公司——多半有政府補貼——競爭，而不是傳統反托拉斯法所關切的美國企業之間的彼此競爭。

d、商業和國家安全

美國政府應考慮採取獎勵措施，提供美國企業活動和國安利益之間更好的反饋。例如，監管機關如聯邦貿易委員會（Federal Trade Commission，簡稱FTC）、聯邦通訊委員會（Federal Communications Commission，簡稱FCC）、證券交易委員會（Securities and Exchange Commission，簡稱SEC）、環保署和聯邦能源監管委員會（Federal Energy Regulatory Commission，簡稱FERC），可能被指示衡量其監管決定對國家安全的影響。這個指示可能以拜登政府二〇二一年的行政命令為藍本，該行政命令要求監管機關在他們的裁決中衡量碳排放預估的社會成本。

e、投資和國家安全

如今新的地緣政治環境，產生了對關鍵技術領域的外來投資（inbound investment）和對外投資（outbound investment）進行篩選的必要。

我們密切監管中國對美國投資的同時，還應該努力提升盟國和合作夥伴在美國的綠地外國直接投資，包括把購併視為正常業務做法的夥伴國家企業。美國外資投資委員會審查對美投資應該更透明化，並且更主動和友好國家的潛在外國投資者接觸和協商。為此，美國外資投資委員會應該僱用更多具技術背景的職員。美國應該鼓勵盟國在關鍵技術領域的外國直接投資，吸引創業者參與這些具吸引力的領域。同時它也應該限制已被證實具國安風險的極權國家參與這類領域的外國投資。

我們工作小組有成員認為，應額外授權給外資投資委員會或負責的新機關，來審查並限制關鍵技術的對外投資，例如興建研究和製造中心、建立合資項目，以及在中國和其他專制政體的資金投資，特別是當這些國家要求以投資換取進入他們的國內市場。如果局勢變得更加敵對並充滿危險，美國就應考慮到這個可能性。

f、研究和發展

美國應該增加基礎和應用研究的聯邦研發經費，範圍從傳統半導體的既有領域，到前沿領域如超越CMOS的元件，它們可望在將來補足當今主導的邏輯晶片。經費一旦增加就應該一直維持下去。我們也建議分配一部分的聯邦研發預算來興建和營運新的研究基礎設施，而不僅止於提供研究計畫的預算。這將有助於降低私營領域新創事業在創新和技術發展的門檻。

具體來說，我們建議大幅增加應用研究的資金來發展技術，而非只用在純科學——我們的競爭對手（友好夥伴或非友好夥伴）已經比美國更全面投入這種做法。我們應改善我們經濟和社會的組織，重視和培養應用工程研究。加強對國家科學基金會（National Science Foundation）所屬的工程局（Engineering Directorate）的支持應該是個好辦法。

我們也支持國際半導體研究組織的角色，例如台灣的工研院、總部在柏林的弗勞恩霍夫集團（Fraunhofer Group），以及比利時的校際微電子研究中心；我們認為《晶片法案》中的國家半導體技術中心應該強化，而非取代這些組織。即使如此，我們也主張比利時校際微電子研究中心的未來角色，將取決於它能否提供研究者和企業可靠的環境，在民主和開放的社會中運作。

g、教育和人力資本

美國科技和工程本土人才嚴重短缺的問題，長期解決之道需包括大幅提升K-12教育。學生應該及早接觸包括半導體的高科技產業。我們必須找到方法同時傳達這個領域令人興奮的創新，以及它對美國國家與經濟安全的重要性，就如早期我們在國防領域和太空領域所做的一樣。我們必須強化K-12教育，以確保學生在數學和科學有充足訓練，在進入大學或專科學校時可與全球同儕共同競爭。在這方面，資金以及教師的獎勵措施都很重要。

對於攻讀半導體技術和相關領域學位的學生，我們建議增加獎學金數量和直接就業的途徑——例如和產業界合作，以半導體為重點，仿效國防部SMART獎學金的計畫。當學生發現到開發與生產變革技術的機會和興趣，大學也應設法協助他們從其他領域轉入工程系所。

廣泛來說，我們應多思考政府政策和法規如何能直接或間接影響整個半導體價值鏈各方面的可獲利性——從晶片設計者和軟體系統開發者，到材料和設備生產者，以及最終的晶片製造者。畢竟，這類的考量影響到國內投資和員工的薪資，將決定美國畢業生職涯的選擇。一個健全的美國半導體生態系，即使是在它最不起眼的環節，都需要吸引和留住領域中最好的人才。

h、內隱知識

提升美國在半導體生態系——或其他大部分關鍵技術——的競爭力，一個重要支柱是必須吸引和留住先進的人才。

為達到這個目的，我們敦促企業界、政府機構、大學及整體社會，盡可能讓工程技術研究和關鍵技術的工作成為回報豐厚、酬勞優渥，且受人敬重的職涯選擇。簡單地說，我們必須留住我們訓練出來的人才，並盡力吸引更多的國際人才。

美國應該為逃離專制政權的高技能和關鍵技術工作者，提供在美國合法居住的快速途徑。

基於來自中國的學者和專業人士持續對美國的經濟、社會以及國家技術進展作出重大貢獻，美國應該繼續提供簽證給來自中國的科學家和工程師，即便他們從事的是關鍵技術領域。不過這些簽證必須經過以證據為基礎的程序，篩選掉與中國軍事產業基地、安全機構、統戰組織、監控單位，以及其他竊取或不當挪用技術專業知識的中國實體，有明顯相關的申請者。美國政府也應該考慮啟動機制，接納尋求脫離中國威權體制，在美國停留或永久居留的個人。

對熟練技術工作者的競業協議，是遏阻內隱知識和商業機密透過僱員流動而外流的重要法律工具，雖然可能還不夠完善。在美國，有人提議廣泛限制競業條款的使用，印證了對同業員工競業條款氾濫作出限制有其正當性。不過，限制先進技術工作者的競業條款，可能助長半導體商業機密的竊盜。限制競業條款也可能降低合作夥伴國家的科技公司在美國投資的意願，因為他們之中，許多公司以競業條款來保護內隱知識。例如，我們不該讓韓國和台灣的公司擔心如果他們派遣半導體製造的專業人士到美國來，會被競爭對手挖角（正如我們擔心美國技術工作者被中國的競爭對手挖角）。

i、智慧財產權和美國的獎勵措施

美國智慧財產權制度應該考量下列措施，讓它有效率、有競爭力和穩定：

- 釐清和穩定專利資格標準，以促進一系列高科技產業並確保美國不致落居競爭的劣勢。
- 在各種類型智慧財產侵權案件中，隨時提供禁令救濟。
- 在美國專利和商標局（US Patent and Trademark Office，簡稱USPTO）成立小組，處理智慧財產和戰略競爭力的關係。

- 及時任命美國智慧財產權的官員。
- 確保與美國建立關係的國家（例如透過貿易和友岸外包）有健全的智慧財產權制度，以避免美國公司再次面臨在中國保護智慧財產權的問題。

j、貿易

為了與有共同價值觀的盟國和朋友建立合夥關係並對抗中國扭曲市場的行為，美國應該對改革全球貿易規則提出全面性的議程，將重點放在強力保護智慧財產權、法治、公平以及互惠。美國首先應把重點放在與夥伴簽署市場進入貿易協定，多多益善，以建立更強大貿易關係的整體環境。

美國同時也應該積極評估，對於想要進入美國經濟的外國公司該採用（如果有的話）哪些評判標準。但是這類的政策評估應該出於開放商務和在美國外國投資的強大基準預期。

我們工作小組一致支持使用技術出口管制來保護美國所開發的智慧財產權。我們小組中有的成員支持健全的關鍵新興技術出口管制（詳下），有人則主張這類管制只能偶一為之，例如難以複製的技術（如果受管制的技術可以在國外被輕易複製，將徒然導致美國損失市場的份額），或是直接與安全議題相關的技術。

技術競爭力問與答

問：美國政府是否應該贊助大規模專職訓練計畫，以確保新的半導體製造或封裝設施有足夠的員工？

答：否。這類國家補助的計畫過去紀錄不良。雖然我們認為目前設想的國內供應鏈投資可能造成勞動市場的中斷，短期內靈活的簽證和僱員稅賦的處理可以持續應付需求激增的情況。以中程而言，層面較廣的高技能移民政策改革，加上勞動市場的薪資自然調整，應當可以鼓勵充足的學生和工作者持續進入這個產業。對業界工人和營運者而言，強化既有地方的社區學院，更勝過於其他的政府訓練計畫。

問：美國政府是否應該直接參與半導體產業或使用《國防生產法第一章》的授權，強迫私營企業從事這個領域的活動？

答：否。長期而言，這對改善美國技術競爭力是無法永續也無法規模化擴大的做法。

問：你們是否倡導政府增加對美國市場的干預？

答：是的，某些措施是如此，不過僅限於攸關國家安全利益的技術。我們的挑戰是在持續變動的地緣政治環境裡找到正確的平衡。我們認知到，商業的誘因和自由市場的力量是美國科技競爭力和創新的主要來源。不過我們也看到越來越多安全和戰略利益與這個領域相關，因此有必要採取新的提議和防護措施。

問：這樣的「產業政策」有沒有可能弊多於利？

答：是的。美國過去歷史上鼓勵發展某些技術或產業的成效好壞參半。我們主張誠實評估過去歷史紀錄並考量它的負面風險。基於地緣政治的變化似乎正把我們推離扁平、全面全球化的世界，我們工作小組的部分成員傾向支持更有企圖心的產業政策。不過，我們絕大多數人的觀點強調，必須將科技創新和創新轉化成生產應用的門檻降低——如此才能把競爭市場的獲利最大化——同時我們也反對把產業政策當成是其他政治或社會優先議題的工具。

4、台灣的穩定

台灣是亞洲最繁榮、成功的自由民主政體，也是關鍵供應鏈可靠的夥伴。雖然它站在全球半導體經濟的中心點，但它在國際社會廣泛受到的政治孤立，構成了它生存的要害。

因此，我們相信這不僅是為了台灣兩千四百萬人的利益，同時也為了美國和整個印太地區的利益，我們必須嚇阻對這座島嶼的外來入侵，並透過強化安全和經濟互動來鞏固台灣的主體性和民主政體。

雖然必要的安全互動不在本報告的範圍內，我們強烈支持美國軍售以強化台灣防衛——包括透過大量的小型武器系統來採行「豪豬」的嚇阻戰略——並改善聯合訓練，以及台灣、美國，以及把台灣的未來視為自身安全和繁榮關鍵的區域國家之間的協調合作。

在此同時，引發美國對台灣現況高度關注的半導體，如今提供了一個獨特的平台，來深化和持續美台之間的經濟與民間互動。對於這個目標，我們支持以下列的步驟來創造環境，深化美台之間企業對企業、研究、學術、個人及民間的聯繫。

a、研發合作

美國的研究中心和大學存在著獨特的機會，可與台灣就人才發展進行合作。行動目標應在鼓勵台灣主要的半導體公司和研究機構擴大在美國發的研發工作。此外，美國可以學習台灣半導體產業過去三十年來開創的半導體製造專業，而台灣也可學習到美國在晶片設計和其他領域的長處，如下列所述：

- 台灣半導體技術領導者——例如台積電、聯電和聯發科——和韓國產業領導者三星，應該被邀請加入美國公私合營的國家半導體技術中心，以加速在美國本土從研發到製造的廣泛合作。
- 台灣的工研院和台灣半導體研究中心，是美國技術研究和供應鏈韌性合理的合作夥伴。台灣的半導體研究中心和美國的半導體技術中心，任務有相當多重疊的部分。事實上，半導體技術中心目標是進行半導體技術研究、製造、設計、封裝和原型設計、強化競爭力和供應量的安全，以及推動人力訓練。
- 台灣二〇二一年在國內頂尖大學建立了一系列「半導體學院」。它可能的美國合作夥伴是美國半導體學院計畫，這是一個尚在提案中的全國半導體教育和訓練網絡，由美國從事半導體研究和教育的大學院校所組成。
- 美台雙方在先進技術智慧財產權保護的制度和經驗方面的合作，對支持這類更深入的半導體聯合研發至關重要。

b、勞動力和教育的交流

台灣和美國都關切從學生到工作者的產學管道發展，它對於台美兩地如今強化半導體供應鏈都很必要：

- 二〇二二年，台灣晶片設計公司聯發科與普渡大學宣布建立新的晶片設計中心，這項倡議應可成為台灣半導體公司及專業人才與美國工程課程搭配的範例。這類的協議可提供產業界實際知識（know-how）、讓企業獲取工程人才、讓學生得到就業機會，形成三贏的發展倡議。
- 此外，例如台美教育倡議——鼓勵美國學生在台灣的大學學習中文——和提供給工程、經濟和社會科學學生的雙向暑期實習計畫應予以擴大，特別是在中國對美國學生日益失去吸引力的情況下。
- 反過來說，台灣和美國的政府應採取步驟。反轉台灣學生在美國大學人數減少的趨勢——美國留學生曾是台灣晶片產業最初的基石，也曾是台灣民主化實驗的重要據點。增加台灣大學畢業生就讀美國碩士課程的人數是一個未來的機會，也有助於改善通往受贊助的研究型博士學位的管道。另一個方式是鼓勵台灣的大學提供英語授課的選項。

c、對脆弱要害的共同評估

有必要定期評估美國半導體業對一系列威脅的脆弱性，包括涉及台灣天災和地緣政治災難的情境。這類的評估，包括美國和台灣產業界參與的兵棋推演，可以揭示需要解決的供應鏈弱點，同時他們可以發展出這類事故發生後的復原計畫。台灣的國家實驗研究院台灣半導體研究中心和美國的國家半導體技術中心，或許可作為執行這類評估的機關框架。

d、能源合作

穩定的電力供應是半導體生產的基本關鍵。隨著台灣產業的成長，台灣的資訊和通訊科技次產業類別的用電需求自二〇〇〇年以來已經成長四倍，光是台積電的用電就占了全台灣用電量的百分之五。然而，台灣只維持四十天的煤炭儲備和大約十天的天然氣，同時還可能全數關閉它的核電廠。在此同時，美國的晶片買家和其他原始設備製造商越來越關切他們供應商的排放概況。因此，氣候、資源充足性和電網安全議題，成了美台技術合作、提升台灣供應鏈韌性的豐碩領域。美國能源部和國家實驗室應該加強與台灣的能源統計和技術合作。氣候和能源也是次國家層級合作的理想議題——例如加州，已經尋求和中國在這方面的政策與技術性的合作備忘錄。

e、緩和美台經濟摩擦

台灣的政府已作出重大的表態，甚至冒著政治風險向美國出口品開放國內的市場，同時它的半導體公司如今正在進行的外人直接投資，規模是美國史上首屈一指。此外，台灣也在進行漫長且可能代價高昂，但最終是正確的努力，重新調整本身的貿易和投資，逐步脫離對中國的依賴。台灣缺乏參與多邊貿易論壇的機會，雙邊協定對台灣變得格外重要——它不僅是為了降低關稅，同時也是戰略夥伴關係的象徵。

- 美國貿易代表應該加速其持續進行的努力，完成真正的美台自由貿易協定，不僅是為美國商業界和消費者帶來利益，同時也展示美國對台灣繁榮穩定的承諾。
- 短期來看，美台之間需要工作者和受訓人員的交流，以促成包括台積電亞利桑那廠在內的新設施及時投入營運，這涉及了雙邊數以千計勞動力的移轉。同時，台灣國籍的人在美國半導體技術的聚落如矽谷和德州，已占有不小的比例。因此，美國財政部應該比照與全球三十七個司法管轄地區已經達成的協議，快速完成與台灣的避免雙重課稅協議。

f、國防產業合作

烏克蘭戰爭暴露了美國國防工業基地的脆弱和有限能力。這場入侵造成美國售台武器系統多年延後交付，而這些武器原本將大幅改善台灣對中國的嚇阻態勢。在此同時，台灣精準製造、電子和國防級半導體的能力，讓台灣有機會成為關鍵武器系統和彈藥的貢獻者，除了供應自身防衛，甚至可供出口——如果被允許的話。

美國政府可以，也應該與台灣的製造公司合作，迅速規模化大量生產本地機動化、分散式的、具有韌性的武器，以實質提升區域的嚇阻力量。這些努力也可包括授權智慧財產權的移轉及國際武器貿易條例的其他使用條款。在美國和台灣的防衛公司支持下，美國政府應該贊助聯合的產業工作小組共同尋找機會，克服跨部會的重重障礙，在台灣進行武器的大規模量產和共同開發、隨後在可能情況下推動本土化。這是讓台灣自我防衛的強烈意願和自我防衛能力維持一致最能永續的方法。

台灣問與答

問：在晶片製造之外，是否有其他領域適合與台灣的半導體合作？

答：是的，我們認為美國與台灣在半導體的合作應延伸到技術的研發，以及供應鏈中美國有相當優勢的部分，如晶片設計。

問：美國致力吸引台灣半導體公司在美國投資是否會削弱台灣的「矽盾」？

答：否。我們認為，半導體相關的可能成本或獲利，對北京以武力攻打台灣的估算不具有太大分量。美國和台灣在半導體的商業和民間合作將因此強化，而非損害遏阻的力量。

問：半導體供應鏈中斷的威脅是否應成為美國軍事介入台灣緊急事件的動機？

答：否。美國決定軍事干預的決定，應該是基於防衛共同價值和更廣泛的區域安全考量，而不是因為無法維持半導體供應鏈。測試美國國內韌性的標準應該是，在台灣發生緊急事故時，確保取得台灣半導體出口的途徑，是否成為美國決策的重要驅動因素。

5、對應中國

與中國在半導體方面任何形式的接觸都包含兩個面向。首先是化解在經濟上和供應鏈所浮現弱點的必要性，這些弱點可能讓我們更加依賴中國。中國的起步雖然相對弱勢，但是如今它正積極追求其國內半導體的目標——第一步是要降低對進口的依賴，之後要透過持續增加晶片和其他全球晶片供應鏈要素的出口，攻取全球市場更大的占比。不過中國政府對國內半導體公司設定的各種目標和補貼政策，很可能讓這些公司在非市場機制的豐沛援助下，壓低美國和其貿易盟國半導體公司既有的定價。然而，這些中國公司採取違反競爭行為，在國家的協助下，生產傳統或特殊晶片並以折扣價格湧入全球市場，可能嚴重且不公平地傷害美國或盟國和合作夥伴的製造商。隨時間推移，這可能造成美國或其夥伴對中國供應鏈具有危險性的依賴，對美國戰略自主性帶來不祥的後果。

其次是美國和盟國可以運用在半導體供應鏈的強項，以及中國目前對這方面的依賴，作為對抗中國危險的軍事或地緣政治施壓和行動的經濟嚇阻力量。侵略台灣是這方面的主要威脅，但不是唯一的威脅。隨著我們與中國關係的演變，一個更深思熟慮的經濟嚇阻策略可能發生更深刻的作用，特別是考量中國在貿易方面對美國和其盟國的依賴。要追問的關鍵問題是：要如何降低中國領導階層使用武力、經濟脅迫或其他懲罰性的行動，來達成它對台灣乃至世界地緣政治目標的衝動？

美國和盟國拒絕中國取得技術霸權的政策立場應該維持彈性，並依據互惠原則和遵循以規則為基礎的秩序，保留可升高局勢或降溫的選項。因此以下的建議應視為提供這種靈活彈性的滑動尺度上的各個座標點，如何採行這些建議取決於中國自己的選擇和行為。

a、供應鏈多元化

基於長期交往和夥伴關係，美國政府和民營企業應該和台灣的合作方更清楚說明半導體製造商將營運多元分散到單一地區以外的理由。這樣做可以有效避免中國經濟或軍事脅迫的風險。這類訊息的傳遞，應當配合堅定履行協助防衛同為自由民主國家的承諾。我們相信這類的互動可減低全球反對中國對台動武決定的利益交換性質，從而提升嚇阻的力量。同樣地，也應該鼓勵南韓將更多記憶體晶片製造移轉到中國以外的地區，目前占全市場相當大占比的中國記憶體晶片，多是由南韓的廠商所生產。

除了邏輯晶片和記憶體晶片的生產目標，中國也已經在晶片供應鏈和相關的印刷電路板、晶錠，和隨之而來組裝、封裝以及測試取得重大市場份額。美國政策制定者應該更深入發掘他們的工具箱，動員更多私人資本，例如透過與美國國際發展金融公司的夥伴關係，主動推動更多一般而言較低技術、較低利潤的生產線往東南亞、印度、墨西哥，還有其他不像中國這樣存在政治複雜問題的國家。

b、多邊出口管制的制度

我們工作小組的成員廣泛支持發展或改革新的機構性機制，以改善半導體和其他關鍵技術的多邊出口管制。成員們提出了達成這個目的的一些不同策略。

一個觀點是以冷戰時期自願的、非正式的多邊出口管制協調委員會為藍本，作為對抗中國、俄羅斯、伊朗和北韓的一種方式。支持這個策略的人們觀察到，拜登政府二〇二二年十月的出口管制在執行之前，尚未和其他替代的供應者——特別是荷蘭和日本——達成協議，它雖然涉及事前的諮商，但基本上是單邊的行動。它對於這些國家的公司直接出口子系統給中國的設備製造商，也幾乎沒有任何管制。於是，中國的公司回應方式是購買零散的設備之後自己設法組裝。因此我們的建議是，未來半導體管制的談判應該提升到美國、荷蘭和日本的國家安全顧問和選定的內閣官員層級，讓新的出口管制從一開始就能更多邊也更全面。

與此同時，美國政府也可以建立一個將南韓、德國、以色列、台灣、英國和印度都納入的合作夥伴小組，共同討論半導體供應鏈的韌性。這個稍微擴大但仍然靈活的聯盟可以委託研究既有的，以及計畫中的先進與成熟節點晶圓廠產能，還有晶片封裝和測試等半導體產業的相關環節。

正如出口管制協調委員會的謹慎做法一樣，這類機制會給合作夥伴同意的共同目標——比如說，限制中國國內十六奈米以下的晶片製造能力——預留運作的空間，但是執行的形式交由各參與國自行決定，從而讓彼此歧見和國內政治和商業成本降至最低。

我們工作小組的第二個觀點是建議建立更廣泛的多邊體制。這些成員們指出，在冷戰末期，非正式的出口管制協調委員會被以共識為基礎、針對武器和軍民兩用技術的《瓦聖納協定》所取代，並擴大納入俄羅斯聯邦和前東歐集團的國家。然而，鑑於各會員國可行使否決的權利，《瓦聖納協定》已無法再達成功能。事實上，俄羅斯於二〇二二年入侵烏克蘭時，幾乎所有出口管制行動都是在這個多邊體制之外進行的。

因此這些工作小組成員建議，為了對俄羅斯持續進行的出口管制，以及協調對中國出口管制的關切，美國和其夥伴應該捨棄《瓦聖納協定》，以新的多邊體制取代，它應該採納出口管制協調委員會的精神、汲取《瓦聖納協定》的一些教訓，並納入一些未曾加入這兩個協定的新成員。這類的機制也可適用於半導體之外其他的關鍵技術。具高科技實力的以色列和台灣（二者都不是出口管制協調委員會或《瓦聖納協定》的會員）應該成為這個新多邊體制的會員國。

c、美國政府對中國晶片的依賴

《二〇二三年國防授權法案》強化防衛系統安全的一項條款禁止美國政府向中芯國際、長江存儲和長鑫存儲等與中國共產黨有聯繫的晶片製造商採購含有晶片的產品。這項立法也要求美國政府和它的供應商進一步了解供應鏈——例如，外部審計可協助國防承包商和終端使用者查明他們的產品對中國晶片可能的依賴。不過，國會應該填補這項重大法案的幾個漏洞，擴大其範圍到「國家安全系統」之外——這個構成要素已經過時，而且僅限於國防和情報活動所需的武器和特定設備——將「關鍵基礎設施」也納入其中。這些規定也應該擴大涵蓋範圍，除了關鍵商品之外也要包含關鍵軟體、關鍵礦物或化學品等輸入品和服務。

d、工業和安全局

美國國會應該提供負責科技出口管制的美國商務部工業和安全局更多經費，雇用更多人員在這個更有挑戰性的時代處理日益繁多的職責。

工業和安全局據稱有時只有兩名官員執行對中國的最終用途出口檢查。同時它也迫切需要將技術系統升級到私營企業的標準；它目前的資料庫太過老舊而脆弱，不足以應付新的責任。同時工業和安全局應該更加善用民間的市場情報供應者，在面對中國相關問題時要拋棄有瑕疵的「最終用途」範式（paradigm）。我們無法預期美國官員有辦法合理判斷出在這樣的體制下，誰是晶片最終的終端使用者，因此我們預先的假設應該是，如果某個敏感技術可以被移轉或收編到不希望的終端用途，它就會被移轉或收編。

工業和安全局也將負起更多處理美國人在中國晶片公司工作或擔任顧問的問題。舉例來說，在二〇二二年十月出口管制規定所涵蓋的最先進製造商之外，具備成熟晶片專業知識的美國人也可能以間接方式、相當大程度影響中國在前沿節點的晶片製造能力。工業和安全局應該用有創意但堅定的方式，鼓勵美國人才離開中國的半導體產業，到盟國和合作夥伴國家工作，或是回到有多座晶圓廠正在興建中的美國。

e、擴大黑名單

外國直接產品規定的黑名單目前包括二十一家中國公司，美國和外國公司都被禁止銷售包含美國技術和設備的商品給這些公司。由於這些列名的公司在中國可以透過相關企業輕鬆規避出口管制，黑名單應該擴及被列名中國公司的子公司和關聯企業。黑名單還應該納入中國的半導體設備製造公司。

在二〇二二年年底為止，FDPR黑名單（限制所有國家出口包含美國技術的產品）納入了華為和其他四十九家涉及在中國的先進運算和超級運算或軍事應用運算的公司。我們工作小組的部分成員敦促這份最嚴格的黑名單應該擴大納入所有美國工業和安全局「實體清單」的公司和他們的相關企業。工業和安全局的實體清單範圍較廣，包含數百家中國公司。它的管制較不嚴格，對美國出口產品只要求許可申請（在第三國家的公司，通常不受到銷售給中國的限制）。因此，FDPR黑名單這類型的擴大做法會更直接影響到盟國和夥伴國家的商業運作；考慮到它隨之而來的成本，這類做法應視為進一步的動作，視變化中的地緣政治局勢需求來考慮和調整。

f、進口限制／反傾銷

作為防禦的步驟，美國可從中國其他產業過去做法學到教訓，來消解北京半導體產業政策可能的傷害——特別是中國以過度生產和低價商品扭曲全球貿易，藉機創造對中國的市場依賴性的做法。這類防禦性的行動目的首先是向美國或夥伴製造商發出訊號，他們未來投資在美國擴大晶片製造產能，將可以保護自己的產品不受中國由國家補貼的低價進口品的攻擊。之後，還可採取進一步動作保護既有的國內製造商不受傾銷的打擊（當傾銷出現並正式得到證實）。

美國政府可以在《晶片法案》投資的同時，開始實施漸近的進口限制。例如，儘管中國可能做出懲罰性的報復，我們工作小組的一些成員仍然支持在短期由美國政府自行根據已修訂的一九七四年《貿易法》三〇一條款，以及經修訂的一九六二年《貿易擴張法》二三二條款，實施進口限制。在這個情境下，第一年的限制會很低，讓美國或夥伴公司投資美國國內產能的同時，容許進口持續滿足國內需求。這些措施一旦啟動，就應該讓業界和大眾掌握關稅和配額的進程表，說明限制會如何隨著時間逐步提高。其目的是提供國內製造商市場的確定性，也就是說，讓他們知道自己的巨額投資長期而言將得到保護。

隨著國內產能增長和持續傷害的顯現，美國政府應該準備對中國啟動更多傳統的反傾銷／反補貼稅來應對任何不公平的貿易行為。傳統上，美國只有在傾銷的傷害已經發生後才會祭出反傾銷／反補貼稅。此外，即便它們是由美國主動發起，反傾銷／反補貼稅需要個別的美國公司向國際貿易委員會提出訴訟，這將開啟報復的大門。這類的行動雖然有用，但只能視為是眾多防禦組合當中的一個工具。

重要的是，雖然中國成熟邏輯晶片、記憶體晶片或電力電子晶片傾銷的影響可能僅限於少數美國或夥伴國家半導體公司，但它同樣可能會帶來傳染效應，甚至削弱最先進晶片製造商。我們工作小組多數成員認為，基於這些不確定性，美國和其盟國寧可努力協調行動回應中國想在微晶片自給自足，同時要擴展其微晶片在全球市場範圍的計畫。他們的觀點認為，在這個關鍵且快速變動的領域，排他性的做法寧可多不可少。

g、針對成熟節點

要減低中國晶片野心的全球風險，一個更加費勁且更有爭議的做法，是不僅透過關稅來防制傾銷，同時還試圖阻礙——至少不積極推動——中國大規模生產商業上具有競爭力成熟晶片的能力。

目前，拜登政府規定限制美國出口有助中國製造十六奈米或以下電晶體架構的先進邏輯晶片的技術和工具。不過成熟（lagging）的節點和專業邏輯晶片（例如，二十八米範圍內），以及射頻晶片、寬能隙晶片和類比感應器，都是用於消費電子產品、汽車和運輸設備、大規模儲能系統，以及我們許多最先進的武器系統。我們工作小組中有些人建議美國和其盟國擴大管制範圍，禁止出口中國可用於製造二十八奈米或更小邏輯晶片的設備——具體來說是深紫外光微影工具，還有高技能勞動力（來自荷蘭、日本和美國的公司），他們對維持這些機具運作和升級軟體至為重要。這種做法的代價，可能是西方公司的收入損失，將會超過如今十六奈米出口限制的預期程度。

中國問與答

問：既有盟國和合作夥伴的技術協調機制，例如美國歐洲貿易和技術委員會，如何套用在現代化的多邊出口管制制度？

答：我們的工作小組成員對美國歐盟ＴＴＣ抱持一些懷疑。有些成員認為，這些努力是有價值的；儘管拜登政府投入了大量時間和資源，不過他們也認為真正考驗在於，它是否能成為歐洲與美國密切合作，協調對中國半導體和其他關鍵科技出口管制。另外一些人認為，過度強調ＴＴＣ的機制可能會無效，因為歐盟對成員國的相關決定並沒有約束的權力。

問：美國和合作夥伴是否應該繼續銷售半導體給中國？

答：是的。我們小組中一些人主張的「限制」政策中，並不包括停止對中國所有晶片的銷售，而是著重在防止銷售製造設備、子系統和其他重要材料給中國。其目標是防止中國擁有在國內自主生產先進半導體，或是之後可能主導某些後緣晶片市場的能力。話雖如此，先進晶片的銷售仍應予禁止。

問：這樣的做法是否會進一步鼓勵北京追求其目標，或者我們應緩和反應，安撫並說服他們不尋求他們半導體的目標？

答：否。美國和其盟國過去用安撫方式說服中國放棄它自認支持其利益，或有損我方利益的目標的紀錄不佳。中國領導階層毫無疑問會嘗試應對美國和盟國採取的任何步驟，而且可能產生令人驚訝的結果，包括平行技術的進展（例如在先進的封裝技術）。但總體來說，我們相信中國視美國為「敵對外國勢力」的認知，讓它傾向於採取一切可能措施，不僅要追求半導體的自主，同時要追求在全球晶片市場更大的影響力和主導地位。這樣的模式如今已經很明顯，例如透過中國同時使用外國和國內半導體製造設備的雙生並行生產線。與其試圖安撫中國，如今應該是開始著重新的拒絕策略的時候了。

問：關於成熟節點，中國不是已經擁有DUV和其他生產二十八奈米晶片所需的製造設備？進一步的出口管制是否有任何有意義的效果？

答：是的。的確，中國已有許多這種設備，它甚至是西方設備公司近年來的主要買家。不過進一步的管制仍有效果。規模有其重要性。我們工作小組的成員對二十八奈米邏輯晶片（或是更成熟的記憶體晶片或電力管理晶片）關切重點並不是要阻止中國生產它們的能力——他們已經有能力生產——而是讓它無法建立生產規模，以持續的、在市場上具競爭力的方式量產這些晶片，導致大量生產和可能的傾銷行為。

問：二十八奈米設備出口限制是否會對西方半導體製造商帶來商業上的毀滅性災難，或是限制了他們自身的研發預算和創新的能力？

答：對這個問題我們工作小組內部有一些不同看法。這些公司在中國近期需求大幅崛起之前就已經具競爭力並獲利良好，而且在台灣和其他中國以外地區，有許多晶圓廠還在多年的等候名單，等候接收艾司摩爾或其他公司的DUV機器。購買這類設備的晶片製造商，是根據中國內部競爭性投資作出投資決定。因此，如果他們預計不會和來自中國的大量新進入者爭奪全球晶片客戶，他們有可能選擇增加自己的設備訂單。荷蘭可以只交付目前的訂單、延後來自中國公司的新訂單、重新優先安排銷售ＤＵＶ機器給非中國的公司，或是不為已經出售給中國的機器簽訂新的韌體更新或維修合約，達成對中國實施「軟性禁令」的目的。

問：二〇二二年十月美國工業和安全局的出口管制和隨後盟國與合作夥伴的延伸措施，強調了中國晶片製造在先進節點（例如，十六奈米或更小）對國家安全的影響。以二十八奈米部分而言，你們是否認為實際上為國家安全考量應有更高的門檻，或者它更多是出於經濟／保護主義的原因？

答：我們認為這是關乎認知和判斷的問題，我們工作小組對此並沒有完全一致的看法。如我們在情境規劃的討論以及本報告隨後的分析，我們認為一個朝向志同道合的國家聯盟強化貿易、投資、人力資本以及智慧財產權流動的方向轉變的世界裡，商業和安全考量的區分越來越不明顯——這與過去幾十年來扁平、全球化的視野正好相反。在這樣的世界裡，我們認為維持關鍵技術貿易網絡的領導地位，對吸引原本非結盟國家參與有重要的影響。反過來說，這些網絡的活力將影響經濟和軍事的實力。今天的經濟問題可能成為明天的安全問題，而美國政策的進程必須持續修正以跟上不斷變化的趨勢。

這種轉變對美國夥伴之間的關係有深遠的影響，這一點在半導體領域——或是其他經濟自由和國家安全的原則相交會的關鍵領域——尚未被充分理解。

＊　＊　＊

美國如果要維持和強化在半導體的全球領導地位，甚至是維護它在這領域最重要的經濟和國家安全利益，將必須重振其勞動力和商業環境的競爭力。僅是限制中國惡意的行為和意圖並不足夠。即使在設計上創新也還不夠。美國必須跑得更快、更用力，並且要有長遠的願景。

而且在這個日益全球化的世界，美國無法獨自奔跑。重振美國領導地位需要與可靠夥伴國家密切合作，一同強化並重新塑造全球半導體供應鏈。同時我們還需要一個涵蓋全世界科學家和工程師的國際人才庫，以及歡迎並留住這些人才的移民法規。

要贏得這場競賽，我們將需要戒慎提防和靈活應變。我們將需要集中精神並提升資訊系統以查探重要的趨勢線，並儘速敏銳回應這些變動的力量。我們也會需要靈活彈性和謙卑態度，去理解我們的合作夥伴和朋友有時也會持不同觀點，他們的政策有時會以和我們不同的步調演進。

美國的關鍵在於深化和培養這些合作關係。這樣的合作將確保創新隨多邊的合作蓬勃發展。如此一來，我們半導體和其他關鍵商品的供應鏈可獲得保障；如此一來，我們不致受到敵人的要脅勒索。

總結來說，我們必須堅定不移致力支撐這些夥伴關係的共同價值觀，並堅信開放社會可以，而且必須贏得與威權國家之間的科技競賽。

工作小組參與者

超過二十多位經濟學家、戰略學家、產業界資深人士，以及區域政策專家組成的胡佛研究所—亞洲協會半導體與美台安全工作小組，於二〇二一年秋齊聚一堂，研討「晶三角」。一些參與者是本書各章署名的作者；其他人透過參與十幾場圓桌會議和審查會議為我們的集體討論作出貢獻。

在此列出的參與者均以個人身分作出貢獻，而非代表所屬機構或美國政府；其中有人要求匿名。雖然每個人對本書的成果都帶來實質的影響，他們參與並不意味為本書所有論證或描述背書。不過，身為共同編輯和工作小組召集人，我們向讀者推薦每一位參與者，他們有能力在這個領域出現政策的新優先事項和問題時，提供充滿見解的諮詢建議。

白茜芙大使（Amb. Charlene Barshefsky）是耶魯大學蔡中曾中國中心非長駐資深研究員。曾任威爾默海爾律師事務所資深國際合夥人，一九九七年至二〇〇一年擔任美國貿易代表。

史蒂夫・布蘭克（Steve Blank）是史丹佛大學兼任教授和該校的戈爾迪結國安創新中心共同創辦人。身為科技創業家，他是「精實創業」運動共同創始人。

柯恆（Mark Cohen）是加州大學柏克萊分校柏克萊法律和科技中心特聘資深研究員兼主任。他曾任美國專利商標局中國資深顧問。

戴博（**Robert Daly**）是威爾遜中心季辛吉中美研究所所長。他擔任過美國和中國外交官翻譯，之前曾任約翰霍普金斯—南京大學中美研究中心主任。

戴雅門（**Larry Diamond**）是史丹佛大學的胡佛研究所威廉克雷頓講座資深研究員、弗利曼斯伯格里研究所莫斯巴赫全球民主講座資深研究員，以及大學教育巴斯講座研究員。

美國海軍退役上將**詹姆斯・埃利斯**（**Adm. James O. Ellis Jr.**）是胡佛研究所安能堡講座特聘客座研究員。他在二〇〇四年退役，結束了包括任職美國戰略司令指揮官在內的三十九年輝煌海軍生涯。

史蒂芬・埃澤爾（**Stephen Ezell**）是資訊科技和創新基金會的全球創新政策副總裁。

尼爾・佛格森（**Niall Ferguson**）是胡佛研究所米爾班克家族講座資深研究員和哈佛大學貝爾弗中心專任資深研究員。

克里斯多夫・福特（**Christopher Ford**）是胡佛研究所客座研究員和MITRE Corporation研究員，他是該非營利機構的戰略競爭中心的創始主任。二〇一八年到二〇二一年擔任美國國務院負責國際安全和防核武擴散的助理國務卿。

吉米・古德瑞契（**Jimy Goodrich**）是美國半導體產業協會全球政策副總裁。他曾任職於中國多項科技領域，目前是美國中文同學會（American Mandarin Society）董事會成員。

黃亞生（**Yasheng Huang**）是麻省理工學院史隆管理學院時代基金會國際管理教授。他創立並且主持麻省理工學院的中國實驗室、東協實驗室和印度實驗室。

艾德琳・列文（**Edlyn V. Levine**）是美國前沿基金會（Frontier Fund）的首席科學官和共

同創辦人，以及哈佛大學物理系計畫研究專員。她之前曾任MITRE Corporation加速辦公室的首席技術長，並規劃了MITRE的二〇二一半導體策略。

格雷格・林登（**Greg Linden**）是加州大學柏克萊分校哈斯商學院商業創新研究所的計畫研究專員。他分析全球價值鏈動態、外國直接投資對經濟成長效應以及半導體產業合作。

馬潔濤（**Mary Kay Magistad**）是亞洲協會的美中關係中心副主任。她是獲獎的新聞記者，在亞洲生活和採訪超過二十年，包括在中國為美國全國公共電台（NPR）和國際公眾電台與英國廣播公司（PRI／BBC）的《The World》節目做報導，以及在東南亞為NPR和《華盛頓郵報》（*Washington Post*）報導。

安雅・曼紐爾（**Anja Manuel**）是Rice, Hadley, Gates & Manuel法律事務所合夥人和阿斯彭戰略集團執行官。從二〇〇五年到二〇〇七年她擔任美國國務院特別助理。

梅惠琳（**Oriana Skylar Mastro**）是史丹佛大學弗利曼斯伯格里研究所中心研究員和美國企業研究所非長駐資深研究員。她持續任職美國空軍預備役，擔任美國印太司令部戰略規劃員。

美國退役中將**麥馬斯特**（**Lt. Gen. H. R. McMaster**）是胡佛研究所阿賈米講座資深研究員。他曾任美國國家安全顧問，並曾服役於美國陸軍服役達三十四年。

娜莎克・尼卡（**Nazak Nikakhtar**）是Wiley Rein法律事務所合夥人。二〇一八年到二〇二一年擔任美國商務部國貿署主管產業和分析的助理部長。

柏麥（**Jim Plummer**）是史丹佛大學電機工程約翰・福祿克講座教授。一九九九年到二〇一四年他擔任史丹佛大學弗德瑞克特曼工程中心主任。他先前是史丹佛奈米製造設施主任，已指導超過九十位博士生完成學業。

博明（**Matthew Pottinger**）是胡佛研究所特聘客座研究員。他擔任四年國安委員會資深幕僚工作，包括副國家安全顧問（二〇一九年至二〇二一年）。他之前是路透社和《華爾街日報》（*Wall Street Journal*）駐中國記者，以美軍陸戰隊身分參加了伊拉克和阿富汗戰爭。

蓋瑞・里榭爾（**Gary Rieschel**）是啟明創投（Qiming Venture Partners）的創辦管理合夥人，這家公司是他在二〇〇六年於上海創立。他是北加州亞洲協會主席。

唐・羅森伯格（**Don Rosenberg**）是加州大學聖地牙哥分校全球政策和戰略學院的全球轉型中心常駐研究員。他最近自高通的執行副董事長、總法律顧問、董事會祕書等職位退休，之前也曾擔任蘋果公司和ＩＢＭ的資深副董事長、法律總顧問、董事會祕書。

丹尼・羅素（**Danny Russel**）是亞洲協會政策研究所國安和外交副總裁。他曾任東亞和太平洋事務助理國務卿和國家安全委員會亞洲事務資深主任。

夏偉（**Orville Schell**）是亞洲協會亞瑟羅斯美中關係中心主任和前加州大學柏克萊分校新聞研究所所長。

賈桂琳・史奈德（**Jacquelyn Schneider**）是胡佛研究所的胡佛研究員，她在此主持「兵推和危機模擬倡議」。

大衛・提斯（**David J. Teece**）是加州大學柏克萊分校哈斯商學院商業創新研究所的湯瑪斯圖瑟講座教授。他也是該學院的圖瑟智慧資本管理倡議的專任主任和柏克萊研究集團

（Berkeley Research Group）共同創辦人。

祁凱立（Kharis Templeman）是胡佛研究所研究員、胡佛「台灣在印太地區研究計畫」的計畫經理。他是研究台灣的政治、民主化和安全的政治學者，也是史丹佛大學東亞研究中心講師。

譚安（Glenn Tiffert）是胡佛研究所研究員和該所的「中國全球銳實力」研究計畫的共同主席。他專研現代中國史，與世界各國政府和民間社會夥伴密切合作，記錄並建構民主制度對抗威權政府干預的韌性。

詹姆斯・蒂姆比（James Timbie）是胡佛研究所安能堡講座特聘客座研究員。一九八三年到二〇一六年擔任美國國務院的資深顧問。

馬修・特賓（Matthew Turpin）是胡佛研究所客座研究員和帕蘭泰爾技術公司（Palatir Technologies）的資深顧問。二〇一八年到二〇一九年擔任美國國家安全委員會中國事務主任和美國商務部中國事務資深顧問，主要著重在跨部會整合美國對中國政策。在進入白宮任職之前，特賓服役於美國陸軍戰鬥單位超過二十二年。

蘿拉・泰森（Laura Tyson）是加州大學柏克萊分校哈斯商學院特聘教授。從一九九三到一九九五年她是經濟顧問委員會主席，從一九九五到一九九六年她是國家經濟委員會主任。

勞倫斯・威金森（Lawrence Wilkinson）是賀明和康斗（Heminge & Condell）諮詢公司主席和全球商業網絡（GBN）的共同創辦人。他和其他GBN共同創辦人對情境規劃技巧的發展和傳播扮演核心角色。

黃漢森（H.-S. Philip Wong）是史丹佛大學工學院電機工程教授和威拉德和茵內茲貝爾（Willard R. and Inez Kerr Bell）講座教授，他是學校的「系統X聯盟」（SystemX Alliance）創設主任和史丹佛奈米製造設施主任。從二〇一八年到二〇二〇年，他擔任台積電負責企業研究的副董事長，目前仍是顧問職的首席科學家。

許成鋼（Chenggang Xu）是胡佛研究所客座研究員，史丹佛中國經濟和制度中心的資深研究學者，也是倫敦帝國學院的客座教授。

席佳美（Amy Zegart）是胡佛研究所莫里斯阿諾和諾娜考克斯（Morris Arnold and Nona Jean Cox）講座資深研究員，也是史丹佛弗利曼斯伯格里研究所資深研究員。

澤里可（Philip Zelikow）是胡佛研究所特聘客座研究員、懷特・米勒（White Burkett Miller）講座歷史教授與米勒公共事務中心威爾森紐曼講座政治治理教授，二者都是在維吉尼亞大學。

誌謝

胡佛研究所—亞洲協會半導體和美台安全工作小組的多位參與者自願負責本書的個別章節。所有人的努力，透過積極審查評估，以及在史丹佛大學校園從二〇二一年秋季到二〇二三年春天一系列圓桌會談，推動了我們小組的集體教育。來自美國各地嘉賓的專業評論，豐富了圓桌會談的內容。我們對他們的努力表示感謝，這些努力都是出自於對此主題嚴肅性的共同關切。

工作小組成員的想法和作者們的寫作，得益於胡佛學生研究員的優秀團隊，以及其他學生研究助理和顧問兩年來的背景研究：他們是來自史丹佛大學的Sam Chetwin George、Will Hallisey、Ruei-Hung Alex Lee、Sean Khang Lee、Omar Jose Pimentel Marte、Neelay Trivedi、Alex Tingxun Wei、和Caroline Zhang；及來自芝加哥大學的Keishi Kimura和 Aatman Vakil。在許多情況中，他們的用詞和想法也直接出現在本報告中。

我們要特別感謝勞倫斯・威金森專業的領導能力，帶領工作小組的團隊進行密集的模擬情境規劃，從美中兩國日趨激烈的科技競逐出發，考量美中關係可能的發展軌跡。

我們很感謝台灣公家、私營和民間領域的許多領袖和分析師，為二〇二二年八月的研究訪問團和其他交流活動慷慨分享了他們的時間和寶貴洞見。許多在中國不同背景的同事們提供的建議也讓我們受益匪淺，其中一些人選擇保持匿名。

史丹佛大學東亞研究的畢業生魏寧（Nicholas Welch）英勇地擔任了最終手稿的外部編輯；亞洲協會美中關係中心的馬潔濤也加入了他的努力。同樣在亞洲協會的史凱迪（Jeffrey Sequeira）提供了重要的研究和後勤支援。胡佛研究所出版社的Barbara Arellano、Alison Law、和Danica Michels Hodge也作出了極大的努力，以最快的速度完成了最終的產品。

身為這項計畫的執行編輯，胡佛研究所的費德（David Fedor）以出色的效率、專心致志的責任心和判斷力，主持了各階段的會議和報告的撰寫。本報告的完成，很大部分要歸功於他豐富的知識、對細節的關注，以及掌握計畫的熟練技巧。

我們要感謝每一位貢獻者，他們基於責任感和共同目標，在重大的歷史關頭，就一個具有戰略重要性的議題做出了這份報告。

戴雅門
埃利斯
夏偉

縮寫

AD／CVD	Anti-dumping / countervailing duty 反傾銷／反補貼稅
ASEAN	Association of Southeast Asian Nations 東南亞國協
ASICS	Application-specific integrated circuits 特殊應用積體電路
ASML	Advanced Semiconductor Materials Lithography (firm) 艾司摩爾
BIS	(US Department of Commerce) Bureau of Industry and Security 美國商務部工業和安全局
BRI	Belt and Road Initiative 一帶一路
CAA	Clean Air Act (1970 and 1992) 潔淨空氣法
CCP	Chinese Communist Party 中國共產黨

CFIUS	Committee on Foreign Investment in the United States 美國外資投資委員會
CHIPS	Act Creating Helpful Incentives to Produce Semiconductors and Science Act of 2022 2022年晶片與科學法案
CMOS	Complementary metal-oxide semiconductor (technology) 互補金屬氧化物半導體
COCOM	Coordinating Committee for Multilateral Export Controls 多邊出口管制協調委員會
CPTPP	Comprehensive and Progressive Agreement for Trans-Pacific Partnership 跨太平洋夥伴全面進步協定
CPU	Central processing unit 中央處理器
CXMT	ChangXin Memory Technologies (firm) 長鑫存儲
DoD	(US) Department of Defense （美國）國防部
DPP	Democratic Progressive Party (ROC) 民主進步黨（中華民國）

DRAM	Dynamic random access memory 動態隨機存取記憶體
DUV	Deep ultraviolet (lithography) 深紫外光（微影工具）
EDA	Electronic design automation (software) 電子設計自動化（軟體）
EPA	(US) Environmental Protection Agency （美國）環境保護署
EUV	Extreme ultraviolet (lithography) 極紫外光（微影工具）
FDI	Foreign direct investment 外人直接投資
FDPR	Foreign Direct Product Rule of 1959 外國直接產品規定
FFRDC	Federally funded research and development center 聯邦政府資助的研發中心
FPGA	Field-programmable gate arrays 現場可程式化邏輯閘陣列

GPU	Graphics processing unit 圖形處理器
IC	Integrated circuit 積體電路
ICT	Information and communications technology 資訊和通信科技
IDM	Integrated device manufacturer 整合元件製造商
IP	Intellectual property 智慧財產
IPEF	Indo-Pacific Economic Framework for Prosperity 印太經濟框架
IRA	Inflation Reduction Act of 2022 降低通膨法
ITAR	(US) International Traffic in Arms Regulations （美國）國際武器貿易條例
ITRI	Taiwan Industrial Technology Research Institute 台灣工研院

KMT	Kuomintang / Nationalist Party of China (ROC) 國民黨（中華民國）
MiC	2025 Made in China 2025 中國製造2025
NAND	NAND Flash memory NAND Flash記憶體
NEPA	National Environmental Policy Act of 1970 國家環境政策法
NSTC	National Semiconductor Technology Center 國家半導體技術中心
OECD	Organisation for Economic Co-operation and Development 經濟合作發展組織
OEM	Original equipment manufacturer 原始設備製造商
OSAT	Outsourced assembly packaging and testing 半導體委外封裝測試
PLA	People's Liberation Army 人民解放軍

R&D	Research and development 研發
RF	Radio frequency 射頻（晶片）
RISC	Reduced instruction set computer 精簡指令集電腦
RMB	Renminbi / Chinese Yuan 人民幣
SMIC	Semiconductor Manufacturing International Corp. 中芯國際
TSMC	Taiwan Semiconductor Manufacturing Company 台積電（台灣積體電路公司）
TSRI	Taiwan Semiconductor Research Institute 國家實驗研究院台灣半導體研究中心
TTC	(EU-US) Trade and Technology Council （歐盟美國）貿易和技術委員會
UMC	United Microelectronics Corporation 聯電（聯華電子）

USPTO	US Patent and Trademark Office 美國專利商標局
WTO	World Trade Organization 世界貿易組織
YMTC	Yangtze Memory Technology Co. 長江存儲

晶三角

——矽時代地緣政治下，美台中全球半導體安全

Silicon Triangle: The United States, Taiwan, China, and Global Semiconductor Security

---

主　　編　戴雅門（Larry Diamond）、詹姆斯・埃利斯（James O. Ellis Jr.）、夏偉（Orville Schell）
譯　　者　謝樹寬
責任編輯　尹懷君
封面設計　王嵩賀
圖文排版　楊家齊

出版策畫　聯利媒體股份有限公司 (TVBS Media Inc.)
地址：114504台北市內湖區瑞光路451號
電話：02-2162-8168
傳真：02-2162-8877
http://www.tvbs.com.tw
總 策 畫　陳文琦、劉文硯、詹怡宜
總製作人　楊　樺
總 編 審　范立達
T 閱 讀　林芳穎、俞璟瑤
版權事務　蔣翠芳、朱蕙蓮
品牌行銷　戴天易、葉怡妏、黃聖涵、高嘉甫
行政業務　吳孟黛、趙良維、蕭誌偉、鄭語昕、高于晴、林子芸
法律顧問　TVBS 法律事務部
發　　行　秀威資訊科技股份有限公司
地址：114504台北市內湖區瑞光路76巷65號1樓
電話：+886-2-2796-3638
http://www.showwe.tw
讀者服務信箱：service@showwe.tw
網路訂購／秀威網路書店：https://store.showwe.tw

2024年09月　初版一刷
2024年12月　初版三刷
定價 平裝新台幣700元（如有缺頁或破損，請寄回更換）

ISBN：978-626-97507-6-4

國家圖書館出版品預行編目

晶三角：矽時代地緣政治下,美台中全球半導體安全 / 戴雅門 (Larry Diamond), 詹姆斯.埃利斯 (James O. Ellis Jr.), 夏偉 (Orville Schell) 主編；謝樹寬譯. -- 初版. -- 臺北市：聯利媒體股份有限公司出版：秀威資訊科技股份有限公司發行, 2024.09

面；　公分

譯自：Silicon triangle : the United States, Taiwan, China, and global semiconductor security

ISBN 978-626-97507-6-4(平裝)

1. CST: 半導體工業 2. CST: 產業發展 3. CST: 地緣政治 4. CST: 美中臺關係

484.51　　113012262